鳥哥的Linux基礎學習訓練教材

雖然《鳥哥的 Linux 私房菜-基礎學習篇》已經成書多年，而且也已經出到第四版，但作者自己在大專院校上課時，卻也都沒有拿基礎學習篇來作為課堂實際上課的指引用書。因為…實在是寫的太過於繁瑣，要注意的細節太多，對於學生的訓練而言，並不是一本好的教科書。同時，基礎學習篇書內雖然有大量的練習與實作，但是缺乏一個大眾化一致的訓練環境，每個人的安裝條件都不相同，所以當與書內的實作練習做比對時，經常會發生不知所以然的問題。這對於學生與老師來說，也是在課堂上經常遇到的一大問題。

也就是說，基礎學習篇比較偏向於自學者的實作參考用書，從無到有慢慢的學習與摸索的入門書籍。但基礎學習篇確實不適合被拿來當作課堂上的教科書。也因此，作者在這幾年在上課時，大部分還是得要寫白板出習題，讓學生們在既有的環境底下實施一些類似於基礎學習篇內的練習，並且也要將書內的重點簡明扼要的進行一些說明。不過，對於有限的授課時間來說，要抄白板還要聽講同時得要實作，對於同學們而言，真的是苦不堪言啊～

所以，從 2015 年開始，作者漸漸的將上課要抄寫的題目彙整成為一系列的網頁教材，同時也將課程中會用到的環境先行製作起來，讓學生們可以藉由這個事先做好設定的虛擬化環境來操作系統。如此授課較為輕鬆，很多實作的題目也可以無限制的玩弄，弄壞了直接復原系統重來一次就好，學生在實作上面也比較沒有壓力～同時也將作業弄上雲端系統，讓學生可以自由的在家裡、在學校、在任何地方開啟虛擬機器取得上課一致化的環境來練習，而且每週的作業相當繁重，對於「練習才是王道」的作業系統來說，確實可以看到學習的成效。

在經過兩年多的實驗，終於將完整的教材具體的呈現在網頁上，同時提供了上課的虛擬機器環境，也透過簡易的流程來協助教學者可以快速的制定伺服器與實作的作業環境，學生們也能夠在做完線上作業後，直接繳交作業到收集用伺服器上，對於教與學來說，都有相當好的成效呢。

這份教材最主要是希望能夠讓老師們可以輕鬆的就準備好教學的環境，並透過一系列的反覆不斷的操作練習，讓學生們可以熟而生巧。或許基礎理論的部份就沒有講太多，但在實務操作方面，從開學第一週就給予學生作業，並持續到學期末，最終再讓學生自行安裝一部最小化的 Linux 系統加以驗收，期望學生們都可以在學期末順利的學習到 RHCSA 證照的訓練流程，加強學習的信心！

隨書附贈的光碟，目的是讓想透過這本訓練教材來自學的同學們，也可以在自己的電腦設備上面準備好與課程內相同的操作環境，事實上，老師們應該要在學期前就先幫同學們準備好上課環境，同學只需要操作雲端系統即可！

這份訓練教材是透過 103 年入學與 104 年入學的崑山科大資傳系學生作為小白老鼠來實驗測試，感謝同學們在實驗操作的過程中努力不懈的提供作者一些建議，以及感謝清輝協助作為 TA 的考卷收集與修改，讓訓練教材的 VM 系統得以更加完整。

崑山資傳 鳥哥 於台南

1 初次使用 Linux 與指令列模式初探

1.1 Linux 是什麼 1-2

1.1.1 硬體與作業系統 1-2

1.1.2 Linux 作業系統的發展沿革 1-4

1.1.3 GNU 的 GPL 與 Opensource 開放原始碼授權 1-8

1.1.4 Linux kernel 1-9

1.1.5 Linux distributions 1-10

1.1.6 Linux 的常見用途 1-11

1.2 登入與操作 Gocloud 雲端系統(鳥哥教室專用) 1-12

1.2.1 註冊 gocloud 與登入 1-13

1.2.2 啟動與管理虛擬機器 1-16

1.3 第一次登入 CentOS 7 1-18

1.3.1 圖形界面操作 CentOS 1-18

1.3.2 文字/圖形界面的切換 1-22

1.4 簡易的文字指令操作 1-24

1.4.1 ls 與 ll 檢查自己目錄的檔名資料 1-25

1.4.2 歷史命令功能 1-27

1.4.3 離開系統與關閉系統 1-28

1.5 課後練習操作 1-29

2 指令下達行為與基礎檔案管理

2.1 文字界面終端機操作行為的建立 2-2

2.1.1 文字模式指令下達的方式 2-2

2.1.2 身份切換 su - 的使用 2-5

2.1.3 語系功能切換 2-6

2.1.4 常見的熱鍵與組合按鍵 2-7
2.1.5 線上求助方式 2-8
2.1.6 管線命令的應用 2-12
2.2 Linux 檔案管理初探 2-13
2.2.1 Linux 目錄樹系統簡介 2-14
2.2.2 工作目錄的切換與相對/絕對路徑 2-16
2.2.3 簡易檔案管理練習 2-18
2.3 課後練習操作 2-20

3 檔案管理與 vim 初探

3.1 檔案管理 3-2
3.1.1 目錄的建立與刪除 3-2
3.1.2 萬用字元 3-3
3.1.3 檔案及目錄的複製與刪除 3-4
3.1.4 特殊檔名的處理方式 3-6
3.1.5 隱藏檔的觀察與檔案類型的觀察 3-8
3.1.6 檔名的移動與更名 3-9
3.1.7 大量建置空白檔案的方式 3-10
3.2 檔案內容的查詢 3-11
3.2.1 連續輸出檔案內容 3-11
3.2.2 可檢索檔案內容 3-11
3.3 vim 程式編輯器 3-13
3.3.1 簡易的 vim 操作 3-13
3.3.2 常用的 vim 一般指令模式與指令列模式列表 3-15
3.4 課後練習操作 3-16

4 Linux 基礎檔案權限與基礎帳號管理

4.1 Linux 傳統權限 4-2
4.1.1 使用者、群組與其他人 4-2
4.1.2 檔案屬性與權限的修改方式 4-7

4.2 基礎帳號管理 4-10
4.2.1 簡易帳號管理 4-10
4.2.2 帳號與群組關聯性管理 4-12
4.3 帳號與權限用途 4-13
4.3.1 單一用戶所有權 4-13
4.3.2 群組共用功能 4-15
4.4 課後練習操作 4-17

5 權限應用、程序之觀察與基本管理

5.1 權限在目錄與檔案應用上的意義 5-2
5.1.1 目錄檔與一般檔的權限意義 5-2
5.1.2 使用者操作功能 5-4
5.2 程序管理初探 5-6
5.2.1 什麼是程式 (program) 與程序 (process) 5-6
5.2.2 觀察程序的工具指令 5-7
5.2.3 程序的優先序 PRI 與 NI 5-14
5.2.4 bash 的工作管理 5-15
5.3 特殊權限 SUID/SGID/SBIT 的功能 5-17
5.3.1 SUID/SGID/SBIT 的觀察與功能說明 5-17
5.3.2 SUID/SGID/SBIT 權限的設定 5-21
5.4 課後練習操作 5-22

6 基礎檔案系統管理

6.1 認識 Linux 檔案系統 6-2
6.1.1 磁碟檔名與磁碟分割 6-2
6.1.2 Linux 的 EXT2 檔案系統 6-4
6.1.3 目錄與檔名 6-7
6.1.4 ln 連結檔的應用 6-8
6.1.5 檔案系統的掛載 6-9

6.2 檔案系統管理 6-10

6.2.1 建立分割 6-10

6.2.2 建立檔案系統 (磁碟格式化) 6-13

6.2.3 檔案系統的掛載/卸載 6-14

6.2.4 開機自動掛載 6-15

6.3 開機過程檔案系統問題處理 6-18

6.3.1 檔案系統的卸載與移除 6-18

6.3.2 開機過程檔案系統出錯的救援 6-19

6.4 課後練習操作 6-21

7 認識 bash 基礎與系統救援

7.1 bash shell 基礎認識 7-2

7.1.1 系統與使用者的 shell 7-2

7.1.2 變數設定規則 7-4

7.1.3 影響操作行為的變數 7-7

7.1.4 區域/全域變數、父程序與子程序 7-9

7.1.5 使用 kill 管理程序 7-10

7.1.6 login shell and non-login shell 7-10

7.2 系統救援 7-13

7.2.1 透過正規的 systemd 方式救援 7-13

7.2.2 透過 bash 直接救援 (Optional) 7-16

7.3 課後練習操作 7-17

測驗練習：期中考練習 期中考-1

8 bash 指令連續下達與資料流重導向

8.1 連續指令的下達 8-2

8.1.1 指令回傳值 8-2

8.1.2 連續指令的下達 8-3

8.1.3 使用 test 及 [判斷式] 確認回傳值 8-6

8.1.4 命令別名 8-9
8.1.5 用 () 進行資料彙整 8-11
8.2 資料流重導向 8-12
8.2.1 指令執行資料的流動 8-12
8.2.2 管線 (pipe) | 的意義 8-15
8.3 課後練習操作 8-17

9 正規表示法與 shell script 初探

9.1 正規表示法的應用 9-2
9.1.1 grep 指令的應用 9-2
9.1.2 正規表示法的符號意義 9-3
9.1.3 sed 工具的使用 9-6
9.2 學習 shell script 9-7
9.2.1 基礎 shell script 的撰寫與執行 9-7
9.2.2 shell script 的執行環境 9-9
9.2.3 以對談式腳本及外帶參數計算 pi 9-10
9.2.4 透過 if .. then 設計條件判斷 9-14
9.2.5 以 case .. esac 設計條件判斷 9-18
9.3 課後練習操作 9-20

10 使用者管理與 ACL 權限設定

10.1 Linux 帳號管理 10-2
10.1.1 Linux 帳號之 UID 與 GID 10-2
10.1.2 帳號與群組管理 10-5
10.1.3 bash shell script 的迴圈控制 10-8
10.1.4 預設權限 umask 10-10
10.1.5 帳號管理實務 10-11
10.2 多人共管系統的環境：用 sudo 10-14
10.3 主機的細部權限規劃：ACL 的使用 10-16

10.3.1 什麼是 ACL 與如何支援啟動 ACL 10-16
10.3.2 ACL 的設定技巧 10-17
10.4 課後練習操作 10-20

11 基礎設定、備份、檔案壓縮打包與工作排程

11.1 Linux 系統基本設定 11-2
11.1.1 網路設定 11-2
11.1.2 日期與時間設定 11-8
11.1.3 語系設定 11-11
11.1.4 簡易防火牆管理 11-11
11.2 檔案的壓縮與打包 11-13
11.2.1 檔案的壓縮指令 11-13
11.2.2 檔案的打包指令, tar 11-14
11.2.3 備份功能 11-16
11.3 Linux 工作排程 11-17
11.3.1 單次工作排程：at 11-17
11.3.2 循環工作排程：crontab 11-19
11.4 課後練習操作 11-22

12 軟體管理與安裝及登錄檔初探

12.1 Linux 本機軟體管理 rpm 12-2
12.1.1 RPM 管理員簡介 12-2
12.1.2 RPM 軟體管理程式：rpm 12-4
12.2 Linux 線上安裝/升級機制：yum 12-7
12.2.1 利用 yum 進行查詢、安裝、升級與移除功能 12-7
12.2.2 yum 的設定檔 12-10
12.2.3 yum 的軟體群組功能 12-12
12.3 Linux 登錄檔初探 12-13
12.3.1 CentOS 7 登錄檔簡易說明 12-13
12.3.2 rsyslog 的設定與運作 12-16

12.3.3 systemd-journald.service 簡介 12-21
12.3.4 透過 logwatch 分析 12-22
12.4 課後練習操作 12-23

13 服務管理與開機流程管理

13.1 服務管理 13-2
13.1.1 程序的管理透過 kill 與 signal 13-2
13.1.2 systemd 簡介 13-3
13.1.3 systemctl 管理服務的啟動與關閉 13-6
13.1.4 systemctl 列表系統服務 13-7
13.1.5 systemctl 取得與切換預設操作界面 13-8
13.1.6 網路服務管理初探 13-11
13.2 開機流程管理 13-12
13.2.1 Linux 系統在 systemd 底下的開機流程 13-12
13.2.2 核心與核心模組 13-13
13.2.3 grub2 設定檔初探 13-16
13.2.4 grub2 設定檔維護 13-19
13.2.5 開機檔案的救援問題 13-24
13.3 課後練習操作 13-26

14 進階檔案系統管理

14.1 軟體磁碟陣列 (Software RAID) 14-2
14.1.1 什麼是 RAID 14-2
14.1.2 Software RAID 的使用 14-5
14.2 邏輯捲軸管理員 (Logical Volume Manager) 14-6
14.2.1 LVM 基礎：PV, PE, VG, LV 的意義 14-7
14.2.2 LVM 實作流程 14-8
14.2.3 彈性化處理 LVM 檔案系統 14-12
14.3 Software RAID 與 LVM 綜合管理 14-15
14.3.1 關閉與取消 software RAID 與 LVM 的方式 14-16

14.3.2 在 Software RAID 上面建置 LVM 14-17
14.4 簡易磁碟配額 (Quota) 14-18
14.4.1 Quota 的管理與限制 14-18
14.4.2 xfs 檔案系統的 quota 實作 14-19
14.5 課後練習操作 14-23

測驗練習：期末考練習 期末考-1

15 Linux 系統的準備 (Optional)

15.1 確認 Linux Server 之操作目的 15-2
15.1.1 硬體的選購與 Linux 伺服器的用途 15-2
15.1.2 磁碟分割與檔案系統的選擇 15-4
15.2 系統安裝與初始環境設定 15-7
15.2.1 伺服器的假設前提設定 15-7
15.2.2 安裝程序與注意事項 15-8
15.2.3 初始化設定-網路、升級機制、防火牆系統、其他設定等 15-13
15.3 簡易伺服器設定與相關環境建置 15-17
15.3.1 伺服器軟體安裝與設定 15-17
15.3.2 帳號建置設定 15-19

1

初次使用 Linux 與指令列模式初探

Linux 是作業系統，作業系統的目的是在管理硬體，因此你得要先瞭解一下什麼是硬體？另外，Linux 作業系統到底有哪些東西？而為什麼 Linux 在操作上授權為免費？瞭解這些基本資料後，再來實際操作一下 Linux 的圖形 (GUI) 與文字 (Command Line) 模式的運作～同時查詢一下一般用戶家目錄的資料吧！Linux 的學習確實稍微困難，請大家從這一章仔細的開始進行操作的行為喔！

1.1 Linux 是什麼

Linux 是安裝在電腦硬體系統上面的一套作業系統，目的是用來管理電腦硬體的！所以我們得要先了解一下硬體的常見組成，以及常見的硬體分類，這樣才好入門 Linux 喔！

1.1.1 硬體與作業系統

目前的電腦硬體系統主要經由底下的元件所組成：

- 輸入單元：包括鍵盤、滑鼠、讀卡機、掃描器、手寫板、觸控螢幕等等一堆。
- 主機部分：這個就是系統單元，被主機機殼保護住了，裡面含有一堆板子、CPU 與主記憶體等。
- 輸出單元：例如螢幕、印表機等等。

上述主機部份是整體系統最重要的部份，該部份的組成為：控制單元、算術邏輯單元以及記憶體單元(含主記憶體、外部儲存裝置)等。

請說明：

1. 一般電腦硬體主機組成的五大單元。
2. 圖示出這五大單元的連結圖。
3. 最後說明哪個元件對於伺服器來說，是比較重要的？

目前的電腦硬體架構主要均由中央處理單元 (CPU) 所定義的各項連結元件所組成，而目前世界上消費市場中，最常見到的 CPU 架構大概可以分為兩大類：

- X86 個人電腦：由 Intel / AMD 為主要製造廠商，此架構通用於個人電腦(包括筆記型電腦) 以及商用伺服器市場上 (亦即 x86 伺服器)。目前(2017) Intel 在個人電腦市場推出單個 CPU 封裝內含 4 核 8 緒的個人電腦 CPU，商用伺服器則已經推出 10 核 20 緒以上的 Xeon 商用 x86 CPU。

- ARM 手持式裝置：由安謀公司所開發的 ARM CPU，由於其架構較為精簡，且可授權其他公司開發，因此目前很多廠商均針對 ARM 架構進行自身的 CPU 開發。ARM 通常使用於手持式裝置，包括手機、平板等等，其他像是單板電腦 (Raspberry pi, Xapple pi 等) 亦使用此架構。

為了簡化硬體的資源操作，因此後來有開發作業系統來管理硬體資源的分配。因此程式設計師僅須考量程式的運作流程，而無須考量記憶體配置、檔案系統讀寫、網路資料存取等，在程式開發上面較為簡易。硬體、作業系統、作業系統提供的開發界面以及應用程式的相關性，可以使用底下的圖示來說明：

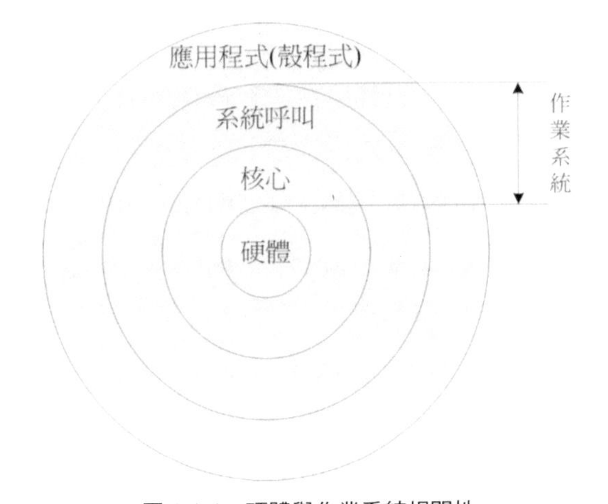

圖 1.1-1　硬體與作業系統相關性

- 硬體：例如 x86 個人電腦以及 ARM Raspberry pi 即是兩種不同的硬體。但 x86 個人電腦與 x86 筆記型電腦，兩者則是相同的硬體架構喔！
- 核心：就是作業系統！該系統內部涵蓋檔案系統、網路系統、記憶單元管理系統、硬體驅動程式、資料加密機制等等的子系統。
- 系統呼叫：可視為核心提供的一系列函式庫，程式設計師只要參考此部份的系統呼叫即可設計相關的應用程式，而不用去考慮核心所提供的子系統。

- 應用程式：就是在該系統呼叫的環境中，撰寫程式碼編譯而成的 binary code 程式。

運用圖 1.1-1 的四個同心圓，嘗試說明當年為何從 windows XP 轉到 Vista 時，很多應用程式無法運作？

除了雲端軟體之外 (一般雲端軟體，如 office 365)，大部分的作業系統軟體在販售時，會告知適合的硬體等級，而一般應用軟體則會告知適用的作業系統，其主要的原因為何？

現代的作業系統主要的目的就是在控管硬體的資源，並且提供一組開發環境讓其他第三方協力廠商可以方便的在該作業系統上面開發相關的軟體。故**作業系統主要包含的部份是：『核心+系統呼叫』**。

現代的 Linux 作業系統主要以可跨硬體平台的 C 程式語言所寫成，且 Linux 自從 3.x 以來的核心版本已經支援了 ARM 的 CPU 架構，因此 Linux 可以輕鬆的在不同的硬體平台間編譯後安裝。但你依舊不可以直接拿 x86 架構的編譯好的 Linux 去安裝在 ARM 的平台上！因為兩者對個別硬體的設計還是不太相同的！

1.1.2 Linux 作業系統的發展沿革

Linux 並非憑空撰寫而來，其發展有一定的歷史背景。由於這些歷史背景，目前 Linux 是自由軟體，可以自由的使用、學習、修改、編譯、再發行，而且是相對穩定的作業系統。

- 1965 年以前的電腦系統：

  最早的硬體沒有作業系統的概念，後來為了管理方便，因此有了『**多元程式處理系統**』，更於後來以多元程式處理系統的概念再開發出了**分時**

相容系統。當時的硬體主要是透過大型主機系統，內含分時相容系統，並提供大約 16 個文字終端機連線。不過當使用者過多時，需要等待才能夠使用電腦系統。

- 1969 年以前：一個偉大的夢想--Bell,MIT 與 GE 的『Multics』系統

  Multics 計畫希望能夠改善以前的大型主機系統，提供至少 300 個以上的文字終端機。最終雖然成功的開發出 Multics 系統，但是相對於 Unix 而言，Multics 的使用率並不高。

- 1969 年：Ken Thompson 的小型 file server system

  參與過 Multics 計畫的 Thompson 為了移植一套遊戲，透過組合語言程式撰寫一套暱稱 Unics 的軟體，該軟體可以控制 PDP-7 這個硬體主機，提供了小型的檔案系統管理功能等。

- 1973 年：Unix 的正式誕生，Ritchie 等人以 C 語言寫出第一個正式 Unix 核心

  Thompson 與 Ritchie 合作，Ritchie 撰寫 C 程式語言後，再以 C 改寫 Thompson 的 Unics，最後編譯成為一套作業系統。此系統就被稱為 Unix。由於使用 C 高階程式語言撰寫，人們很容易看得懂程式碼，因此改寫、移植程式就變得很簡單。

- 1977 年：重要的 Unix 分支--BSD 的誕生

  柏克萊大學的 Bill Joy 在取得了 Unix 的核心原始碼後，著手修改成適合自己機器的版本，並且同時增加了很多工具軟體與編譯程式，最終將它命名為 Berkeley Software Distribution (BSD)。

- 1979 年：重要的 System V 架構與版權宣告

  Bell lab. (貝爾實驗室) 的母企業為 AT&T 公司，AT&T 在 1979 開發最新的 SystemV 之 Unix 作業系統。這個系統最特別的地方是，SystemV 可以支援當時沒有多工環境的 x86 個人電腦。此外，AT&T 在 1979 年發行的第七版 Unix 中，特別提到了『不可對學生提供原始碼』的嚴格限制！

- 1984 年之一：x86 架構的 Minix 作業系統開始撰寫並於兩年後誕生

  因為 SystemV 之後，大學老師不可以教授 Unix 核心原始碼，因此 Andrew Tanenbaum 自己動手寫了 Minix 這個 Unix Like 的核心程式！同時搭配 BBS 新聞群組與相關書籍來販售 Unix Like 的程式碼。因為強調的是學習程式碼，因此改版的速度相當緩慢。

- 1984 年之二：GNU 計畫與 FSF 基金會的成立

  Richard Mathew Stallman(史托曼)在 1984 年發起的 GNU 計畫，目的是想要恢復以前『知識分享的駭客文化』，因此強調程式碼需要公開以利學習的自由軟體概念，並開發出 bash, gcc, glibc, emacs 等膾炙人口的軟體。Stallman 將所有的軟體都上網，但是沒有網路的朋友也能夠透過郵件請 Stallman 寄送軟體磁帶，Stallman 經由這樣販售 emacs 的『服務費用』(Stallman 認為協助人們燒錄軟體，花費他很多的時間成本) 賺了點錢，然後成立了自由軟體基金會 (FSF, Free Software Foundation)，同時與律師共同簽署了 GNU 的通用公共許可證(General Public License, GPL)，該授權讓使用者可以自由的使用軟體，且軟體的授權可以永續的存在。

- 1988 年：圖形介面 XFree86 計畫

  為了解決圖形使用者界面 (Graphical User Interface, GUI) 的需求，於是有 XFree86 這個組織的形成。XFree86 是由 X Window System + Free + x86 所組成的，目的在提供 server/client 的圖形畫界面。

- 1991 年：芬蘭大學生 Linus Torvalds 的一則簡訊

  Torvalds 在 1991 年於 BBS 上面公告他透過 GNU 的 bash, gcc 等，透過學習 Minix 系統，在 x86 (386) 上面成功的開發一個小型的作業系統，並且放在 Internet 上面提供提供大家自由下載。同時，還鼓勵大家告知 Torvalds 自己，這個系統還有哪些部份可以值得繼續修改等的訊息。這就是 Linux 的起源！

- 1992 年：Linux distributions 發行

  為了讓使用者更方便安裝與操作 Linux，於是有了 Linux 開發套件的軟體釋出，就稱為 Linux distribution 了。一開始於 1992 年就有 Softlanding

Linux System(SLS), Yggdrasil Linux 等版本。

◆ 1994 年：Linux kernel version 1.0 釋出

1994 年 Linux 核心釋出 1.0 版本，同時目前世上最知名的 Linux 商業公司 Red Hat 也在當時成立。

◆ 2005 年：Google 收購 Android 公司

從 2003 年開始，加州的一家公司開始發展 Android 系統在手機上面。後來 Google 於 2005 年收購該公司，並將 Android 在 Linux 核心上開發，以發展可以讓手持式裝置使用的作業系統。首個商用手機 Android 作業系統則在 2008 年由 HTC 推出！

◆ 2012 年：教育市場的 Raspberry pi

為了讓小朋友能夠輕鬆愉快的學習程式語言，一個小型的單板電腦製造基金會依據 ARM 的架構開發了一版大約與筆記型硬碟差不多大小的主機板，內嵌入所有電腦系統所需要的硬體，這就是樹莓派 (Raspberry pi)。Raspberry pi 的預設作業系統即是搭配 Linux 核心所開發的小型作業系統。

上網找出多元程式處理系統需要可以 I/O 與 CPU 分離運作的主要架構，是透過記憶體內的哪些程序狀態達成的？且這些程序的狀態運作情況為何？

暱稱『最純種的 UNIX』指的是哪兩套 Unix 作業系統？

上網找出：(1)GNU 計畫的全名；(2)GNU 計畫的官網；(3)GNU 的吉祥物；(4)GNU 的核心名稱為何？

1.1.3 GNU 的 GPL 與 Opensource 開放原始碼授權

GNU 的 GPL 授權主要強調自由的學習，Free Software(自由軟體)是一種自由的權力，並非是『價格！』舉例來說，你可以擁有自由呼吸的權力、你擁有自由發表言論的權力，但是，這並不代表你可以到處喝『免費的啤酒！(free beer)』，也就是說，自由軟體的重點並不是指『免費』的，而是指具有『自由度, freedom』的軟體，史托曼進一步說明了自由度的意義是：使用者可以自由的執行、複製、再發行、學習、修改與強化自由軟體。

GNU 的 GPL 授權有底下的權力與義務：

- 取得軟體與原始碼：你可以根據自己的需求來執行這個自由軟體。
- 複製：你可以自由的複製該軟體。
- 修改：你可以將取得的原始碼進行程式修改工作，使之適合你的工作。
- 再發行：你可以將你修改過的程式，再度的自由發行，而不會與原先的撰寫者衝突。
- 回饋：你應該將你修改過的程式碼回饋於社群！
- 不可修改授權：你不能將一個 GPL 授權的自由軟體，在你修改後而將它取消 GPL 授權～
- 不可單純販賣：你不能單純的販賣自由軟體。

由於自由軟體使用的英文為 free software，這個 free 在英文是有兩種以上不同的意義，除了自由之外，免費也是這個單字！因為有這些額外的聯想，因此許多的商業公司對於投入自由軟體方面確實是有些疑慮存在的！許多人對於這個情況總是有些擔心～

為了解決這個困擾，1998 年成立的『開放原始碼促進會 (Open Source Initiative)』提出了開放原始碼 (Open Source，亦可簡稱開源軟體) 這一名詞！另外，並非軟體可以被讀取原始碼就可以被稱為開源軟體喔！該軟體的授權必須要符合底下的基本需求，才可以算是 open source 的軟體。

- 公佈原始碼且用戶具有修改權：用戶可以任意的修改與編譯程式碼，這點與自由軟體差異不大。

- 任意的再散佈：該程式碼全部或部份可以被販售，且程式碼可成為其他軟體的元件之一，作者不該宣稱具有擁有權或收取其他額外費用。
- 必須允許修改或衍生的作品，且可讓再發佈的軟體使用相似的授權來發表即可。
- 承上，用戶可使用與原本軟體不同的名稱或編號來散佈。
- 不可限制某些個人或團體的使用權。
- 不可限制某些領域的應用：例如不可限制不能用於商業行為或者是學術行為等特殊領域等等。
- 不可限制在某些產品當中，亦即程式碼可以應用於多種不同產品中。
- 不可具有排他條款，例如不可限制本程式碼不能用於教育類的研究中，諸如此類。

如果你自己開發的軟體未來可能會有商業化的可能，但目前你希望使用 Open source 的方式來提供大家使用。另外，也希望未來能夠有一支保有開放源碼軟體的分支，那最好使用 GPL 還是 BSD 呢？

1.1.4 Linux kernel

Linux kernel 主要由 http://www.kernel.org 維護，目前的版本已經出現到 4.x 版。Linux kernel 1.0 在 1994 年釋出，在 1996 年釋出 2.0 版，在 2.0 之後，核心的開發分為兩個部份，以廣為使用的 2.6 來說明的話，主要的分類有：

- 2.6.x：所謂的偶數版，為穩定版，適用於商業套件上。
- 2.5.x：所謂的奇數版，為發展測試版，提供工程師一些先進開發的功能。

這種奇數、偶數的編號格式在 2011 年 3.0 核心推出之後就失效了。從 3.0 版開始，核心主要依據主線版本 (MainLine) 來開發，開發完畢後會往下一個主線版本進行。例如 4.9 就是在 4.8 的架構下繼續開發出來的新的主線版本。

舊的版本在新的主線版本出現之後，會有兩種機制來處理，一種機制為結束開發 (End of Live, EOL)，亦即該程式碼已經結束，不會有繼續維護的狀態。另外一種機制為保持該版本的持續維護，亦即為長期維護版本 (Longterm)！例如 4.9 即為一個長期維護版本，這個版本的程式碼會被持續維護，若程式碼有 bug 或其他問題，核心維護者會持續進行程式碼的更新維護。

使用 google 搜尋引擎或 wiki 等，找出底下的相關資料：

- Android 的版本搭配的 Linux 核心版本為何？
- 由 Linux kernel 官網的『Releases』相關說明，找出現階段的 Linux Mainline, Stable, Longterm 版本各有哪些？

1.1.5 Linux distributions

為了讓使用者能夠接觸到 Linux，於是很多的商業公司或非營利團體，就將 Linux Kernel(含 tools)與可運行的軟體整合起來，加上自己具有創意的工具程式，這個工具程式可以讓使用者以光碟/DVD 或者透過網路直接安裝/管理 Linux 系統。這個『Kernel + Softwares + Tools + 可完整安裝程序』的咚咚，我們稱之為 Linux distribution，一般中文翻譯成可完整安裝套件，或者 Linux 發佈商套件等。

常見的 Linux distributions 分類有：

	RPM 軟體管理	DPKG 軟體管理	其他未分類
商業公司	RHEL (Red Hat 公司) SuSE (Micro Focus)	Ubuntu (Canonical Ltd.)	
社群單位	Fedora CentOS OpenSuSE	Debian B2D	Gentoo

一般用途在個人電腦 (包括筆記型電腦) 的使用，建議可以使用 Ubuntu / Fedora / OpenSuSE 等，若用在 Server 上，建議可以使用 CentOS 或 Debian。

CentOS 的產生較為有趣，它是取自 Red Hat 的 RHEL 作業系統，將原始碼中與 Red Hat 相關的註冊商標或其他著作相關的資料移除，改以自己的『企業商用社群版本作業系統』取名，然後再次發行。因此 CentOS 的版本與 RHEL 是亦步亦趨的！(包括 Oracle Linux 與 Scientific Linux 也是同樣的作法)

為什麼 CentOS 社群可以直接取用 RHEL 的程式碼來修改後釋出？這樣做有沒有任何法律的保護呢？

1.1.6 Linux 的常見用途

用在企業環境與學術環境中，最常見到的應用有：

- 網路伺服器。
- 關鍵任務的應用(金融資料庫、大型企業網管環境) 。
- 學術機構的高效能運算任務。

個人的使用則有：

- 桌上型電腦。
- 手持系統(PDA、手機、平板電腦、精簡電腦等) 。
- 嵌入式系統 (如 raspberry pi / Xapple pi 等內建的 Linux 系統) 。

超級電腦可以說是一個國力的展現，而 top500 每年會有兩次去調查全世界跑得最快的超級電腦。請上網查詢後回答下列問題：(1) top500 的官網網址？(2)超級電腦的比較排序方式，是以哪一種計算來考慮的？(3)根據現在的時間，找到最近一次排序的結果，第一名的超級電腦使用了多少個 CPU 核心 (cores)，(4)該系統最快可達到多快的計算 (說明其單位)？(5)若以一度電 5 元台幣計算，該系統開機一天要花費多少錢？

前往 Dell 官網，調查其支援的 Linux distribution 主要是哪幾種？另外，請思考這個查詢的意義為何？(http://linux.dell.com/files/supportmatrix/)

1.2 登入與操作 Gocloud 雲端系統(鳥哥教室專用)

為方便教師/學生可以在任何地方學習 Linux 作業系統，一個教學環境是需要事先建置的。除了使用實體機器原生的 Linux 之外，虛擬化的環境更方便教師製作教學單元。因為虛擬化的環境軟/硬體可以模擬的完全一致，對於教師與學生的實作練習以及錯誤重現，都有很大的幫助。

本教材預設使用的 Gocloud 雲端系統為鳥哥在自己的課堂上面搭建的小型雲伺服器，對於同學無間斷的學習是很有幫助的。不過因為系統硬體資源太少了，所以僅開放給鳥哥實際課程的同學們使用，實際並未對網際網路開放，在此跟大家說聲抱歉！如果您是自學的朋友，請您參考書上的光碟資料，使用 VirtualBox 軟體作為自學磁碟的系統了！

(ps. 除了 Gocloud 系統之外，老師們也可以選擇 Ovirt (https://ovirt.org/) 作為教學訓練的環境建置，或者單純在原有的教室 windows 系統上面建置 virtualbox 的環境來教學即可。關於 virtualbox 的建置，可以參考光碟附件。如果是預計使用 ovirt， 可以參考如下的連結：
https://www.ovirt.org/documentation/install-guide/Installation_Guide.html)

1.2.1 註冊 gocloud 與登入

除非貴單位有購買與安裝 Gocloud 系統，否則請以光碟內容的 virtualbox 環境取代底下的說明。若有安裝 Gocloud 系統，請依據貴單位的環境設定 (網際網路 IP 或 主機名稱)，直接以瀏覽器來連線到 Gocloud 系統，系統示意圖如下所示：

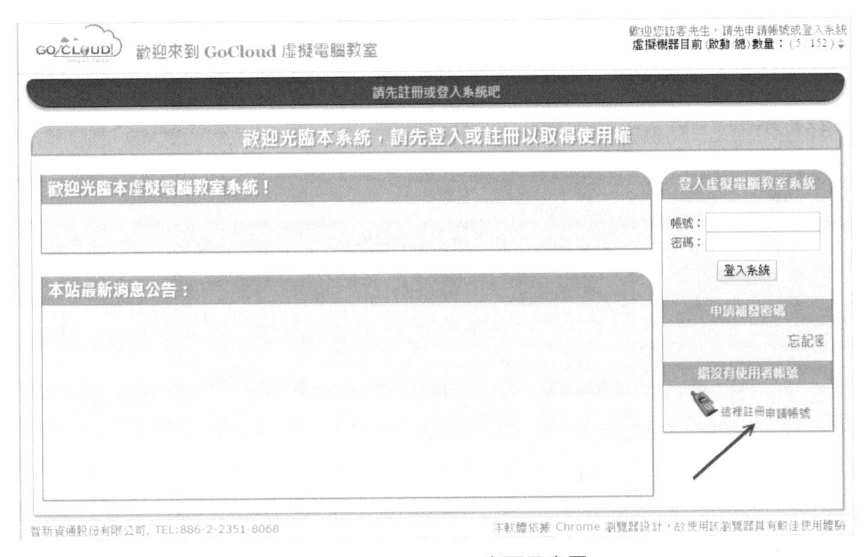

圖 1.2.1 Goucloud 畫面示意圖

如果是第一次使用的學生，那就請先來註冊一下！按下如上圖的箭頭指向的地方，點下去就會出現註冊的項目了，如下所示：

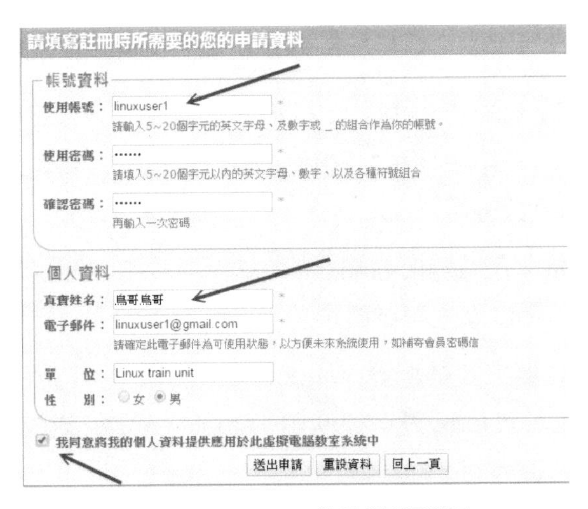

圖 1.2.2 Goucloud 註冊畫面示意圖

一般來說，如果是學校單位，鳥哥建議如上述畫面所示，最好請學生依據自己的學號作為帳號，真實姓名作為姓名填寫，這樣老師比較知道學生與帳號的對應，在考試出題與作答時，會比較清楚對應。如果沒有強調這一點，那學生註冊的姓名可能會比較傷腦筋。等到註冊完畢後，還要等老師將你的帳號開通之後才能夠使用。因此，此時請稍微等待一小段時間喔！

等到老師將你的帳號開通，並且假設老師已經將硬碟製作好給你了，此時請回到圖 1.2.1 去輸入帳號與密碼欄位，並按下登入系統或 [Enter]，那就能夠登入系統了。登入系統會出現如下的圖示：

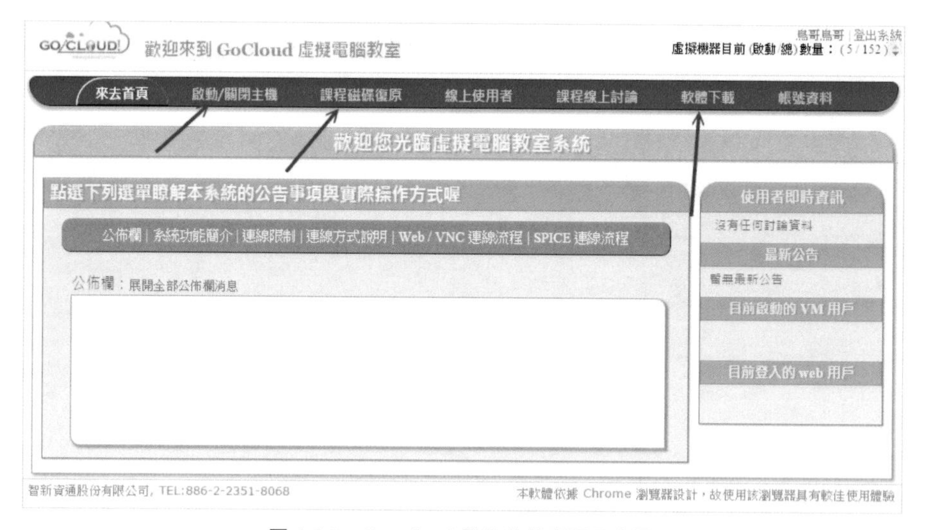

圖 1.2.3　Goucloud 登入後的畫面示意圖

畫面中最上方為學生可以操作的系統功能，其中比較常用的是：

- 啟動/關閉主機：讓學生可以 (1)啟動雲端虛擬機器，並打開 gocloud 的防火牆，取得連線的 URL；(2)虛擬機器運作中，可以抽換光碟；(3)可以強制關機 (直接斷電)。
- 課程磁碟復原：在虛擬機器關機的狀態下，可以將個人的磁碟復原到最原始的狀態，所以學生可以實際多操作數次，做完直接復原即可。
- 軟體下載：其實主要是針對 Windows 系統喔！可以安裝連線軟體，如此你的 windows/Linux 就可以使用 remote-viewer 這套軟體來取得雲端虛擬機器的終端界面。

除非貴單位有購買與安裝 Gocloud 系統，否則請以光碟內容的 virtualbox 環境取代底下的說明。若有安裝 Gocloud 系統，請登入系統後，根據你自己家用 (或電腦教室中) 的作業系統，下載正確的 remote-viewer 軟體，並且安裝後啟動該軟體。

答

- Windows 作業系統：如果你目前操作的系統是 Windows 作業系統，那麼可以直接到 Gocloud 的『軟體下載』畫面中，選擇『用戶端 Windows 為 64 位元版本』的超連結來下載。最好不要使用 IE 來下載，因為 IE 會自動更改安裝檔的檔名，下載後還需要更改副檔名成為 .msi 才能夠安裝。使用 chrome 或 firefox 則無此問題。此外，你也可以自行到 internet 下載最新版的軟體：https://virt-manager.org/download/。
- Linux 作業系統：如果是 Red Hat 系列的 (RHEL/Fedora/CentOS)，直接安裝 virt-viewer 軟體即可。(yum install virt-viewer) 。
- Mac OSX 作業系統：現在 remote-viewer 也支援 OSX 了！詳情請參考底下的網址。目前 (2017) 最新版為 RemoteViewer-0.5.7-1.dmg，請自行下載安裝。
  - https://www.spice-space.org/page/OSX_Client
  - https://people.freedesktop.org/~teuf/spice-gtk-osx/dmg/
- Android 平板：目前 Android 平板也能夠支援 gocloud 的連線了，不過需要於 play.google.com 下載 aSpice 才能夠連線 (不是 remote-viewer 軟體)。

這裡假設學校的電腦大多為 windows 作業系統，因此當安裝完軟體後，可以在『開始』→『所有程式』→『VirtViewer』找到『Remote Viewer』這套軟體。點選此軟體後，就可以得到如右的畫面：

當學生開啟虛擬機器後，將虛擬機器所在的網址複製到上述箭頭所指定的方框中，即可達成連線。

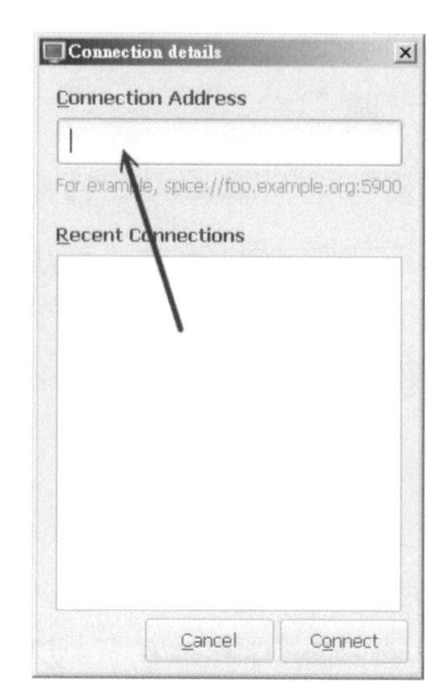

圖 1.2.4　學生端電腦連線到 Gocloud 的 remote viewer 軟體示意圖

1.2.2　啟動與管理虛擬機器

除非貴單位有購買與安裝 Gocloud 系統，否則請以光碟內容的 virtualbox 環境取代底下的說明。若有安裝 Gocloud 系統，在你登入 Gocloud 網站系統後，點選『啟動/關閉主機』後，應該會得到如下的畫面。如果一切順利的話，那麼你應該會取得至少一個以上的硬碟環境。如下圖的 2 號箭頭處。如果找不到任何硬碟，請與您的授課教師聯繫。選擇正確的磁碟後，請按下『開啟機器』的按鈕來啟動雲端虛擬機器。

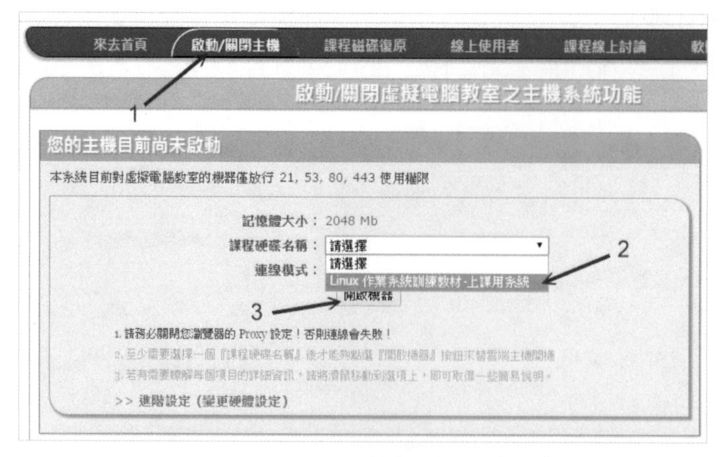

圖 1.2.5　利用 Gocloud 系統啟動雲端虛擬機器的示意圖

如果一切順利，那麼你就會得到如下的畫面示意圖，基本上，我們最重要的是取得如下圖 1 號箭頭指的方框處的 URL (spice 開頭那項)，請複製該項目，並且將它貼上圖 1.2.4 所需要指定的 URL 方框中，按下連線 (Connect) 即可取得如圖 1.2.7 的雲端虛擬機器視窗了！

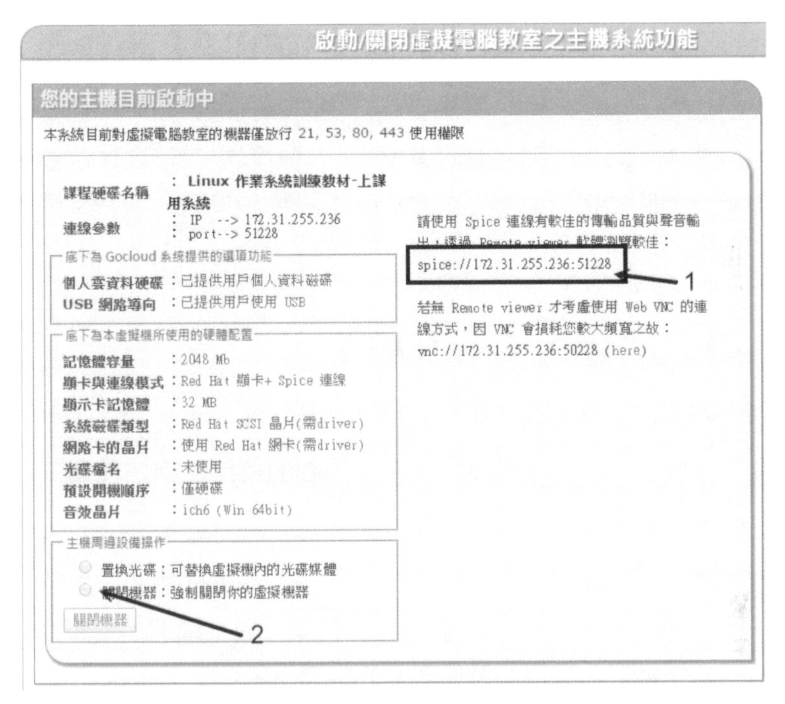

圖 1.2.6　Gocloud 系統上面已經啟動了雲端虛擬機器的示意圖

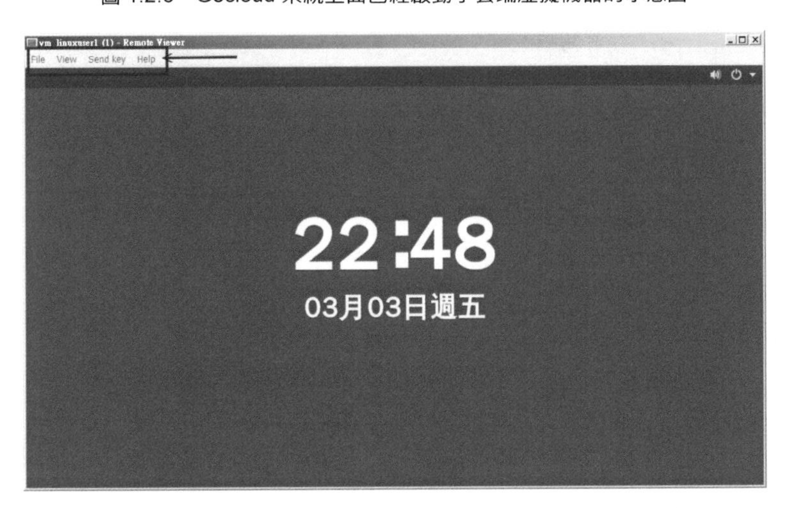

圖 1.2.7　以 Remote viewer 軟體取得 Gocloud 上的雲端虛擬機器

remote viewer 軟體左上方主要有兩個基本功能可以選擇：

- View：可以將整個畫面放大到『全螢幕(Full Screen)』，要取消只要按下鍵盤功能鍵 [F11] 即可復原，也能夠放大、縮小畫面。
- Send key：可以傳送組合按鍵給虛擬機器，避免由於直接按下按鍵導致 windows 或用戶端自己其他作業系統的困擾。

另外請注意，由於目前你應該有兩個完全獨立的系統，一個是你自己的系統，一個是 Gocloud 的雲端虛擬機器，若要操作 Gocloud 的雲端虛擬機器時，你應該要將滑鼠移動到 remote viewer 的視窗內，這樣才能夠完整的使用虛擬機器的資源！

1.3 第一次登入 CentOS 7

取得雲端 Linux 機器後，就能夠開始操作 Linux 系統了。接下來先來學習如何登入 Linux、了解圖形界面、文字界面的操作差異，並建立好『良好的操作行為』，這對未來的幫助很大。

本教材預計在訓練學員們了解 Linux 在伺服器的使用上，應該如何操作與學習，因此使用了 CentOS 這套 Linux 作業系統來學習。請大家依據教材的內容慢慢實作練習，以理解整個系統的使用！

1.3.1 圖形界面操作 CentOS

在圖 1.2.7 的畫面中，使用滑鼠左鍵將螢幕向上拉動，就會出現等待登入的畫面，如下所示：

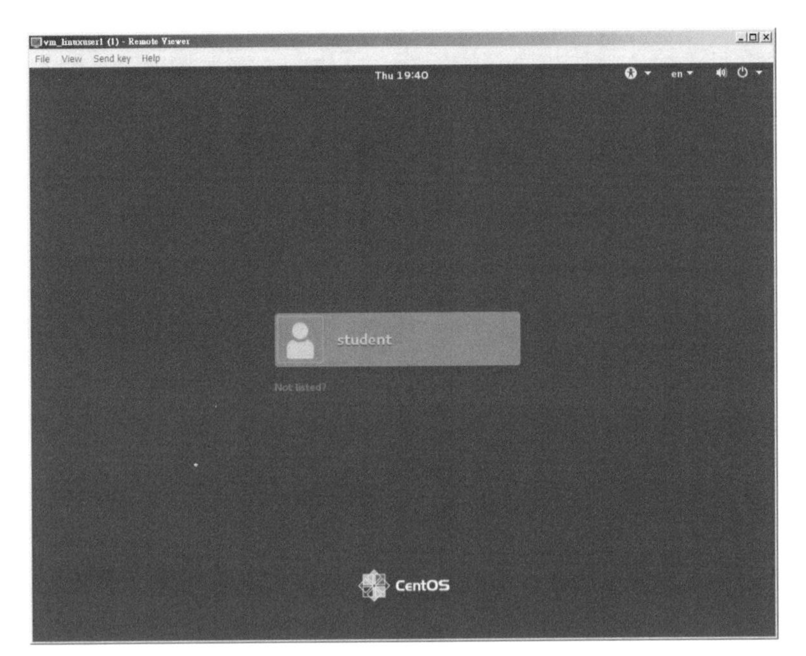

圖 1.3.1 CentOS 7 圖形界面登入示意圖

你可以：

- 點選出現的人名 (你的帳號)，然後輸入密碼，即可登入系統。
- 點選『Not listed?』：接下來出現『Username』請填寫帳號，按下 [Next] 出現『Password:』請輸入正確的密碼，然後按下 [Sign In] 即可登入系統。

本教材提供虛擬機的帳號與密碼為『student/student@linux』，請依據此帳號密碼來登入系統。

請第一次登入系統，並且處理好中文的操作界面！同時，家目錄底下的檔案檔名，最好不要有中文存在。

答

1. 根據教材提供的帳號密碼登入系統：選擇 student 帳號，然後輸入密碼。

2. 第一次登入時，會出現選擇用戶語系的畫面，請點選最底下的未知(三個直立的小數點)，然後將畫面拉動到最下方，即可看到『漢語 台灣』，選擇後，在畫面的右上方按下 [下一步]。
3. 選擇預設的輸入法為『英語(美式)』即可按下 [下一步]。
4. 點選『開始使用 CentOS Linux』。
5. 出現第一次的使用說明 (Getting Started)，可以直接忽略按下右上方的關閉 (X) 即可。
6. 此時畫面依舊是英文，請選擇螢幕右上方的三角形按鈕，點選『Student』這個身份按鈕，畫面會出現『Log out』的項目，點選『Log Out』登出。
7. 再次以 student 帳號登入系統，即可取得正確的中文操作環境。

如果一切處理順利，那就可以出現圖形化視窗。你可以先到『應用程式』→『喜好』→『終端機』點選，點出一個終端機界面，然後再到畫面右上角的三角形點選，就能夠看到一些設定值的項目，如下所示：

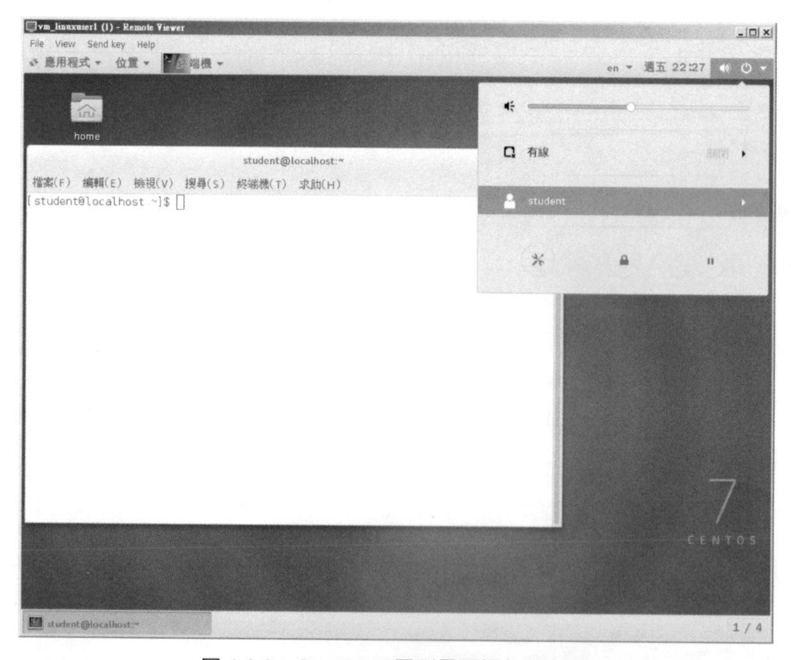

圖 1.3.2　CentOS 7 圖形界面操作示意圖

在圖形界面下先嘗試進行目錄與檔案的管理，這時請使用在最上方工作列『應用程式』隔壁的『位置』選單，點選『家目錄』的項目，之後進行如下的動作測試：

- 改變顯示的檔案資訊，在『縮圖』與『詳細資料』當中切換測試。
- 在『詳細資料』的畫面中，如果要顯示更多的資料，可以勾選哪些設定？
- 若需要離開家目錄到其他目錄，勾選左側『電腦』的項目，看看有哪些基本的目錄存在。
- 依序點選『var』→『spool』→『mail』，看看出現什麼資料呢？檔案總管最上方出現的檔名方式排列為何呢？
- 嘗試找到『電腦 → etc → passwd』這個檔案，將它複製後，變更路徑到『電腦 → tmp』底下，然後貼上去！
- 承上題，你能不能將『電腦 → etc → shadow』複製到『電腦 → tmp』呢？

預設的中文輸入法似乎怪怪的，沒有辦法正確的輸入中文。你該如何設定中文輸入法呢？

1. 點選右上方三角形按鈕，出現的視窗中左下角的螺絲工具圖案，點選它。
2. 在『個人』的項目中，點選『地區和語言』的項目。
3. 一開始只會看到『英語(美式)』與『漢語』，點選『＋』之後，選擇『漢語(台灣)』，再選『漢語(Chewing)』，最終按『加入』。
4. 將原本的『漢語』項目移除。

之後就可以正常的使用注音輸入法了。

1. 如何關掉進入螢幕保護程式的狀態？
2. 如何觀察與啟動網路？
3. 將 student 登出系統。

由於使用圖形界面時，會在使用者的家目錄建立相當多的圖形界面操作設定檔與暫存檔。不過在系統管理員 (root) 的角色下，我們希望不要有太多雜亂的資料，因此建議『不要在圖形環境下使用 root 的帳號登入系統』喔！你可以在其他的登入界面使用 root 的帳號！如下一個小節的純文字模式介紹～

1.3.2 文字/圖形界面的切換

Linux 預設的情況下會提供六個 Terminal 來讓使用者登入，切換的方式為使用：[Ctrl] + [Alt] + [F1]~[F6]的組合按鈕。

系統會將[F1] ~ [F6]命名為 tty1 ~ tty6 的操作介面環境。也就是說，當你按下[ctrl] + [Alt] + [F1]這三個組合按鈕時 (按著[ctrl]與[Alt]不放，再按下[F1]功能鍵)，就會進入到 tty1 的 terminal 介面中了。同樣的[F2]就是 tty2！按下[Ctrl] + [Alt] + [F1]就可以回到原本的 X 圖形界面中。整理一下登入的環境如下：

- [Ctrl] + [Alt] + [F2] ~ [F6] ：文字介面登入 tty2 ~ tty6 終端機。
- [Ctrl] + [Alt] + [F1] ：圖形介面桌面。

請使用 student 的身份在 tty2 的畫面中登入系統：

```
CentOS Linux 7 (Core)
Kernel 3.10.0-327.el7.x86_64 on an x86_64

localhost login: student
```

```
Password: <==這裡輸入你的密碼
Last login: Thu Apr 14 19:46:30 on :0 <==上次登入的情況
[student@localhost ~]$ _ <==游標閃爍，等待你的指令輸入
```

上面顯示的內容為：

1. CentOS Linux 7 (Core)

   顯示 Linux distribution 的名稱 (CentOS) 與版本(7)。

2. Kernel 3.10.0-327.el7.x86_64 on an x86_64

   顯示 Linux 核心的版本為 3.10.0-327.el7.x86_64，且目前這部主機的硬體等級為 x86_64。

3. localhost login:

   localhost 是主機名稱。至於 login:則是一支可以讓用戶登入的程式。你可以在 login:後面輸入你的帳號後，按下 [enter] 就可以開始準備下個動作。

4. Password:

   這一行的出現必須要在上個動作按 [enter] 之後才會出現。在輸入密碼的時候，螢幕上面『**不會顯示任何的字樣！**』這是為了擔心使用者輸入密碼時，被偷看到『輸入的密碼長度』之故。

5. Last login: Thu Apr 14 19:46:30 on :0

   當使用者登入系統後，系統會列出上一次這個帳號登入系統的時間與終端機名稱！

6. [student@localhost ~]$ _：

   這一行則是正確登入之後才顯示的訊息，最左邊的 student 顯示的是『目前使用者的帳號』，而@之後接的 localhost 則是『主機名稱』，至於最右邊的『~』則指的是『目前所在的目錄』，那個 $ 則是『提示字元』。

上述比較重要的資料在第 6 行，CentOS 的 bash 提示字元通常的格式就是『[使用者帳號@本主機名 工作目錄]提示字元』。其中比較重要的項目是：

- ~ 符號代表的是『使用者的家目錄』的意思，它是個『變數！』。舉例來說，root 的家目錄在/root，所以 ~ 就代表/root 的意思。而 student 的家目錄在/home/student，所以如果你以 student 登入時，它看到的 ~ 就會等於/home/student。
- 提示字元方面，在 Linux 當中，預設 root 的提示字元為 #，而一般身份使用者的提示字元為 $。

另外，文字界面等待登入畫面的第一、第二行的內容其實是來自於/etc/issue 這個檔案！

那麼如何離開系統呢？其實應該說『登出 Linux』才對！登出很簡單，直接這樣做：

```
[student@localhost ~]$ exit
```

就能夠登出 Linux 了。但是請注意：『**離開系統並不是關機！**』基本上，Linux 本身已經有相當多的工作在進行，你的登入也僅是其中的一個『工作』而已，所以當你離開時，這次這個登入的工作就停止了，但此時 Linux 其他的工作是還是繼續在進行的！

請分別以圖形界面以及文字界面登入系統 (使用 tty1 及 tty2 登入)，登入後，請使用 w 這個指令查詢誰在系統上？並請以你看到的資料說明哪些使用者透過哪些 tty 登入系統。(有個 :0 的終端機，那個是什麼？)

1.4 簡易的文字指令操作

站在伺服器角度的立場來看，使用純文字模式來進行系統的操作是很重要的！畢竟伺服器通常不會啟用圖形界面。因此，第一堂課接觸過 Linux 與登入過 Linux 之後，讓我們來使用簡單的指令查詢一下用戶家目錄裡面有哪些資料，以及如何查詢自己曾經下達過的指令吧！

1.4.1 ls 與 ll 檢查自己目錄的檔名資料

請使用一般用戶的身份登入 Linux 系統，同時啟動一個終端機在桌面上。現在讓我們來執行兩隻指令，確認一下如何操作系統與觀察輸出的資料。

```
[student@localhost ~]$ ls
Desktop  Documents  Downloads  Music  Pictures  Public  Templates  Videos
```

使用 ls 可以單純的列出檔名，就是上面列出的『Desktop Documents Downloads...』等等的資料。不過並沒有顯示這個檔名相關的各項檔案權限資訊，包括時間、容量等等。若需要查閱比較詳細的資訊，需要使用 ll (LL 的小寫) 來處置。

```
[student@localhost ~]$ ll
drwxr-xr-x. 2 student student 6  3月  7 19:18 Desktop
drwxr-xr-x. 2 student student 6  3月  7 19:18 Documents
drwxr-xr-x. 2 student student 6  3月  7 19:18 Downloads
drwxr-xr-x. 2 student student 6  3月  7 19:18 Music
drwxr-xr-x. 2 student student 6  3月  7 19:18 Pictures
drwxr-xr-x. 2 student student 6  3月  7 19:18 Public
drwxr-xr-x. 2 student student 6  3月  7 19:18 Templates
drwxr-xr-x. 2 student student 6  3月  7 19:18 Videos
```

第一堂課的此時，你需要注意的是最右邊的三個參數，分別是檔案容量、檔案最後被修改的日期、檔名資訊。以『Pictures』檔名為例，該檔名的容量有 6bytes，而最後被修改的日期為『3 月 7 19:18』。至於年份則是本年度的意思。

如果想要查閱根目錄 (類似 windows 的『電腦』項目)，則使用如下的指令：

```
[student@localhost ~]$ ll /
總計 32
lrwxrwxrwx.   1 root root    7  2月 18 02:54 bin -> usr/bin
```

```
dr-xr-xr-x.   4 root root 4096  2月 18 03:01 boot
drwxr-xr-x.  20 root root 3320  4月 19 03:59 dev
drwxr-xr-x. 129 root root 8192  4月 19 03:59 etc
drwxr-xr-x.   3 root root   20  4月 14 19:46 home
lrwxrwxrwx.   1 root root    7  2月 18 02:54 lib -> usr/lib
lrwxrwxrwx.   1 root root    9  2月 18 02:54 lib64 -> usr/lib64
......
```

此時螢幕上顯示的為根目錄底下的檔名，而不是 student 的家目錄了。這個練習在讓操作者了解到，指令後面可以加參數 (parameters)。而如果想要知道 student 家目錄底下有沒有『隱藏檔』時，可以使用如下的指令：

```
[student@localhost ~]$ ll -a
總計 24
drwx------. 14 student student 4096  3月  7 21:32 .
drwxr-xr-x.  3 root    root      21  1月  3 22:27 ..
-rw-r--r--.  1 student student   18  8月  3  2016 .bash_logout
-rw-r--r--.  1 student student  193  8月  3  2016 .bash_profile
-rw-r--r--.  1 student student  231  8月  3  2016 .bashrc
drwx------. 11 student student  226  3月  7 22:12 .cache
drwxr-xr-x. 15 student student  276  3月  7 21:29 .config
drwxr-xr-x.  2 student student    6  3月  7 19:18 Desktop
......
```

可以發現多了相當多以小數點開頭的檔名，這些檔名在 ls 或 ll 時並不會出現，但加上『-a』這個『選項 (Option)』之後，就會開始出現了。這個練習在讓操作者了解到，指令後面可以加『選項』來改變指令的處理行為。

最後，如果你想要知道根目錄本身的權限，而不是根目錄底下的檔名，則應該要使用底下的指令：

```
[student@localhost ~]$ ll -d /
dr-xr-xr-x. 17 root root 4096  2月 18 03:01 /
```

你將在螢幕上發現到只有根目錄 (/) 這個檔名存在，而不像剛剛『ll /』出現一堆檔名資料。亦即一般情況下，ll 是『瀏覽目錄內的檔名資訊』，而不是看目錄本身。

以 windows 的檔案總管來說，通常檔名的瀏覽畫面中，左側為『目錄』而右側為『該目錄下的檔名』，所以，『ll』代表滑鼠點左邊的目錄，而螢幕輸出右邊的檔名資料之意。

在終端機界面中輸入『clear』會有什麼效果？

檢查一下 /var/spool/mail 這個目錄 (1)裡面有幾個檔案？(2)這個目錄本身所修改的時間是什麼時候？

1.4.2 歷史命令功能

Linux 的文字界面中，可以用幾個簡單的方式去檢查你曾經下達過的指令，最簡單的方法就是使用方向鍵『上與下』，不但能夠呼叫出之前的指令，也能夠再透過方向鍵『左與右』，與鍵盤上的『home/end』按鍵，直接在一行指令的最前面與最後面直接再修改。熟悉這個作法，可以讓你快速的編輯一行指令。

但是如果是太久之前做的指令，此時就能夠透過歷史命令『history』來呼叫出來。

讓 student 呼叫出歷史命令，觀察一下曾經執行過 ll / 的指令是『第幾個』，若想要再次執行，應該如何處理？

除了『!數字』可以重複執行某個指令外，也能夠直接透過底下的方式來重複執行歷史命令：

student 曾經輸入過 ls 這個指令，那我想要重新執行一次以 ls 為開頭的指令該如何處理？

在 CentOS 7 底下，預設歷史命令會紀錄 1000 筆，你下次登入後，系統會將上次的歷史命令匯入，亦即，上次你下達過 50 筆紀錄，則下次啟用終端機後，第一個指令會紀錄在 51 筆。因此，經常查詢 history 可以讓操作者了解以前曾經下達過哪些指令。

1.4.3 離開系統與關閉系統

離開系統，以終端機界面來說，直接輸入 exit 或者 logout 都可以。以圖形界面來說，畫面中右上角三角形部份點選後，出現登入者 (student) 的文字，點選後選擇『登出』即可。但登出不是關機。關機時，最好能夠確認系統上面沒有其他工作的用戶。因此關機前，建議檢查系統上面的用戶狀態。

```
[student@localhost ~]$ w
 04:59:07 up  1:53,  3 users,  load average: 0.00, 0.01, 0.05
USER     TTY      FROM             LOGIN@   IDLE   JCPU   PCPU WHAT
student  :0       :0               03:59   ?xdm?  23.56s  0.14s gdm-session-worker
student  pts/0    :0               03:59   59:31   0.03s  0.03s bash
```

上面表格中，『USER』欄位為登入的使用者，『TTY』就是前面小節談到的終端機，通常為 tty1~tty6。但是在 tty1 使用圖形界面登入時，會顯示為『:0』，亦即圖形界面使用終端機名稱為 :0 之意。另外，每行最後的『WHAT』為該終端機目前使用的指令為何。所以圖形界面為透過 gdm-session-worker 指令而來，而終端機則使用 bash 這個程式。

至於 pts/0 則可能是 (1)在圖形界面啟動的終端機，或 (2)透過網路連線進來的終端機。並非本機的 tty1~tty6。

從上表看來，目前確實僅有 student 在線上，若本機器並非伺服器，則此時應該可以進行關機的行為。關機可以使用如下的指令：

```
[student@localhost ~]$ poweroff
[student@localhost ~]$ halt
[student@localhost ~]$ shutdown -h now
[student@localhost ~]$ systemctl poweroff
```

上述的任何一個指令均可關機。但無論使用哪個指令關機，其實最終都是呼叫最後一個，亦即『systemctl poweroff』進行關機的行為。

在本機 tty1~tty6 登入系統的帳號，無論系統管理員或一般帳號，均可 poweroff 本機。但如果是透過網路連線進來的，則無法關閉 Linux，除非使用管理員帳號，才有辦法透過網路關機。

1.5 課後練習操作

前置動作：請使用 unit01 的硬碟進入作業環境，並請先以 root 身分執行 vbird_book_setup_ip 指令設定好你的學號與 IP 之後，再開始底下的作業練習。

◆ 簡答題：請使用 student 的身份登入系統，然後在應用程式中找尋一個名為 gedit 的指令，打開該軟體之後，依據底下的題目寫下答案。儲存時，請選擇檔名為 /home/student/ans01.txt。

1. 電腦組成的五大單元中，(a)指的是哪五個單元？(b)CPU 主要包含哪兩個單元？
2. 消費性市場的 CPU 當中，(a)桌上型電腦與(b)手機常用的 CPU 分別是哪種類型？
3. 由圖 1.1-1 的資料中，請以『Linux』、『X86 個人電腦』、『POSIX』、『Open Office』說明這四個東西各屬哪一層？
4 用組合語言開發出第一個 Unics 系統的，是貝爾實驗室 (Bell lab.) 的哪一位高級駭客？
5 貝爾實驗室的哪兩位高級駭客用 C 寫成了第一版的 unix 作業系統？
6. 從哪一個 Unix 版本開始，Unix 終於可以支援 x86 個人電腦？

7. 號稱自由軟體之父是哪位先生？而自由軟體 (free software) 又是哪一個授權的名稱？
8. Torvalds 是參考哪一個 Unix-like 的系統而撰寫 Linux 的？
9. 查一下網路資料，列出三種以上的 Open source 授權。
10. 所謂的 Linux distributions 大概包括哪四個元件？
11. Raspberry pi 的主要作業系統名稱為 Raspbian，這個作業系統是基於哪一個 Linux distribution 改版而來？
12. 在 CentOS 7 的預設情況下，你可以輸入哪些組合按鈕來進入不同的終端界面 (TTY)。
13. 登入取得終端機後，要離開終端機應該使用哪些指令？(至少寫兩個)
14. 查詢列出隱藏檔時，可以使用什麼指令搭配什麼選項？
15. 想要查詢自己輸入的歷史命令，可以使用什麼指令？
16. 關機可以使用哪些指令？(至少寫兩個)
17. 在 /tmp/checking 目錄下有個隱藏檔，(a)哪一個指令搭配選項與參數可以列出該檔名(寫出完整指令)，(b)寫下該檔名。

作業結果傳輸：請以 root 的身分執行 vbird_book_check_unit 指令上傳作業結果。正常執行完畢的結果應會出現【XXXXXX;aa:bb:cc:dd:ee:ff;unitNN】字樣。若需要查閱自己上傳資料的時間，請在作業系統上面使用：http://192.168.251.250 檢查相對應的課程檔案。

作答區

指令下達行為與基礎檔案管理

前一堂課最後講到文字界面的指令下達，這堂課讓我們更詳盡的玩一下文字界面的指令下達行為吧。另外，了解到指令下達行為之後，再來當然就是 bash 環境下的檔案管理行為，而在實際操作檔案管理之前，基本的目錄內資料的了解，也是必須要知道的項目。

2.1 文字界面終端機操作行為的建立

其實我們都是透過『程式』在跟系統作溝通的。文字模式登入後所取得的程式被稱為殼(Shell)，這是因為這支程式負責最外面跟使用者(我們)溝通，所以才被戲稱為殼程式！CentOS 7 的預設殼程式為 bash，使用者最好一開始就能夠建立良好的操作行為，對於未來的 Linux 使用上，會有很大的幫助。

2.1.1 文字模式指令下達的方式

bash shell 環境下，指令的下達基本上有幾個需要注意的地方：

```
[student@localhost ~]$ command  [-options]  [parameter1...]
```

- 一行指令中第一個輸入的部分是指令(command)或可執行檔案(例如 script)。
- 『command』：為指令的名稱，例如變換工作目錄的指令為 cd 等等。
- 中括號『[ ]』不在實際的指令中，僅作為一個提示，可有可無的資料之意。
- 『-options』：為選項，通常選項前面會帶有減號 (-)，例如 -h。
- options 有時會提供長選項，此時會使用兩個減號，例如 --help。
- 注意，選項 -help 通常代表 -h -e -l -p 之意，與 --help 的單一長選項不同。
- 『parameter1...』：參數，為依附在選項後面的參數，或者是 command 的參數。
- 指令、選項、參數之間都以空格或 [tab] 作為區分，不論空幾格都視為一格，故空白是特殊字元。
- [Enter]按鍵代表著一行指令的開始啟動。
- Linux 的世界中，英文大小寫為不同的字元，例如 cd 與 CD 是不一樣的指令。

前一堂課我們使用過 ls 與 ll 這兩個簡易的指令來查看檔名，那如果想要知道目前的時間，或者是格式化輸出時間時，就得要使用 date 這個指令來處理！

```
[student@localhost ~]$ date
四  4月 21 02:43:24 CST 2016
```

因為 student 選擇中文語系的關係，所以螢幕上出現的就會是中文的星期四與月日這樣。若需要格式化的輸出，就得要加上特別的選項或參數來處理，例如一般台灣我們常見 2016/04/21 這樣的日期輸出格式，此時你可能要這樣下達指令：

```
[student@localhost ~]$ date +%Y/%m/%d
2016/04/21
```

上述的選項資料 (+%Y/%m%d) 基本上不太需要背誦，使用線上查詢的方式來處理即可。最簡單的處理方式，可以透過 --help 這個長選項來查詢各個選項的功能，如下所示：

```
[student@localhost ~]$ date --help
Usage: date [OPTION]... [+FORMAT]
  or:  date [-u|--utc|--universal] [MMDDhhmm[[CC]YY][.ss]]
Display the current time in the given FORMAT, or set the system date.

Mandatory arguments to long options are mandatory for short options too.
  -d, --date=STRING         display time described by STRING, not 'now'
  -f, --file=DATEFILE       like --date once for each line of DATEFILE
  -I[TIMESPEC], --iso-8601[=TIMESPEC]  output date/time in ISO 8601 format.
                            TIMESPEC='date' for date only (the default),
                            'hours', 'minutes', 'seconds', or 'ns' for date
                            and time to the indicated precision.
  -r, --reference=FILE      display the last modification time of FILE
  -R, --rfc-2822            output date and time in RFC 2822 format.
                            Example: Mon, 07 Aug 2006 12:34:56 -0600
      --rfc-3339=TIMESPEC   output date and time in RFC 3339 format.
                            TIMESPEC='date', 'seconds', or 'ns' for
                            date and time to the indicated precision.
                            Date and time components are separated by
                            a single space: 2006-08-07 12:34:56-06:00
  -s, --set=STRING          set time described by STRING
```

```
  -u, --utc, --universal    print or set Coordinated Universal Time (UTC)
      --help     顯示此求助說明並離開
      --version  顯示版本資訊並離開

FORMAT controls the output.  Interpreted sequences are:

  %%   a literal %
  %a   locale's abbreviated weekday name (e.g., Sun)
  %A   locale's full weekday name (e.g., Sunday)
  %b   locale's abbreviated month name (e.g., Jan)
........
```

如此即可查詢到 %Y, %m, %d 的相關選項功能！

1. 如果需要秀出『小時:分鐘』的格式，要如何執行指令？
2. 請直接輸入指令『date +%s』，對照 --help 功能，查詢一下輸出的資訊是什麼？
3. 查詢一下 --help 的功能後，如果要顯示兩天以前 (2 days ago) 的『+%Y/%m/%d』，要如何下達指令？
4. 如果需要顯示出『西元年-日-月 小時:分鐘』的格式，日期與時間中間有一個空格！該如何下達指令？

而如果想要知道年曆或者是月曆，就可以透過 cal 這個指令來查詢。

使用 cal 搭配 cal --help 查詢相關選項，完成底下的題目。

1. 顯示目前這個月份的月曆。
2. 顯示今年的年曆。
3. 顯示前一個月、本月、下一個月的月曆。

2.1.2 身份切換 su - 的使用

繼續來玩一下 date 這個指令！從前一小節使用 date --help 後，可以發現語法有兩種情況，如下所示：

```
[student@localhost ~]$ date --help
Usage: date [OPTION]... [+FORMAT]
  or:  date [-u|--utc|--universal] [MMDDhhmm[[CC]YY][.ss]]
Display the current time in the given FORMAT, or set the system date.
```

指令說明當中，可以是『顯示, display』也能夠是『設定, set』日期。語法 (Usage) 的第一行就是顯示日期而已，第二行當然就是設定日期了。如果使用 student 身份來設定日期，會有什麼狀況？

```
[student@localhost ~]$ date 042211072016
date: cannot set date: Operation not permitted
Fri Apr 22 11:07:00 CST 2016
[student@localhost ~]$ date
Fri Apr 22 19:05:17 CST 2016
```

可以發現到日期並沒有變更到正確的日期 (第二個 date 指令在確認有沒有修訂成功，因為兩者日期不同，因此確認沒有成功)。而且 date 也明白的告訴操作者，操作者沒有權限 (Operation not permitted)！因為日期的設定要系統管理員才能夠設定的。此時我們就得要切換身份成為系統管理員(root)才行。處理的方法如下：

```
[student@localhost ~]$ su -
密碼：
上一次登入：四  4月 21 02:42:42 CST 2016在 tty2
[root@localhost ~]#
```

本系統 root 的密碼為 centos7，因此在『密碼：』後面輸入 centos7 之後，你就可以發現使用者的身份變換成為 root 了！此時再次使用 date 來看看日期能否被設定為正確？

```
[root@localhost ~]# date 042211142016
Fri Apr 22 11:14:00 CST 2016
[root@localhost ~]# date
Fri Apr 22 11:14:02 CST 2016
```

讀者們可以發現上表兩個指令的操作相差約 2 秒鐘，因此輸出的資訊就會有兩秒鐘的誤差。不過，日期確實就被修訂成為目前的狀態。但如果需要完整的設定系統時間，則需要使用 hwclock -w 寫入 BIOS 時間鐘才行。(由於虛擬機的 BIOS 也是虛擬的，因此不需要使用 hwclock 寫入)

另外，root 的身份是作為系統管理所需要的功能，因此做完任何系統維護行為後，請回復到一般用戶的身份較佳。 (這個習慣請務必養成！)

1. 為何當你使用 su - 切換成 root 之後，想要使用方向鍵上/下去呼叫剛剛下達的 date 0421... 指令時，會呼叫不出來？
2. 要如何離開 root 再次成為 student ？

2.1.3 語系功能切換

由於我們的系統環境使用中文，因此在日期的輸出方面可能就是以中文為主。那如果想要顯示為英文年月時，就得要修改一個變數，如下所示：

```
[student@localhost ~]$ date
五  4月 22 11:24:09 CST 2016
[student@localhost ~]$ LANG=en_US.utf8
[student@localhost ~]$ date
Fri Apr 22 11:24:46 CST 2016
```

你可以發現日期已經變更成為英文的方式來顯示了！此即 LANG 語系變數的設定功能。台灣地區經常使用的語系有中文與英文的萬國碼兩種，當然，比較舊的資料可能需要使用 big5 編碼，所以台灣常見的語系有：

- zh_TW.utf8
- zh_TW.big5
- en_US.utf8

至於語系的變化其實有兩個變數可以使用，除了常用的 LANG 之外，也可以透過 LC_ALL 來修訂！但一般建議使用 LANG 即可。而查閱目前語系的方法為：

```
[student@localhost ~]$ echo ${LANG}
en_US.utf8
```

1. 將語系調整為預設的 zh_TW.utf8。
2. 輸入 locale 查閱一下目前系統上所有使用的各項訊息輸出語系為何？
3. 使用 locale --help，查詢一下哪個選項可以列出目前系統所支援的語系？
4. 承上，請列出所有語系，但是在純文字模式 (tty2~tty6) 情況下，語系資料量太大，又沒有滑鼠滾輪可以利用，此時可以使用哪些組合按鈕來顯示之前的螢幕畫面？
5. 承上，若想要讓命令提示字元出現在第一行 (螢幕最上方)，可以輸入哪一個指令來清空畫面？

2.1.4 常見的熱鍵與組合按鍵

除了上個例題談到的可以上下移動螢幕畫面的組合按鍵之外，在純文字模式 (bash shell) 的環境下，建議讀者們一定要熟記且經常應用的熱鍵與組合鍵有：

- [tab]：可以是命令補齊，可以是檔名補齊，也能是變數名稱補齊。
- [ctrl]+c：中斷一個運作中的指令。
- [shift]+[PageUp], [shift]+[PageDown]：上下移動螢幕畫面。

1. 系統中以 if 及 ls 為開頭的指令，各有哪些？
2. 有個以 ifco 為開頭的指令，詳細指令名稱我忘記了，你可以找到這個指令名稱嗎？
3. 操作一個指令『find /』這個指令輸出很亂，我不想看了，該如何中斷這個指令？
4. 操作一個指令『ls '』，因為不小心多按了一個單引號，導致指令輸入行為很怪異，如何中斷？
5. 我想用『ll -d』去看一下 /etc/sec 開頭的檔案有哪些，可以怎麼做？
6. 我想要知道，到底有多少變數是由 H 開頭的？如何使用 echo 去查閱？

2.1.5 線上求助方式

ll, ls, date, cal 均可使用 --help 來查詢語法與相關的選項、參數資料，但某些指令則沒有辦法顯示詳細的資訊。例如底下的小算盤指令：

```
[student@localhost ~]$ bc
bc 1.06.95
Copyright 1991-1994, 1997, 1998, 2000, 2004, 2006 Free Software Foundation, Inc.
This is free software with ABSOLUTELY NO WARRANTY.
For details type `warranty'.
1+2+3+4
10
1/3
0
quit
```

bc 指令為 Linux 純文字界面下的小算盤，你可以使用 bc --help 查詢到相關的選項資料，但是如上所示，加減乘除的符號，還有小數點位數資料，以及離開 (quit) 等資訊，則沒有顯示於 --help 的輸出畫面中。Linux 有提供一個名為 manual page (手冊頁) 的功能，你可以用 manual 縮寫 (man) 來查詢，如下所示：

```
[student@localhost ~]$ man bc
bc(1)                       General Commands Manual                      bc(1)

NAME
       bc - An arbitrary precision calculator language

SYNTAX
       bc [ -hlwsqv ] [long-options] [  file ... ]

DESCRIPTION
       bc is a language that supports arbitrary precision numbers with inter-
       active execution of statements.  There are some  similarities  in  the
       syntax  to  the  C  programming  language.  A standard math library is
       available by command line option.  If requested, the math  library  is
       defined  before  processing  any  files.  bc starts by processing code
       from all the files listed on the command line  in  the  order  listed.
       After all files have been processed, bc reads from the standard input.
       All code is executed as it is read.  (If a file contains a command  to
       halt the processor, bc will never read from the standard input.)
.......

   OPTIONS
       -h, --help
              Print the usage and exit.

       -i, --interactive
              Force interactive mode.
.......

   VARIABLES
       There  are  four  special  variables,  scale,  ibase, obase, and last.
       scale defines how some operations use digits after the decimal  point.
       The default value of scale is 0. ibase and obase define the conversion
       base for input and output numbers.  The default  for  both  input  and
       output  is  base  10.   last (an extension) is a variable that has the
       value of the last printed number.  These will be discussed in  further
       detail  where  appropriate.   All  of  these variables may have values
       assigned to them as well as used in expressions.
.......

       - expr The result is the negation of the expression.
```

```
       ++ var The  variable  is  incremented  by one and the new value is the
              result of the expression.

       -- var The variable is decremented by one and the  new  value  is  the
              result of the expression.

       var ++
               The  result of the expression is the value of the variable and
              then the variable is incremented by one.

       var -- The result of the expression is the value of the  variable  and
              then the variable is decremented by one.

       expr + expr
              The result of the expression is the sum of the two expressions.
.......

AUTHOR
       Philip A. Nelson
       philnelson@acm.org

ACKNOWLEDGEMENTS
       The author would like to thank Steve  Sommars  (Steve.Sommars@att.com)
       for his extensive help in testing the implementation.  Many great sug-
       gestions were given.  This  is  a  much  better  product  due  to  his
       involvement.

GNU Project                      2006-06-11                            bc(1)
```

這個 man 是比較詳細的資料，在該畫面中，你可以使用底下的按鈕來移動螢幕顯示整份文件的位置：

- [enter]：向文件後面移動一行。
- [PageUp]/[PageDown]：向文件前/後移動一頁。
- 方向鍵上/下：向文件前/後移動一行。
- g：移動到整份文件的第一行。
- G：移動到整份文件的最後一行。
- q：離開 man page。

有興趣的話，讀者們可以自己慢慢的閱讀 man page。如果是短時間要查詢重要的項目，例如我們需要調整輸出的小數點位數 (scale) 時，可以『跑到整份文件的第一行，然後輸入斜線 /，輸入關鍵字』之後 man page 就可以自動幫你找關鍵字。

- /keyword：命令 man page 找到關鍵字。
- n：向整份文件的下方繼續找關鍵字。
- N：向整份文件的上方繼續找關鍵字。

1. 在 bc 的執行環境中，讓 1/3 可以輸出 .3333 這樣的格式。
2. 以 man bc 當中，找關鍵字『pi=』，然後在 bc 的環境中，算出 pi 的 50 位數結果。
3. 在 bc 的環境下，算出 1000/17 的『餘數 (remainder)』。
4. 在 man date 的環境下，找到第一個範例 (Examples)，並說明該指令的意義為何？

man page 除了上述的功能之外，其實 man page 的第一行也顯示了該指令/檔案的功能，例如 BC(1) 代表的是 1 號 man page，而共有 9 種左右的 man page 號碼，其意義為：

代號	代表內容
1	**使用者在 shell 環境中可以操作的指令或可執行檔**
2	系統核心可呼叫的函數與工具等
3	一些常用的函數(function)與函式庫(library)，大部分為 C 的函式庫(libc)
4	裝置檔案的說明，通常在/dev 下的檔案
5	**設定檔或者是某些檔案的格式**
6	遊戲(games)
7	慣例與協定等，例如 Linux 檔案系統、網路協定、ASCII code 等等的說明
8	**系統管理員可用的管理指令**
9	跟 kernel 有關的文件

上述的表格內容可以使用『man man』來更詳細的取得說明。透過這張表格的說明，未來你如果使用 man page 在察看某些資料時，就會知道該指令/檔案所代表的基本意義是什麼了。

我們知道 passwd 有兩個地方存在，一個是設定檔 /etc/passwd，一個是變更密碼的指令 /usr/bin/passwd，如何分別查詢兩個資料的 man page 呢？

2.1.6 管線命令的應用

從前幾小節的練習中，有時候我們會發現幾件事情：(1)指令輸出的資料量常常很大，一個螢幕裝不下，連使用[shift]+[pageup] 都沒有辦法全部看完；(2)在 man bc 時，找那個 pi= 的項目中，範例提到在文字界面下，可以透過某些方式不要進入 bc 去算 pi ！

尤其是第 2 個項目，裡面就談到那個 | 的符號，這個符號我們稱作『管線 (pipe)』！它的目的是『將前一個指令輸出的資料，交由後面的指令來處理』的意思～我們來談談該指令的意義：

```
[student@localhost ~]$ echo "scale=10; 4*a(1)" | bc -l
```

如果你將上面的指令分成兩部份來看，第一部份先執行『echo "scale=10; 4*a(1)"』，就可以發現從螢幕上輸出『scale=10; 4*a(1)』的字樣，echo 這個指令很單純的將後續的資料當成文字訊息輸出到螢幕上。這些資料之後被帶入到 bc 指令中，亦即直接在 bc 的環境中進行 scale=10; 4*a(1) 的運算之意。

有兩個指令很常使用於大量資料輸出時的片段展示，那就是 more 與 less。more 會一頁一頁翻動，但是無法向前回去查詢之前的畫面。至於 less 就是 man page 的操作環境。

1. 分別透過 more 與 less 將 ll /etc 的結果一頁一頁翻動。
2. 承上，嘗試找到 passwd 相關字樣的檔名結果。
3. 使用 find /etc 的指令，但是將結果交給 less 來查詢。
4. 承上，若使用的身份為 student 時，能否找到錯誤訊息呢？
5. 透過管線的功能，計算出一年 365 天共有幾秒鐘？

並不是所有的指令都支援管線命令的，例如之前談到的 ls, ll, find 或本章稍晚會提到的 cp, mkdir 等指令。能夠支援管線 | 的指令，就被稱為管線命令。

除了使用 | less 的功能加上斜線 (/) 找到關鍵字的方法之外，我們也可以透過 grep 來取得關鍵字！以上頭的例題來看，如果要使用 ll /etc/ 找出 passwd 的關鍵字『那一行』的話，可以簡單的這樣做：

```
[student@localhost ~]$ ll /etc/ | grep 'passwd'
```

1. 以 ifconfig 指令來觀察系統的所有介面卡 IP。
2. 使用管線命令搭配 grep 取得關鍵字，來取出有 IP 的那行訊息即可。

2.2 Linux 檔案管理初探

在 Linux 的系統下，總是會需要用到檔案管理的情況發生，包括建立目錄與檔案、複製與移動檔案、刪除檔案與目錄等等。另外，讀者也應該要知道在 Linux 的系統下，哪些目錄是正規系統會存在的，以及該目錄又應該要放置哪些資料等等。

2.2.1 Linux 目錄樹系統簡介

所有的 Linux distribions 理論上都應該要遵循當初 Linux 開發時所規範的各項標準，其中之一就是檔案系統的階層標準 (Filesystem Hierarchy Standard, FHS)。基本上 FHS 只是一個基本建議值，詳細的資料還是保有讓各個 distribution 自由設計的權力！無論如何，FHS 還是規範了根目錄與 /usr, /var 這三個目錄內應該要放置的資料就是了。

CentOS 7 的目錄規範與以前的 CentOS 6 差異頗大，詳細的資料還請參考相關文件，底下僅就個別目錄中應該要放置的資料做個基本的解釋。請自行『ll /』對照下表的相關目錄說明。

目錄名稱	應放置檔案內容(一定要知道的內容)
/bin /sbin	/bin 主要放置一般用戶可操作的指令 /sbin 主要放置系統管理員可操作的指令 這兩個資料目前都是連結檔，分別連結到 /usr/bin, /usr/sbin 當中
/boot	與開機有關的檔案，包括核心檔案 / 開機管理程式與設定檔
/dev	是 device 的縮寫，放置裝置檔，包括硬碟檔、鍵盤滑鼠終端機檔案等
/etc	一堆系統設定檔，包括帳號、密碼與各式服務軟體的設定檔大多在此目錄內
/home /root	/home 是一般帳號的家目錄預設放置位置 /root 則是系統管理員的家目錄了
/lib /lib64	系統函式庫與核心函式庫，其中 /lib 包含核心驅動程式，而其他軟體的函式庫若為 64 位元，則使用 /lib64 目錄內的函式庫檔案。這兩個目錄目前也都是連結到 /usr/lib, /usr/lib64 內
/proc	將記憶體內的資料做成檔案類型，放置於這個目錄下，連同某些核心參數也能手動調整
/sys	跟 /proc 類似，只是比較針對硬體相關的參數方面
/usr	是 usr 不是 user 喔！是 unix software resource 的縮寫，與 Unix 程式有關。從 CentOS 7 開始，系統相關的所有軟體、服務等，均放置在這個目錄中了！因此不能與根目錄分離
/var	是一些變動資料，系統運作過程中的服務資料、暫存資料、登錄資料等等
/tmp	一些使用者操作過程中會啟用的暫存檔，例如 X 軟體相關的資料等等

Linux 是由工程師開發的，許多的目錄也沿用 Unix 的規範，Unix 也是工程師開發的，所以許多的目錄命名通常就與該目錄要放置的資料有點相關性。例如 bin, sbin 就類似 binary, system binary (二進位程式、系統管理二進位程式) 來結合這樣～

目錄名稱	應放置檔案內容(以後用到就知道了)
/media /mnt	/media 主要是系統上臨時掛載使用的裝置(如隨插即用 USB)之慣用目錄 /mnt 主要是使用者或管理員自行暫時手動掛載的目錄
/opt	/opt 是 optional 的意思，通常是第三方協力廠商所開發的軟體放置處
/run	系統進行服務軟體運作管理的功能，CentOS 7 以後，這個目錄也放在記憶體當中了
/srv	通常是給各類服務 (service) 放置資料使用的目錄

另外，在 Linux 環境下，所有的目錄都是根目錄 (/) 衍生出來的，從根目錄開始撰寫的檔名也就被稱為『絕對路徑』。而磁碟規劃方面，若需要了解磁碟與目錄樹的搭配，可以使用 df (display filesystem) 的軟體來查閱：

```
[student@localhost ~]$ df
檔案系統                       1K-區段    已用    可用 已用% 掛載點
/dev/mapper/centos-root 10475520 4024880 6450640   39% /
devtmpfs                 1008980       0 1008980    0% /dev
tmpfs                    1024480      96 1024384    1% /dev/shm
tmpfs                    1024480    8988 1015492    1% /run
tmpfs                    1024480       0 1024480    0% /sys/fs/cgroup
/dev/vda2                2086912  150216 1936696    8% /boot
/dev/mapper/centos-home  3135488   41368 3094120    2% /home
tmpfs                     204900      20  204880    1% /run/user/1000
```

上表中最左側為檔案系統，最右側則是掛載點。掛載點有點類似 windows 系統的 C:, D:, E: 等磁碟槽的意思。在 Linux 底下所有的檔案都是從目錄樹分出來，因此檔案系統也需要跟目錄結合在一起。以上表來說，『當你進入 /boot 這個目錄時，就可以看到 /dev/vda2 這個裝置的內容』之意。

此外，系統也已經將記憶體模擬成檔案系統，提供使用者將暫存資料放置於高速的記憶體內。只是這些資料在關機後就會消失。這些目錄包括很重要的 /dev/shm (上表)。

1. 使用 ll / 觀察檔名，在出現的畫面中，『連結檔』與『一般目錄』的差別中，最左邊的字元分別是什麼？
2. /proc 與 /sys 的檔案容量分別有多大？為什麼？
3. /boot/vmlinuz 開頭的檔名為系統的『核心檔案』，找出來 CentOS 7 的環境下，這個核心檔案容量有多大？
4. 使用 man ls 及 man ifconfig 兩個指令查詢完畢後，猜測 ls 與 ifconfig『可能』放置在哪些目錄內？
5. 如果你有一個暫時使用的檔案需要經常存取，且檔案容量相當大，為了加速，你可以將這個檔案暫時放置於哪裡來做編輯？只是編輯完畢後必須要重新複製回原本的目錄去。

2.2.2 工作目錄的切換與相對/絕對路徑

預設的情況下，使用者取得 shell 的環境時，通常就是在自己的『家目錄』，例如 windows 檔案總管打開後，出現在畫面中的，通常是『我的文件夾』之類的環境。若要變更『工作目錄』，例如變更工作目錄到 /var/spool/mail 去，可以這樣做：

```
[student@localhost ~]$ ls
下載  公共  圖片  影片  文件  桌面  模板  音樂
[student@localhost ~]$ cd /var/spool/mail
[student@localhost mail]$ ls
root  rpc  student
```

如上所示，一開始讀者會在 student 家目錄下，因此單純使用 ls 時，會列出工作目錄 (家目錄) 底下的資料，亦即是一堆中文檔名的目錄存在。而當讀者操作『cd /var/spool/mail』之後，工作目錄會變成該目錄，所以提示字元裡面也將 ~ 變成了 mail 了。因此使用 ls 所列出的工作目錄下的資料，就會有不一樣的檔名出現。讀者在操作指令時，要特別注意『工作目錄』才行。而列出目前工作目錄的方法為使用 pwd：

```
[student@localhost mail]$ pwd
/var/spool/mail
[student@localhost mail]$
```

讀者操作系統時，不要只看提示字元下的檔名，最好能夠查閱實際的目錄較佳。如下案例：

```
[student@localhost mail]$ cd /etc
[student@localhost etc]$ pwd
/etc
[student@localhost etc]$ cd /usr/local/etc
[student@localhost etc]$ pwd
/usr/local/etc
[student@localhost etc]$
```

操作者可發現，自從進到 /etc 之後，提示字元內的目錄位置一直是『etc』，然而使用 pwd 就能夠發現兩者的差異。這在系統管理時非常的重要，若去錯目錄，會導致檔案修訂的錯誤！

除了根目錄與家目錄之外，Linux 上有一些比較特別的目錄需要記憶：

目錄名稱	目錄意義
/	根目錄，從根目錄寫起的檔名只會存在一個
~	使用者的家目錄，不同用戶的家目錄均不相同
.	一個小數點，代表的是『本目錄』，亦即目前的工作目錄之意
..	兩個小數點，代表的是『上一層目錄』
-	一個減號，代表『上一次的工作目錄』之意

操作者應該要注意，根據檔名寫法的不同，也可將所謂的路徑(path)定義為絕對路徑(absolute)與相對路徑(relative)。這兩種檔名/路徑的寫法依據是這樣的：

- 絕對路徑：由根目錄(/)開始寫起的檔名或目錄名稱，例如 /home/student/.bashrc。
- 相對路徑：相對於目前路徑的檔名寫法。例如 ./home/student 或 ../../home/student/ 等等。開頭不是 / 就屬於相對路徑的寫法。

1. 前往 /var/spool/mail 並觀察當下的工作目錄。
2. 觀察上一層目錄的檔名資料，查詢一下有沒有『anacron』這個檔名存在？
3. 請前往『上一層目錄的那個 anacron 目錄』。
4. 在當下的目錄中，如何查詢 /var/log 這個目錄的內容？分別使用兩種方式 (相對/絕對路徑) 來查閱。
5. 回到 student 家目錄。
6. 分別使用『預設』、『相對路徑』、『絕對路徑』、『工作目錄底下』執行 ifconfig 的方法。

2.2.3 簡易檔案管理練習

由本章的說明，讀者可以清楚 /etc 與 /boot 為兩個相當重要的目錄，其中 /etc 更是需要備份的所在。若讀者使用 student 的身份來暫時進行檔案管理行為時，例如將 /etc 完整備份時，可以如何進行？

1. 先前往 /dev/shm 這個記憶體模擬的目錄來操作後續指令：

```
[student@localhost ~]$ cd /dev/shm
[student@localhost shm]$
```

2. 建立一個名為 backup 的目錄，等待備份資料：

```
[student@localhost shm]$ mkdir backup
[student@localhost shm]$ ll
drwxrwxr-x. 2 student student       40  4月 26 21:32 backup
-rwx------. 1 gdm     gdm     67108904  4月 26 17:48 pulse-shm-1013772778
-rwx------. 1 student student 67108904  4月 26 17:49 pulse-shm-1217036117
.......
```

3. 進入 backup 目錄當中：

```
[student@localhost shm]$ cd backup
[student@localhost backup]$ pwd
/dev/shm/backup
```

4. 將 /etc 完整的複製過來：

```
[student@localhost backup]$ cp /etc .
cp: 略過 '/etc' 目錄
```

因為 cp 會自動忽略目錄的複製，因此需要如下的指令來複製目錄才行

5. 開始複製目錄 (-r) 的動作：

```
[student@localhost backup]$ cp -r /etc .
cp: 無法開啟 '/etc/crypttab' 來讀取資料: 拒絕不符權限的操作
cp: 無法存取 '/etc/pki/CA/private': 拒絕不符權限的操作
cp: 無法存取 '/etc/pki/rsyslog': 拒絕不符權限的操作
.......
```

因為系統很多保密的檔案是不許被一般用戶所讀取的，因此 student 許多檔案無法順利複製也是正確的！操作者無須擔心。

6. 再次複製檔案，同時將錯誤訊息傳送到垃圾桶，不要顯示在螢幕上：

```
[student@localhost backup]$ cp -r /etc . 2> /dev/null
[student@localhost backup]$ ll -d /etc ./etc
drwxr-xr-x. 129 root    root    8192  4月 26 19:11 /etc
drwxr-xr-x. 129 student student 4960  4月 26 21:41 ./etc
```

透過上面的練習，最終我們知道其實 student 身份複製的 /dev/shm/backup/etc 是沒有完整的備份的！因為兩者的容量大小、 內容檔案、權限都不相同之故。至於相關的指令功能、選項功能等等，請自由 man cp、 man mkdir 來預先了解。

另外，在一些錯誤訊息要丟棄的環境中，也可以在指令的最後面加上 2> /dev/null 來將錯誤的資料導向垃圾桶 (/dev/null)。

1. 先查看一下有沒有 /dev/shm/backup/etc/passwd* 的檔名存在？
2. 複製使用 cp 而刪除可以使用 rm。嘗試刪除前一題的檔名，並確認該檔案已經不存在了。
3. 查看一下 /dev/shm/backup/etc/X11 是『檔案』還是『目錄』？
4. 如何刪除前一題談到的目錄？
5. 若想要刪除 /dev/shm/backup/etc/xdg 這個目錄，且『每個檔案刪除前均須詢問』，須加上哪個選項？

2.3 課後練習操作

前置動作：請使用 unit02 的硬碟進入作業環境，並請先以 root 身分執行 vbird_book_setup_ip 指令設定好你的學號與 IP 之後，再開始底下的作業練習。

◆ 簡答題：請使用 student 的身份登入系統，然後在應用程式中找尋一個名為 gedit 的指令，打開該軟體之後，依據底下的題目寫下答案。儲存時，請選擇檔名為 /home/student/ans02.txt (建議寫下答案前，均在系統上面實驗過才好) 。

1. (a)什麼指令可以切換語系成為 en_US.utf8，並且(b)如何確認語系為正確設定了。
2. Linux 的日期設定其實與 Unix 相同，都是從 1970/01/01 開始計算時間而來。若有一個密碼資料，該資料告訴你密碼修改的日期是在 16849，請問如何使用 date 這個指令計算出該日期其實是西元年月日？(寫下完整指令)
3. 用 cal 輸出 2016/04/29 這一天的月曆與直接看到該日為星期幾？(寫下完整指令)
4. 承上，當天是這一年當中由 1 月 1 日算起來的第幾天？(註：該日期稱為 julian date)，(a)寫下完整指令與(b)執行結果顯示第幾天

5. 若為 root 的身份，使用 su - student 切換成為 student 時，需不需要輸入密碼？
6. 呼叫出 HOME 這個變數的指令為何？
7. 使用哪一個指令可以查出 /etc/group 這個檔案的第三個欄位意義為何？(寫下指令)
8. 請查出 /dev/null 這個裝置的意義為何？(寫下指令)
9. 如何透過管線命令與 grep 的功能，透過 find /etc 找出檔名含有 passwd 的檔名資料？(a)寫下指令與(b)執行結果的檔名有哪幾個？
10. 承上，將一堆錯誤訊息丟棄，我只需要顯示正確的檔名而已。(寫下指令)
11. 根目錄下，哪兩個目錄主要在放置使用者與管理員常用的指令？
12. 根目錄下，哪兩個目錄其實是記憶體內的資料，本身並不佔硬碟空間？
13. 根目錄下，哪一個目錄主要在放置設定檔？
14. 上網找出，/lib/modules/ 這個目錄的內容主要在放置什麼東西？
15. 有個指令名稱為 /usr/bin/mount，請使用『絕對路徑』與『工作目錄下的指令』來執行該指令。

◆ 實作題：直接在系統上面操作，操作成功即可，無須寫下任何答案。

1. 使用 student 身分，在自己的家目錄底下，建立名為 ./20xx/unit02 的目錄。
2. 使用 student 身分，將 /etc/X11 這個資料複製到上述的目錄內。
3. 使用 root 的身分，刪除 /opt/myunit02 檔名。
4. 使用 root 的身分，建立名為 /mnt/myunit02 目錄。
5. 使用 root 的身分，透過 find /etc 指令，找出檔名含有 passwd 的檔案資料，並將這些檔案資料複製到 /mnt/myunit02 去。

作業結果傳輸：請以 root 的身分執行 vbird_book_check_unit 指令上傳作業結果。正常執行完畢的結果應會出現【XXXXXX;aa:bb:cc:dd:ee:ff;unitNN】字樣。若需要查閱自己上傳資料的時間，請在作業系統上面使用：http://192.168.251.250 檢查相對應的課程檔案。

作答區

檔案管理與 vim 初探

前一堂課讀者應該稍微接觸 Linux 檔案的管理，這一堂課我們將較深入的操作 Linux 檔案管理。此外，本堂課亦會介紹未來會一直使用的 vim 程式編輯器，學會 vim 對於系統管理員來說，是相當重要的任務！

3.1 檔案管理

在 Linux 底下，所有的東西都以檔案來呈現，不同的檔案特性會有不同的結果。讀者可以常見的兩種檔案格式為：

- 一般檔案：實際放置資料的檔案。
- 目錄檔案：重點在放置『檔名』，並沒有實際的資料。

為何需要目錄檔？讀者可以想像，如果僅有一個櫃子，你將所有書籍全部丟進同一個櫃子中，則未來要找資料時，會很難找尋 (因為單品太多)。若可以有多個櫃子，將不同的資料分類放置於各別的櫃子中，未來要找某一類別的資料，只要找到該類別的櫃子，就能夠快速的找到資料 (單品較少)，這就是目錄檔案的重點。

3.1.1 目錄的建立與刪除

前一堂課已經談過，目錄的建立主要使用 mkdir 這個指令，這個指令將建立一個『空目錄』。所謂的『空目錄』意指該目錄內並沒有其他檔案的存在。至於刪除目錄則使用 rmdir 這個指令，但同理，這個指令僅能『刪除空目錄』而已。

1. 前往 /dev/shm 目錄。
2. 建立名為 class3 的目錄。
3. 觀察 /dev/shm/class3 這個目錄的內容，並請說明內部有沒有其他檔案 (註：使用 ll 加上顯示隱藏檔的選項)。
4. 透過 cp /etc/hosts /dev/shm/class3 將檔案複製到該目錄內，並觀察 class3 目錄的內容。
5. 使用 rmdir /dev/shm/class3 嘗試刪除該目錄，並說明可以或不行刪除該目錄的原因。

使用 rm 可以刪除檔案，但預設 rm 僅能刪除一般檔案無法刪除目錄。

1. 承上一個例題，進入到 /dev/shm/class3 當中，並且使用 rm 刪除掉所有該目錄下的檔案 (非隱藏檔) 。
2. 回到 /dev/shm 當中，此時能否使用 rmdir 刪除 class3 目錄？為什麼？

觀察目錄本身的參數

當使用 ll dirname 時，預設會顯示出『該目錄下的檔名』，因為目錄的內容就是檔名資料。若讀者需要了解到目錄本身的資訊，而不是目錄的內容，可以使用 -d 的選項，如下範例：

```
[student@localhost ~]$ ll /etc/cron.d
總計 12
-rw-r--r--. 1 root root 128  7月 27  2015 0hourly
-rw-r--r--. 1 root root 108  9月 18  2015 raid-check
-rw-------. 1 root root 235  3月  6  2015 sysstat

[student@localhost ~]$ ll -d /etc/cron.d
drwxr-xr-x. 2 root root 51  2月 18 02:58 /etc/cron.d
```

承上，讀者可以清楚的看到有沒有加上 -d 的選項結果差異相當大。

3.1.2 萬用字元

要查詢某些關鍵字的資訊時，需要透過一些終端機環境下的特殊字元的支援，此即為萬用字元。經常使用的萬用字元有：

符號	意義
*	代表『0 個到無窮多個』任意字元
?	代表『一定有一個』任意字元
[ ]	同樣代表『一定有一個在括號內』的字元(非任意字元)。例如 [abcd] 代表『一定有一個字元，可能是 a, b, c, d 這四個任何一個』
[-]	若有減號在中括號內時，代表『在編碼順序內的所有字元』。例如 [0-9] 代表 0 到 9 之間的所有數字，因為數字的語系編碼是連續的

符號	意義
[^]	若中括號內的第一個字元為指數符號 (^)，那表示『反向選擇』，例如 [^abc] 代表 一定有一個字元，只要是非 a, b, c 的其他字元就接受的意思

若讀者想要了解 /etc 底下有多少檔名開頭為 cron 的檔案時，可以使用如下的方式查詢：

```
[student@localhost ~]$ ll /etc/cron*
[student@localhost ~]$ ll -d /etc/cron*
```

如果加上 -d 的選項，則檔名會變得比較單純，但若沒有加上 -d 的選項，則 ll 會列出『許多目錄內的檔名資料』，與預設想要了解的檔名有所差異。因此 -d 選項就顯的更為重要。

1. 列出 /etc/ 底下含有 5 個字元的檔名。
2. 列出 /etc/ 底下含有數字在內的檔名。

3.1.3 檔案及目錄的複製與刪除

前一堂課也稍微介紹過複製，複製主要使用 cp 來處理，相關的選項請自行 man cp 來查詢。預設 cp 僅複製檔案，並不會複製目錄，若需要複製目錄，一般建議直接加上 -r，而如果是需要完整備份，則最好加上 -a 的選項為宜。

另外，除了正常的一般檔案與目錄檔案之外，系統也經常會有連結檔的情況出現，例如底下的資料：

```
[student@localhost ~]$ ll -d /etc/rc0.d /etc/rc.d/rc0.d
lrwxrwxrwx. 1 root root 10  2月 18 02:54 /etc/rc0.d -> rc.d/rc0.d
drwxr-xr-x. 2 root root 43  2月 18 02:56 /etc/rc.d/rc0.d
```

連結檔的特色是，該行開頭的 10 個字元最左邊為 l (link)，一般檔案為減號 (-) 而目錄檔為 d (directory)。如上表所示，其實 /etc/rc0.d 與 /etc/rc.d/rc0.d 是相同的資料，其中 /etc/rc0.d 是連結檔，而原始檔為 /etc/rc.d/rc0.d。此時讀者需要注意，亦即當你進入 /etc/rc0.d 時，代表實際進入了 /etc/rc.d/rc0.d 那個目錄的意思。

複製目錄時

一般來說，複製目錄需要加上 -r 或 -a，兩者的差異如下：

```
[student@localhost ~]$ cd /dev/shm
[student@localhost shm]$ cp -r /etc/rc0.d/  .     <==結尾一定要加上斜線 /
[student@localhost shm]$ ll
drwxr-xr-x. 2 student student       80  5月 19 10:56 rc0.d

[student@localhost shm]$ ll rc0.d /etc/rc0.d/
/etc/rc0.d/:
總計 0
lrwxrwxrwx. 1 root root 20  2月 18 02:56 K50netconsole -> ../init.d/netconsole
lrwxrwxrwx. 1 root root 17  2月 18 02:56 K90network -> ../init.d/network

rc0.d:
總計 0
lrwxrwxrwx. 1 student student 20  5月 19 10:56 K50netconsole -> ../init.d/netconsole
lrwxrwxrwx. 1 student student 17  5月 19 10:56 K90network -> ../init.d/network

[student@localhost shm]$ cp -a /etc/rc0.d/ rc0.d2
[student@localhost shm]$ ll rc0.d2
lrwxrwxrwx. 1 student student 20  2月 18 02:56 K50netconsole -> ../init.d/netconsole
lrwxrwxrwx. 1 student student 17  2月 18 02:56 K90network -> ../init.d/network
```

讀者可以發現 -a 時，連同檔案的時間也都複製過來，而不是使用目前的時間來建立新的檔案。此外，如果以 root 的身份來執行上述指令時，則連同權限 (前面的 root 變成 student) 也會跟原始檔案相同！這就是 -r 與 -a 的差異。因此，當系統備份時，還是建議使用 -a 的。

目標檔案的存在與否

參考底下的範例：

1. 先進入 /dev/shm，同時觀察目錄下有無名為 rc1.d 的檔名。
2. 使用『cp -r /etc/rc.d/rc1.d rc1.d』將 rc1.d 複製到本目錄下，然後使用 ll 與 ll rc1.d 觀察該目錄。
3. 重新執行上述複製的指令一次，然後使用 ll rc1.d，觀察一下有什麼變化？

當複製目錄，且目標為未存在的目錄，則系統會建立一個同名的目錄名稱來存放資料。但若目標檔案已存在，則原始目錄將會被放置到目標檔案內，因此目標目錄是否存在，會影響到複製的結果。

刪除檔案

刪除檔案使用 rm，其中需要特別注意，不要隨便使用 rm - rf 這樣的選項，因為 -r 為刪除目錄，-f 為不詢問直接刪除，因此若後續的檔名寫錯時，將會有相當大的影響 (一般來說，檔案刪除是無法救援回來的。)

1. 進入 /dev/shm，觀察到前一個例題 /dev/shm/rc1.d 的目錄存在後，請將它刪除。

3.1.4 特殊檔名的處理方式

在 windows 底下經常會有比較特別的檔名出現，最常出現者為檔名含空白字元的情況。由於指令操作行為下，空白鍵亦為特殊字元，因此操作上需要將這些特殊字元改為一般字元後，方可進行處理。常見的處理方式有這些情況：

空白字元的檔名

一般可以使用單引號或雙引號或反斜線 (\) 來處理這樣的檔名。例如建立一個名為『class one』的檔名時，可以這樣做：

```
[student@localhost ~]$ cd /dev/shm
[student@localhost shm]$ mkdir "class one"
[student@localhost shm]$ ll
drwxrwxr-x. 2 student student       40  5月 19 11:23 class one
```

讀者可以發現最右邊出現了 class one 的檔名，但這個檔名要如何刪除呢？

```
[student@localhost shm]$ rmdir class one
rmdir: failed to remove 'class': 沒有此一檔案或目錄
rmdir: failed to remove 'one': 沒有此一檔案或目錄

[student@localhost shm]$ rmdir class\ one
```

如果僅單純的補上檔名，則 rmdir 會誤判有兩個名為 class 與 one 的目錄要刪除，因為找不到，所以回報錯誤。此時你可以使用成對雙引號或單引號來處理，也可以透過反斜線將空白變成一般字元即可 (其實透過按下 [tab] 按鈕也可以找到上述的方式來刪除！)

加號與減號開頭的檔名

讀者應該知道指令下達時，在指令後的選項為開頭是 + 或 - 的項目，如果檔名被要求建立成 -newdir 時，該如何處理？

```
[student@localhost shm]$ mkdir -newdir
mkdir: 不適用的選項 -- n
Try 'mkdir --help' for more information.
```

此時會回報錯誤，若嘗試使用單引號來處理時，同樣回報錯誤！使用反斜線，同樣回報錯誤。是否無法建立此類檔名呢？其實讀者可以透過『絕對/相對路徑』的作法來處理，例如：

```
[student@localhost shm]$ mkdir /dev/shm/-newdir
[student@localhost shm]$ mkdir ./-newdir2
[student@localhost shm]$ ll -d ./*new*
```

```
drwxrwxr-x. 2 student student 40  5月 19 11:32 ./-newdir
drwxrwxr-x. 2 student student 40  5月 19 11:32 ./-newdir2
```

這樣就可以建立開頭為 + 或 - 的檔名。刪除同樣得要使用這樣的檔名撰寫方式來處理。

1. 將剛剛建立的 -newdir, -newdir2 刪除。

3.1.5 隱藏檔的觀察與檔案類型的觀察

觀察隱藏檔案

要觀察隱藏檔時，可以使用如下的方式來處理：

```
[student@localhost shm]$ cd
[student@localhost ~]$ ll
drwxr-xr-x. 2 student student    6  4月 14 19:46 下載
drwxr-xr-x. 2 student student    6  4月 14 19:46 公共
drwxr-xr-x. 2 student student    6  4月 14 19:46 圖片
.......

[student@localhost ~]$ ll -a
drwx------. 16 student student 4096  5月 12 11:31 .
drwxr-xr-x. 17 root    root    4096  5月  3 21:43 ..
-rw-------.  1 student student 4202  5月 18 17:43 .bash_history
-rw-r--r--.  1 student student   18 11月 20 13:02 .bash_logout
-rw-r--r--.  1 student student  193 11月 20 13:02 .bash_profile
.......

[student@localhost ~]$ ll -d .*
```

由於隱藏檔是檔名開頭為小數點的檔名，因此可以透過 -a 來查詢所有的檔案，或者是透過 .* 來找隱藏檔而已。不過得要加上 -d 的選項才行。

觀察檔案的類型

但如果需要觀察檔案的類型與型態，就需要使用 file 這個指令來觀察。例如分別找出 /etc/passwd 即 /usr/bin/passwd 這兩個檔案的格式為何？

```
[student@localhost ~]$ ll /etc/passwd /usr/bin/passwd
-rw-r--r--. 1 root root  2945  5月  3 21:43 /etc/passwd
-rwsr-xr-x. 1 root root 27832  6月 10  2014 /usr/bin/passwd

[student@localhost ~]$ file /etc/passwd /usr/bin/passwd
/etc/passwd:     ASCII text
/usr/bin/passwd: setuid ELF 64-bit LSB shared object, x86-64, version 1 (SYSV),
 dynamically linked (uses shared libs), for GNU/Linux 2.6.32, BuildID[sha1]=
 1e5735bf7b317e60bcb907f1989951f6abd50e8d, stripped
```

讀者即可知道這兩個檔案分別是文字檔 (ASCII text) 及執行檔 (ELF 64-bit LSB...)。

1. 觀察 /etc/rc0.d 及 /etc/rc.d/rc0.d 的檔案類型為何？

3.1.6 檔名的移動與更名

若檔案建立到錯誤的位置時，可以使用 mv 來處理。同時若檔名鍵錯，也能夠使用 mv 來更名。

1. 讓 student 回到家目錄。
2. 將 /etc/rc3.d 複製到本目錄。
3. 該目錄移動錯誤，請將本目錄的 rc3.d 移動到 /dev/shm。
4. 檔名依舊錯誤，請將 /dev/shm 底下的 rc3.d 更名為 init3.d。

3.1.7 大量建置空白檔案的方式

有時候為了測試系統，管理員可能需要建立許多的檔名來測試，此時可以透過 touch 這個指令來處理。例如到 /dev/shm 建立名為 testdir 與 testfile 兩個『目錄檔與一般檔』，可以這樣處理。

```
[student@localhost ~]$ cd /dev/shm
[student@localhost shm]$ mkdir testdir
[student@localhost shm]$ touch testfile
[student@localhost shm]$ ll -d test*
drwxrwxr-x. 2 student student 40  5月 19 13:04 testdir
-rw-rw-r--. 1 student student  0  5月 19 13:04 testfile
```

如果需要建立較多的檔名，例如 test1, test2, test3, test4 時，可以透過大括號的方式來處理。例如在 /dev/shm 底下建立上述的四個檔案，可以這樣處理：

```
[student@localhost shm]$ touch test{1,2,3,4}
[student@localhost shm]$ ll -d test?
-rw-rw-r--. 1 student student 0  5月 19 13:06 test1
-rw-rw-r--. 1 student student 0  5月 19 13:06 test2
-rw-rw-r--. 1 student student 0  5月 19 13:06 test3
-rw-rw-r--. 1 student student 0  5月 19 13:06 test4
```

如果所需要的檔名或輸出資訊是有用到連續數字時，假設由 1 到 10 這組數字，雖然能使用 {1,2,3,4,5,6,7,8,9,10} 來處理，然而輸入太繁瑣。此時可以使用 {1..10} 來取代上述的輸出。若需要輸出 01, 02 這樣的字樣 {01..10} 來處理。

- 我需要在 /dev/shm/testing 目錄下建立名為 mytest_XX_YY_ZZ 的檔案，其中 XX 為 jan, feb, mar, apr 四個資料，YY 為 one, two, three 三個資料，而 ZZ 為 a1, b1, c1 三個資料，如何使用一個指令就建立出上述的 36 個檔案？

◆ 我需要在 /dev/shm/student/ 目錄下，建立檔名為 4070C001 到 4070C050 的檔案，如何使用一個指令來完成這 50 個檔案的建置？

3.2 檔案內容的查詢

很多時候管理員只是需要知道檔案內容，並沒有進行編輯。此時可以透過一些簡易的指令來查詢文件檔案的內容。

3.2.1 連續輸出檔案內容

最簡單的查詢檔案內容的方式為透過 cat, head 與 tail 等指令。cat 為較常用的指令，但是 cat 會將檔案完整的重現在螢幕上，因此若管理員想要查詢最後幾行時，以 tail 指令查詢會較佳。

- cat：將檔案內容全部列出。
- head：預設只列出檔案最前面 10 行。
- tail：預設只列出檔案最後面 10 行。

1. 列出 /etc/hosts 檔案的內容。
2. 列出 /etc/profile 檔案的內容。
3. 承上，第二次列出 /etc/profile 時加上行號輸出。
4. 讀者僅須列出 /etc/profile 的最前面 10 行。
5. 讀者僅須列出 /etc/passwd 最後面 10 行的內容。
6. 讀者僅須列出 /etc/services 最後 5 行的內容。

3.2.2 可檢索檔案內容

上述的 cat/head/tail 需要查詢資料時，得要人工眼力查詢，因此，如果資料量比較大，而且需要查詢資訊時，可以透過 more 與 less 來處置。more

預設會一頁一頁向後翻動，而 less 則可以向前、向後翻頁，事實上，man page 就是呼叫 less 指令的函數處理的方式。

more 軟體內常用指令：

- /關鍵字：可以查詢關鍵字。
- 空白鍵：可以向下/向後翻頁。
- q：結束離開不再查詢文件。

less 軟體內常用指令：

- /關鍵字：可以查詢關鍵字。
- 空白鍵：可以向下/向後翻頁。
- [pageup]：可以向前/向上翻頁。
- [pagedown]：可以向下/向後翻頁。
- g：直接來到第一行。
- G：直接來到最後一行。
- q：結束離開不再查詢文件。

1. 使用 more /etc/services 一頁一頁翻動資料。
2. 承上，請找出 http 這個關鍵字，之後直接離開不再查閱。
3. 使用 less /etc/services 查詢檔案內容。
4. 承上，請找出 http 這個關鍵字，之後直接離開不再查閱。

若需要查詢資料的行號時，可以透過 cat -n 配合管線命令來處理。例如，先將 /etc/services 的輸出加上行號，然後交由 less 處理，再去搜尋 http 所在行，要執行這個指令則為：

```
[student@localhost ~]$ cat -n /etc/services | less
```

關於管線命令的使用，後續的章節會談論更多，在此讀者僅須知道在管線 (|) 之前所輸出的資訊，會傳給管線後的指令繼續讀入處理的意思。亦即訊息資料並不是來自檔案，而是來自於前一個檔案的輸出。

3.3 vim 程式編輯器

管理員總是會需要變動系統設定檔，或者是進行純文字檔的編輯，此時就需要 vi/vim 的支援。因為 vi/vim 是 Linux 很多指令預設會去呼叫的編輯程式，因此管理員『務必』要學會這個編輯器。另外，vim 會有顏色的支援，vi 僅為文書編輯器，故我們建議讀者們，應該要熟悉 vim 較佳。

3.3.1 簡易的 vim 操作

vim 有三種基本的模式，亦即是：

- 一般指令模式 (command mode)：使用『vim filename』進入 vim 之後，最先接觸到的模式。在這個模式底下使用者可以進行複製、刪除、貼上、移動游標、復原等任務。
- 編輯模式 (insert mode)：在上述模式底下輸入『i』這個按鈕，就可以進入編輯模式，終於可以開始打字了。
- 指令列命令模式 (command-line mode)：回到一般模式後，可以進行儲存、離開、強制離開等動作。

簡單的說，讀者可以將三種模式使用底下的圖示來思考一下相關性：

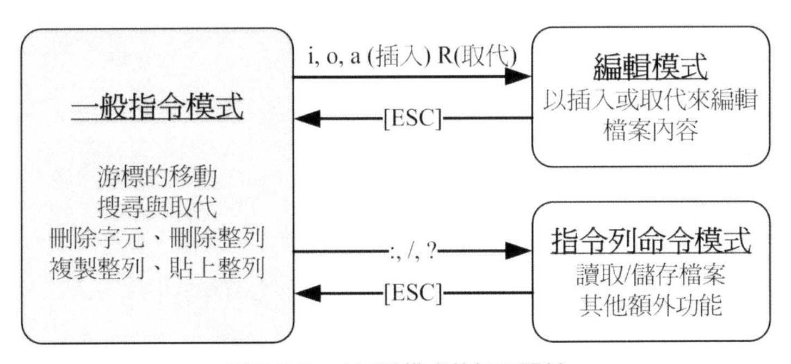

圖 3.3-1　vi 三種模式的相互關係

假設讀者想要嘗試編輯 /etc/services 這個檔案，可以這樣嘗試處理看看：

1. 使用『cd /dev/shm』將工作目錄移動到記憶體當中。
2. 使用『cp /etc/services .』將檔案複製一份到本目錄下。
3. 使用『vim services』開始查閱 services 的內容，並請回答：
   a. 最底下一行顯示的『"services" 11176L, 670293C』是什麼意思？
   b. 為什麼在 # 之後的文字顏色與沒有 # 的那行不太一樣？
4. 使用方向鍵，移動游標到第 100 行，並回答，你怎麼知道游標已經在第 100 行？
5. 回到第 5 行，按下『i』之後，你看到畫面中最底下一行的左邊出現什麼？
6. 按下 Enter 按鈕以新增一行，然後方向鍵重回第 5 行，之後隨便輸入一串文字。輸入完畢後，直接按下 [esc] 按鈕，螢幕最下方左下角會有什麼變化？
7. 要離開時，記得關鍵字是 quit，此時請按下『:q』，看一下游標跑到什麼地方去了？
8. 在輸入『:q』並且按下 Enter 之後，螢幕最下方出現什麼資訊？怎麼會這樣？
9. 按下『:w』儲存，然後重新『:q』離開，這時可以離開了嗎？

1. 承上，繼續 vim services。
2. 請在第 1 行加上『Welcome to my linux server』的字樣，輸入完畢後請回到一般指令模式。
3. 在一般指令模式底下，跑到第 5 行，按下『dd』，看看發生什麼事情？
4. 回到第 1 行，按下『p』又出現什麼資訊？
5. 連續按下 5 次『p』，然後又按一次『5p』又出現什麼？
6. 按下『u』會出現什麼狀況？

7. 跑到第 1 行，按下『yy』然後跑到第 10 行，按下『p』，又出現什麼情況？
8. 按下『G』(注意大小寫)，游標跑到哪裡去？
9. 按下『gg』(注意大小寫)，游標跑到哪裡去？
10. 現在不想要編輯這個檔案了 (因為亂搞一通)，不儲存離開時，按下『:q』會一直出現僅告尚未存檔的訊息，你輸入『:q!』之後，可以不儲存離開了嗎？

3.3.2 常用的 vim 一般指令模式與指令列模式列表

通過上述的練習，讀者應該會對 vim 有初步的認識。vim 的功能其實不只這些，不過管理員會經常用到的大概就是上述的這些資訊而已。底下為常用的指令列表：

慣用的指令	說明
i, [esc]	i 為進入編輯模式，[esc] 為離開編輯模式
G	移動到這個檔案的最後一列
gg	移動到這個檔案的第一列
dd	dd 為刪除游標所在行，5dd 為刪除 5 行，ndd 為刪除 n 行
yy	yy 為複製游標所在行，5yy 為複製 5 行，nyy 為複製 n 行
p	在游標底下貼上剛剛刪除/複製的資料
u	復原前一個動作
:w	將目前的資料寫入硬碟中
:q	離開 vim
:q!	不儲存 (強制) 離開 vim

讀者大概之要知道這幾個按鈕即可，其他的更進階的功能有用到的時候再查閱《鳥哥的 Linux 私房菜-基礎學習篇》即可。

讀者經常有需要紀錄自己輸入資料的習慣，可以使用 history 來輸出歷史命令。那該如何紀錄有效的資訊？

1. 使用 student 的身份輸入 history，查閱這次有效的歷史命令有幾個，假設有 50 筆新的指令好了。
2. 使用『history 50 >> ~/history.log』將指令紀錄到 history.log 檔案中。
3. 使用『vim ~/history.log』編輯該檔案，將無效的指令移除，只剩下有需要的檔案，同時在指令後說明該指令的用途。

3.4 課後練習操作

前置動作：請使用 unit03 的硬碟進入作業環境，並請先以 root 身分執行 vbird_book_setup_ip 指令設定好你的學號與 IP 之後，再開始底下的作業練習。

- 實作題：請使用 student 的身份進行如下實作的任務。直接在系統上面操作，操作成功即可，上傳結果的程式會主動找到你的實作結果。
  1. 使用 vim 建立一個名為 ~/myname.txt 的檔案，內容填寫你的學號與姓名，並在找出底下的任務後，寫下正確答案：
     a. 請先實際找出你系統中的 /etc/passwd, /etc/pam.d /etc/rc.local, /dev/vda 這 4 個檔案的『檔案類型 (如一般檔案、目錄檔案等等)』後，將這 4 個的類型寫入 ~/myname.txt 檔案中。
     b. 找出 /usr/lib64 這個目錄內，有個檔名長度為 5 個字元的一般檔案，將該檔案檔名寫入 ~/myname.txt 中。
     c. 找出 /etc 底下，檔名含有 4 個數字 (數字不一定連接在一起) 的資料，寫下 (1)該檔案的『絕對路徑』檔名，(2)該檔案的類型。
  2. 在 /opt 底下，有個以減號 (-) 為開頭的檔名，該檔案做錯了，因此，請將它刪除。(可能需要 root 的權限)

3. 在 student 家目錄下，新增一個名為 class03 的目錄，並進入該目錄成為工作目錄。並且完成底下的工作：
   a. 在當前的目錄下，新建 mytest_XX_YY_ZZ.txt，其中 XX 為『class1, class2, class3』，而 YY 為『week1, week2, week3』，ZZ 則為『one, two, three, four』。
   b. 建立一個名為 class1/week2 的目錄，將當前目錄中，含有 class1_week2 的檔名通通『複製』到 class1/week2 目錄下。
   c. 將檔名含有 class1 檔案，通通『移動』到 class1 目錄下。
   d. 新建一個名為 one 的目錄，將當前目錄中，所有檔名含有 one 的檔案通通移動到 one 底下。
   e. 建立一個名為 others 的目錄，將當前檔名開頭為 mytest 的檔案，通通移動到該目錄下。
4. 在 student 家目錄下，建立一個 userid 的子目錄，並將工作目錄移動到 userid 內，在 userid 這個目錄內，嘗試以一個指令建立 ksuid001 ksuid002 ... 到 ksuid020 等 20 個『空白目錄』。
5. 回到 student 家目錄，並且完成底下的任務：
   a. 在 student 家目錄底下，建立一個名為 -myhome 的目錄，並將 student 家目錄中，以 b 為開頭的『隱藏檔』複製到 -myhome 目錄內。
   b. 將工作目錄移動到 -myhome 目錄內，並將 /etc/sysconfig 目錄複製到當前目錄下 (會有一些錯誤訊息是正確的！)。
   c. 將當前目錄下的 sysconfig/cbq 目錄刪除。
   d. 列出 /etc/profile 與 /etc/services 的最後 5 行，並將這 10 行轉存到當前目錄下的 myetc.txt 檔案中。
   e. 將 myetc.txt 複製成為 myetc2.txt，並使用 vim 編輯 myetc2.txt，第一行加入『I can use vim』的字樣即可。

6. 在 student 家目錄下，有個名為 mytext.txt 的檔案，請使用 vim 開啟該檔案，並將第一行複製後，貼上 100 次，之後『強制儲存』即可離開 vim 。

作業結果傳輸：請以 root 的身分執行 vbird_book_check_unit 指令上傳作業結果。正常執行完畢的結果應會出現【XXXXXX;aa:bb:cc:dd:ee:ff;unitNN】字樣。若需要查閱自己上傳資料的時間，請在作業系統上面使用：http://192.168.251.250 檢查相對應的課程檔案。

作答區

作答區

Linux 基礎檔案權限與基礎帳號管理

從前幾節課的練習中發現，使用 student 進行一些任務時，總是發現無法順利的複製或者是進行其他的檔案管理任務，這是因為『 權限不足 』所致。本堂課要來介紹 Linux 基礎檔案系統，藉以了解為何 student 的任務會成功或失敗。此外，為了管理權限，有時也需要管理使用者帳號，故基礎帳號管理也在本堂課介紹。

4.1 Linux 傳統權限

Linux 權限的目的是在『保護某些人的檔案資料』，因此，讀者在認識『權限』的角度上，應該要思考的是『這個檔案的權限設定後，會造成哪個個人？或某群人的讀寫開放或保護』。所以，這些權限最終都是『應用在某個/某群帳號』上面！而且，權限都是『設定在檔案/目錄』上，不是設定在帳號上面的，這也要先釐清。

4.1.1 使用者、群組與其他人

Linux 的檔案權限在設定上，主要依據三種身份來決定，包括：

- user / owner / 檔案擁有者 / 使用者：就是檔案所屬人。
- group / 群組：這個檔案附屬於哪一個群組團隊。
- others / 其他人：不是 user 也沒加入 group 的帳號，就是其他人。

底下以一個小案例來說明這三種身份的用法。

假設讀者還在學校當老師，你有一本書要讓班上同學借閱，但你又不想管，此時你會如何決定『這本書 (檔案)』的命運？通常的作法是：

- 使用者：讓某個學生當小老師，這本書就歸他管 (使用者)，同學要借得要透過這位小老師。
- 群組：任何加入本班的同學 (一群帳號) 都是本班群組，這本書對本班群組的同學來說，大家都能借閱。
- 其他人：不是本班的同學，例如隔壁班的阿花與阿咪，對這本書來說，他們都是屬於『其他人』，其他人沒有權限可以借閱這本書。

由上面這個簡單的小案例，讀者應該能夠知道，Linux 上面的檔案『都是針對帳號』來進行管理的，只是為了方便管理上的設定 (班級同學與非本班其他同學)，因此又將非本人的所有帳號分為兩類，一類是加入使用者所設定的群組，一個則是沒有加入群組的其他人。

檔案權限的觀察

單純的檔案權限觀察，可以使用 ls -l 或 ll 來查閱，底下為查詢系統 /var/spool/mail 這個目錄的權限方式：

```
[student@localhost ~]$ ls -ld /var/spool/mail
drwxrwxr-x. 2 root mail 4096  6月 29 03:29 /var/spool/mail
[    A    ][B][C ] [D ] [E ]  [     F     ] [    G       ]
```

簡單的分析，上述的資料共有七個欄位，每個欄位的意義為：

A. 檔案類型與權限，第 1 個字元為檔案類型，後續 9 個字元每 3 個一組，共分 3 組，為三種身份的權限。

B. 檔案連結數，這與檔案系統有關，讀者可暫時略過。

C. 該檔案的擁有者，本例當中，擁有者身份為 root。

D. 該檔案的所屬群組，本例當中這個檔案屬於 mail 這個群組底下。

E. 這個檔案的容量。

F. 該檔案最後一次被修改/修訂的日期時間。

G. 這個檔案的檔名。

讀者首先可以分析一下這個『檔案』的『類型』。之前讀者應該看過第一個字元為 - 以及 d 的表示方式，事實上還有很多常見的檔案類型，底下僅為常見的類型介紹：

- -: 代表後面的檔名為一般檔案。
- d: 代表後面的檔名為目錄檔。
- l: 代表後面的檔名為連結檔 (有點類似 windows 的捷徑概念) 。
- b: 代表後面的檔名為一個裝置檔，該裝置主要為區塊裝置，亦即儲存媒體的裝置較多。
- c: 代表後面的檔名為一個週邊裝置檔，例如滑鼠、鍵盤等。

所以讀者可以知道 /var/spool/mail 為一個目錄檔案 (d 開頭，為 directory 的縮寫)。確定了檔案類型後，接下來的 9 個字元都是 rwx 與減號而已，從這 9 個字元判斷，讀者大概可以猜出 rwx 的意義為：

- r: read，可讀的意思。
- w: write，可寫入/編輯/修改的意思。
- x: eXecutable，可以執行的意思。

只不過 rwx 該如何與 root, mail 這個使用者與群組套上關係？我們可以使用下圖來查閱第 1, 3, 4 個欄位的相關性：

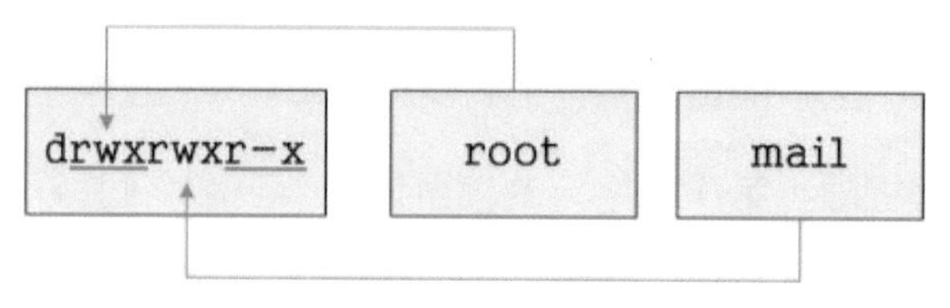

圖 4.1-1　使用者、群組與權限的相關性

如上圖所示，第一組為檔案擁有者的權限，第二組為檔案擁有群組的權限，第三組為不是擁有者也沒有加入該群組的其他人權限。所以上述的檔案權限為：

- 擁有者為 root，root 具有 rwx 的權限 (第一組權限)。
- 群組設定為 mail，則所有加入 mail 這個群組的帳號可以具有 rwx 的權限 (第二組權限)。
- 不是 root 也沒有加入 mail 的其他人 (例如 student 這個帳號) 具有 rx 的權限 (第三組權限)。

若有一個檔案的類型與權限資料為『-rwxr-xr--』，請說明其意義為何？

答

先將整個類型與權限資料分開查閱，並將十個字元整理成為如下所示：

```
[-][rwx][r-x][r--]
 1  234  567  890
```

1 為：代表這個檔名為目錄或檔案，本例中為檔案(-)。

234 為：擁有者的權限，本例中為可讀、可寫、可執行(rwx)。

567 為：同群組使用者權限，本例中為可讀可執行(rx)。

890 為：其他使用者權限，本例中為可讀(r)，就是唯讀之意。

同時注意到，rwx 所在的位置是不會改變的，有該權限就會顯示字元，沒有該權限就變成減號(-)。

假設有帳號資料如下：

```
帳號名稱   加入的群組
test1      test1, testgroup
test2      test2, testgroup
test3      test3, testgroup
test4      test4
```

如果有下面兩個檔案，請分別說明 test1, test2, test3, test4 針對底下兩個檔案的權限各為何？

```
-rw-r--r--  1 root     root         238 Jun 18 17:22 test.txt
-rwxr-xr--  1 test1    testgroup   5238 Jun 19 10:25 ping_tsai
```

答

- 檔案 test.txt 的擁有者為 root，所屬群組為 root。至於權限方面則只有 root 這個帳號可以存取此檔案，其他人則僅能讀此檔案。由於 test1, test2, test3, test4 既不是 root 本人，也沒有加入 root 群組，因此四個人針對這個 test.txt 的檔案來說，都屬於其他人，僅有可讀 (r) 的權限。
- 另一個檔案 ping_tsai 的擁有者為 test1，而所屬群組為 testgroup。其中：
  - test1 就是這個 ping_tsai 的擁有者，因此具有可讀、可寫、可執行的權力 (rwx)。
  - test2 與 test3 都不是 test1，但是兩個都有加入 testgroup 群組，因此 test2 與 test3 參考的權限為群組權限，亦即可讀與可執行 (rx)，但不可修改 (沒有 w 的權限)。
  - test4 不是 test1 也沒有加入 testgroup 群組，因此 test4 參考其他人的權限，亦即可讀 (r)。

觀察帳號與權限的相關指令

如上面例題，讀者可以知道 test1 屬於 test1 及 testgroup 群組，所以可以理解帳號與權限的相關性。不過在實際的系統操作中，若想知道帳號所屬的群組，可以使用 id 這個指令來觀察即可理解。

承上題，student 這個帳號對於 ping_tsai 來說，具有什麼權限？

答

1. 首先需要了解 student 的所屬群組，可使用 id 這個指令來查詢即可 (直接於指令列輸入 id 即可) 。
2. id 的輸出結果為『uid=1000(student) gid=1000(student) groups=1000(student),10(wheel)』，其中 groups 指的就是所有支援的群組。
3. 由 id 的輸出中，發現 student 並沒有加入 testgroup 群組，因此 student 針對 ping_tsai 為『其他人』亦即僅有 r 的權限。

而除了 id 可以觀察帳號與權限的相關性，在檔案類型部份，可以使用前一堂課談到的 file 來查詢。

請使用 file 查詢 /etc/rc1.d, /etc/passwd, /dev/vda, /dev/zero 個別代表什麼類型的檔案？同時使用 ls -l 搭配看最前面的檔案類型字元為何。

使用 ls -l 可以很快速的看到檔案屬性、權限的概觀，不過，其實讀者也能使用 getfacl 這個指令來了解檔案的相關屬性與權限。如下所示，同樣使用 /var/spool/mail 作為範本：

```
[student@localhost ~]$ getfacl /var/spool/mail
getfacl: Removing leading '/' from absolute path names
# file: var/spool/mail    <==檔名
# owner: root             <==檔案擁有者
# group: mail             <==檔案群組
```

```
user::rwx                <==使用者的權限
group::rwx               <==同群組帳號的權限
other::r-x               <==其他人的權限
```

透過 getfacl 可以更清楚的查詢到檔案的擁有者與相關的權限設定，只不過就沒有檔案的類型、修改的時間等參數。

4.1.2 檔案屬性與權限的修改方式

檔案的權限與屬性的修改，若以 ls -l 的輸出來說，則每個部份可以修改的指令參照大致如下：

```
[student@localhost ~]$ cd /dev/shm/
[student@localhost shm]$ touch checking
[student@localhost shm]$ ls -l checking
-rw-rw-r--. 1 student student 0   6月 30 15:16 checking
 [ chmod ]    [chown] [chgrp]    [    touch    ] [  mv   ]
```

由於一般帳號僅能修改自己檔案的檔名、時間與權限，無法隨意切換使用者與群組的設定。因此底下的例題中，讀者應該使用 root 的身份來進行處理，方可順利進行。首先，切換身份成為 root，並且將工作目錄切換到 /dev/shm。

```
[student@localhost shm]$ su -
password:
[root@localhost ~]# cd /dev/shm
[root@localhost shm]# ll checking
-rw-rw-r--. 1 student student 0   6月 30 15:16 checking
```

使用 chown 修改檔案擁有者

查詢系統中是否有名為 daemon 的帳號，如果存在該帳號，請將 checking 的使用者改為 daemon 所擁有，而非 student 所擁有。

```
[root@localhost shm]# id daemon
uid=2(daemon) gid=2(daemon) groups=2(daemon)

[root@localhost shm]# chown daemon checking
[root@localhost shm]# ll checking
-rw-rw-r--. 1 daemon student 0   6月 30 15:16 checking
```

其實 chown 的功能非常多，chown 也可以用來進行群組的修改，也能同時修改檔案擁有者與群組。建議讀者們應該 man chown 查詢相關語法。

使用 chgrp 修改檔案擁有的群組

系統的群組都紀錄在 /etc/group 檔案內，若想要了解系統是否存在某個群組，可以使用 grep 這個關鍵字擷取指令來查詢。舉例來說，當系統內有 bin 這個群組時，就將 checking 的群組改為 bin 所有，否則就不予修改。

```
[root@localhost shm]# grep myname /etc/group
# 不會出現任何資訊，因為沒有這個群組存在的意思。

[root@localhost shm]# grep bin /etc/group
bin:x:1:          <==代表確實有這個群組存在！

[root@localhost shm]# chgrp bin checking
[root@localhost shm]# ll checking
-rw-rw-r--. 1 daemon bin 0  6月 30 15:16 checking
```

使用 chmod 搭配數字法修改權限

由於檔案紀錄了三種身份，每種身份都擁有 rwx 的最大權限與 --- 沒權限的情況。為了搭配性的方便，於是使用 2 位元的方法來記憶！亦即是 2 進位的情況：

- r ==> read ==> 2^2 ==> 4
- w ==> write ==> 2^1 ==> 2
- x ==> eXecute ==> 2^0 ==> 1

於是每種身份最低為 0 分，最高則為 r+w+x --> 4+2+1 --> 7 分！而因為有 3 種身份，因此使用者,群組,其他人的身份，最多為 777 最少為 000 。以上述 checking 的分數來說，使用者為 rw=6, 群組為 rw=6，其他人為 r=4，亦即該檔案權限為 664。

讓 daemon 可讀、可寫、可執行 checking，讓加入 bin 群組的用戶可唯讀該檔案，讓其他人沒有權限！

- daemon 為使用者，可讀可寫可執行則為 rwx = 7
- 加入 bin 的群組為唯讀，亦即為 r-- = 4
- 其他人沒權限，因此為 --- = 0
- 最終可以使用『chmod 740 checking』修改權限

```
[root@localhost shm]# chmod 740 checking
[root@localhost shm]# ll checking
-rwxr-----. 1 daemon bin 0  6月 30 15:16 checking
```

使用 chmod 搭配符號法修改權限

另外，讀者也能夠透過直觀的方式來進行權限的設定，亦即使用 u,g,o 代表使用者、群組與其他人，然後使用 +, -, = 來加入/減少/直接設定權限，使用表列方式說明如下：

chmod	u(user) g(group) o(other) a(all)	+(加入) -(減去) =(設定)	r w x	檔案或目錄

舉例來說，讓 daemon 可讀可寫可執行 checking 檔案，bin 群組的用戶們為可讀可寫，其他人則為可讀，使用符號法的處理方式：

```
[root@localhost shm]# chmod u=rwx,g=rw,o=r checking
[root@localhost shm]# ll checking
-rwxrw-r--. 1 daemon bin 0  6月 30 15:16 checking
```

其他屬性的修改

假如讀者需要修改時間參數與檔名，就得要使用 touch 與 mv 這兩個指令了。舉例來說，讓 checking 的修改日期改到 5 月 5 日的中午 12 點，實驗的方式如下：

```
[root@localhost shm]# touch -t 05051200 checking
[root@localhost shm]# ll checking
-rwxrw-r--. 1 daemon bin 0  5月  5 12:00 checking
```

至於檔名的修改則是前一堂課談到的 mv 這個指令。

1. 使用 root 身份，並且移動工作目錄到 /dev/shm
2. 將 /etc/fstab 複製到 /dev/shm 底下
3. 將 /dev/shm/fstab 更改檔名成為 newfs
4. 讓 newfs 的用戶成為 sshd 、群組成為 wheel
5. sshd 這個帳號可讀、可寫 newfs，wheel 群組成員僅可讀，其他人則無任何權限
6. 讓這個檔案的日期設定為前一天的 13:30 (日期請依據實際日期來指定)
7. 讓所有的人都可以執行 newfs 這個檔案 (請使用符號法，同時不要更動到既有的權限！)

4.2 基礎帳號管理

帳號管理是系統管理員很重要的一個任務，例如學校的教學環境中，教師通常需要預先建置學生的帳號，以方便學期間上課使用。公司行號一樣也需要讓管理員建置好員工的帳號密碼，才能讓員工順利的辦公。此外，『將帳號分組』也是很重要的一項工作。

4.2.1 簡易帳號管理

讀者應該還記得，要登入系統的時候，需要輸入兩個資料，一個是點選帳號名稱，再來則是輸入該帳號的密碼。因此，最簡單的帳號管理，即是建立帳號與給予密碼的任務。

請讀者嘗試建立一個名為 myuser1 的帳號，以及給予 MypassworD 的密碼，方式如下：

```
[root@localhost ~]# useradd  myuser1
[root@localhost ~]# passwd  myuser1
Changing password for user myuser1.
New password:             <==此處輸入密碼
BAD PASSWORD: The password fails the dictionary check - it is based on a
dictionary word
Retype new password:    <==再輸入密碼一次
passwd: all authentication tokens updated successfully.

[root@localhost ~]# id myuser1
uid=1014(myuser1) gid=1015(myuser1) groups=1015(myuser1)
```

由於系統管理員可以給予帳號任意的密碼，因此雖然 MypassworD 並不是一個好密碼，不過系統還是予以接受。而若帳號設定錯誤，可以使用 userdel 刪除帳號，例如：

```
[root@localhost ~]# userdel -r myuser1
```

加上 -r 的目的是要該帳號連同家目錄與電子郵件新件夾通通刪除的意思。如果忘記加上 -r 的話，那就需要手動刪除用戶的家目錄與郵件檔案。底下的例題為重要的帳號管理注意事項，請依序進行下列例題，並自行嘗試解決錯誤。

1. 建立名為 myuser2 的帳號，該帳號密碼為 mypassWORD。
2. 建立名為 myuser3 的帳號，該帳號密碼為 mypassWORD。
3. 觀察 myuser2 與 myuser3 的 id 情況。
4. 觀察 /home 與 /var/spool/mail 這兩個目錄的內容，是否有名為 myuser2 及 myuser3 的檔名存在？
5. 使用 userdel myuser2 刪除帳號 (注意，不要加上 -r 的參數) 。
6. 再次觀察 /home 與 /var/spool/mail 的內容，myuser2 檔名是否存在？該檔名的權限為何？

7. 重新建立名為 myuser2 的帳號，密碼亦同為 mypassWORD，嘗試討論 (1)建立過程中出現的問題原因為何？(2)是否能夠順利建立該帳號？
8. 承上，請在 tty2 以後的終端機，使用 myuser2 登入系統，登入後是否出現問題？為什麼？
9. 再次使用 userdel -r 的方式刪除 myuser2 與 myuser3，是否能夠順利刪除？
10. 承上，若無法順利刪除帳號，請以手動的方式自行刪除餘留的使用者家目錄與郵件檔案。

4.2.2 帳號與群組關聯性管理

若需要建立帳號時，給予帳號一個次要的群組支援，就需要先行建置群組。舉例而言，以學校專題製作為例，有三個帳號 prouser1, prouser2, prouser3 加入共有的群組 progroup 時，該如何建立？首先，應該要先建立群組，透過 groupadd 來處理，再來則是透過 useradd --help 找到次要群組支援的選項為 -G 的項目，即可建立好群組、帳號與密碼。同時，管理員可以透過 passwd --help 找到 --stdin 的選項來操作密碼的給予。整體流程如下：

```
[root@localhost ~]# groupadd progroup
[root@localhost ~]# grep progroup /etc/group
progroup:x:1016:    <==確定有 progroup 在設定檔當中了

[root@localhost ~]# useradd -G progroup prouser1
[root@localhost ~]# useradd -G progroup prouser2
[root@localhost ~]# useradd -G progroup prouser3
[root@localhost ~]# id prouser1
uid=1015(prouser1) gid=1017(prouser1) groups=1017(prouser1),1016(progroup)

[root@localhost ~]# echo mypassword
mypassword     <== echo 會將訊息從螢幕上輸出

[root@localhost ~]# echo mypassword | passwd --stdin prouser1
Changing password for user prouser1.
```

```
passwd: all authentication tokens updated successfully.
[root@localhost ~]# echo mypassword | passwd --stdin prouser2
[root@localhost ~]# echo mypassword | passwd --stdin prouser3
```

讀者可以發現到使用 passwd --stdin 的方式來給予密碼時，密碼會紀錄到螢幕與 history 的環境中，因此不見得適用於所有需要資安的系統中。不過對於大量建置帳號時，會是一個很好用的工具。

另外，如果建立好帳號之後才想到要修改群組資源時，不需要刪除帳號再重建，此時可以透過 usermod 來進行修改。舉例來說，當 prouser1 還需要加入 student 群組時，可以使用 usermod -G 的方式來處理！不過需要留意到 -a 的選項才行。

1. 使用 usermod -G student prouser1 將 prouser1 加入 student 群組的支援
2. 使用 id prouser1 發現什麼？原本的 progroup 是否依舊存在？
3. 請使用 usermod --help 查詢 -a 的選項功能為何？
4. 請使用 usermod -a -G progroup prouser1 來延伸給予群組
5. 再次使用 id prouser1 查閱目前 prouser1 是否有支援三個群組？

4.3 帳號與權限用途

使用者能使用系統上面的資源與權限有關，因此簡易的帳號管理之後，就需要與權限搭配設計。

4.3.1 單一用戶所有權

一般用戶只能夠修改屬於自己的檔案的 rwx 權限，因此，若 root 要協助複製資料給一般用戶時，需要特別注意該資料的權限。例如底下的範例中，管理員要將 /etc/scuretty 複製給 student 時，需要注意相關的事宜如下：

```
[root@localhost ~]# ls -l /etc/securetty
-rw-------. 1 root root 221 Aug 12  2015 /etc/securetty  <==一般用戶根本沒權限

[root@localhost ~]# cp /etc/securetty ~student/
[root@localhost ~]# ls -l ~student/securetty
-rw-------. 1 root root 221 Jul  1 19:33 /home/student/securetty

[root@localhost ~]# chown student.student ~student/securetty
[root@localhost ~]# ls -l ~student/securetty
-rw-------. 1 student student 221 Jul  1 19:33 /home/student/securetty
```

原本 root 複製資料給 student 時，若沒有考量到權限，則 student 依舊無法讀取該檔案的內容，這在資料的複製行為上，需要特別注意才行。

另外，如果使用者想要自己複製指令，或者是進行額外的工作任務，可以將指令移動到自己的家目錄來處理，例如 student 想要將 ls 複製成為 myls 並且直接執行 myls 來運作系統，可以這樣處理：

```
[student@localhost ~]$ cp /bin/ls myls
[student@localhost ~]$ ls -l myls
-rwxr-xr-x. 1 student student 117616  7月  1 19:37 myls

[student@localhost ~]$ chmod 700 myls
[student@localhost ~]$ ls -l myls
-rwx------. 1 student student 117616  7月  1 19:37 myls

[student@localhost ~]$ myls
bash: myls: 找不到指令...

[student@localhost ~]$ ./myls
bin  myipshow.txt  myls  securetty  下載  公共  圖片  影片  文件  桌面  模板  音樂

[student@localhost ~]$ mkdir bin
[student@localhost ~]$ mv myls bin
[student@localhost ~]$ myls
bin  myipshow.txt  securetty  下載  公共  圖片  影片  文件  桌面  模板  音樂
```

若僅想要讓自己執行，可以將權限改為 700 之類的模樣。而『在本目錄執行』則需要使用『./command』的型態來執行，若想要直接輸入指令即可，那需要放入使用者自己家目錄下的 bin 子目錄才行 (與 $PATH 變數有關)。因此本範例中，最終將 myls 移動到 /home/student/bin/ 目錄下。

1. 讓 student 帳號直接執行 mymore 即可達成與 more 相同功能的目的。(亦即將 more 複製成為 mymore，並放置到正確的位置即可)

4.3.2 群組共用功能

某些情境下，群組可能需要共享某些檔案資料。舉例來說，在學校做專題時，同組專題成員可能需要個別的帳號，不過卻需要一個共享的目錄，讓大家可以共同分享彼此的專題成果。舉例來說，progroup 成員 prouser1, prouser2, prouser3 (前小節建置的帳號資料)，需要共用 /srv/project1/ 的目錄，則該目錄的建置與共享可以使用如下的方式來達成：

```
[root@localhost ~]# mkdir /srv/project1
[root@localhost ~]# chgrp progroup /srv/project1
[root@localhost ~]# chmod 770 /srv/project1
[root@localhost ~]# ls -ld /srv/project1
drwxrwx---. 2 root progroup 6  7月  1 19:46 /srv/project1
```

此時 progroup 的成員即可在 project1 目錄內進行任何動作。但 770 並非最好的處理方式，下一堂課讀者們將會學習到 SGID 的功能，屆時才會學到較為正確的權限設定。

除了共享目錄之外，在執行檔的可執行權限設計上，也能夠針對群組來給予可執行權，讓其他人不可隨意執行共用的指令。例如讓 mycat 執行與 cat 相同的結果，但是僅有 progroup 的用戶能夠執行，可以這樣執行：

```
[root@localhost ~]# which cat
/bin/cat
[root@localhost ~]# echo $PATH
/usr/local/sbin:/usr/local/bin:/sbin:/bin:/usr/sbin:/usr/bin:/root/bin
[root@localhost ~]# cp /bin/cat /usr/local/bin/mycat
[root@localhost ~]# ll /usr/local/bin/mycat
-rwxr-xr-x. 1 root root 54048  7月  1 22:16 /usr/local/bin/mycat

[root@localhost ~]# chgrp progroup /usr/local/bin/mycat
[root@localhost ~]# chmod 750 /usr/local/bin/mycat
[root@localhost ~]# ll /usr/local/bin/mycat
-rwxr-x---. 1 root progroup 54048  7月  1 22:16 /usr/local/bin/mycat
```

接下來，請讀者分別以 student 與 prouser1 的身份執行一次『mycat /etc/hosts』，即可發現不同點了。

student 有個群組名為 student，任何加入 student 的用戶可以在/srv/mystudent/目錄中進行任何動作，但沒加入 student 的用戶，僅能讀與執行，不能寫入。

1. 先建立 /srv/mystudent 目錄
2. 修改上述目錄的群組成為 student，並觀察有沒有執行成功
3. 最後權限應該更改為幾分才對？

4.4 課後練習操作

前置動作：請使用 unit04 的硬碟進入作業環境，並請先以 root 身分執行 vbird_book_setup_ip 指令設定好你的學號與 IP 之後，再開始底下的作業練習。

請使用 root 的身份進行如下實作的任務。直接在系統上面操作，操作成功即可，上傳結果的程式會主動找到你的實作結果。

1. 請將底下的答案寫入 /root/ans04.txt 的檔案中：
   a. 系統內有名為 /examdata/exam.check 的檔案，這個檔案的 (1)擁有者、 (2)群組 各為何？且 (3)權限是幾分？
   b. 承上，該檔案的檔案類型是什麼？
   c. 承上，請問 student 對於 exam.check 這個檔案來說，具有什麼權限？(寫下 rwx 或 --- 等權限標誌即可)
2. 請『依序』進行如下的帳號管理任務：
   a. 建立三個用戶，帳號名稱分別為：examuser1, examuser2, examuser3，三個人都加入 examgroup 的次要群組支援，同時三個用戶的密碼都是『ItIsExam』。（i 與 e 都是大寫字元）
   b. 建立一個用戶，帳號名稱為 examuser4，密碼為『ItIsExam』但這個帳號沒加入 examgroup 群組。
   c. 請刪除系統中的 examuser5 這個帳號，同時將這個帳號的家目錄與郵件檔案同步刪除。
   d. 有個帳號 myuser1 不小心被管理員刪除了，但是這個帳號的家目錄與相關郵件都還存在。請參考這個帳號可能的家目錄所保留的 UID 與 GID，並嘗試以該帳號原有的 UID/GID 資訊來重建該帳號。而這個帳號的密碼請給予 ItIsExam 的樣式。(相關建置帳號的指令，請參考 man useradd 等線上文件的說明)
   e. 讓 examuser1 額外加入 student 這個群組，亦即 examuser1 至少有加入 examgroup 與 student 群組。

3. 請進行如下的權限管理任務：

   a. 使用 root 將 /etc/securetty 複製給 examuser4，且這個帳號要能夠完整使用該檔案才行。

   b. 建立一個空的檔案，檔名為 /srv/examcheck.txt，這個檔案可以讓 examuser1 完整的使用，而 examuser2 與 examuser3 可以讀取，但不能執行與寫入，至於 examuser4 什麼權限都沒有。

   c. examgroup 群組的成員想要共用 /srv/examdir 目錄，而沒有加入 examgroup 的其他人不具備任何權限，應該如何處理？

   d. /usr/local/bin/mymore 複製來自 /bin/more，但我只想要讓 examgroup 的成員能夠執行 /usr/local/bin/mymore 這個指令，其他人不能執行這個指令。

   e. 建立一個名為 /examdata/change.txt 的空檔案，這個檔案的擁有者為 sshd，擁有群組為 users，sshd 可讀可寫，users 群組成員可讀，其他人沒權限。且這個檔案的修改日期請調整成 2012 年 12 月 21 日。(日期正確即可，時間隨便)

作業結果傳輸：請以 root 的身分執行 vbird_book_check_unit 指令上傳作業結果。正常執行完畢的結果應會出現【XXXXXX;aa:bb:cc:dd:ee:ff;unitNN】字樣。若需要查閱自己上傳資料的時間，請在作業系統上面使用：http://192.168.251.250 檢查相對應的課程檔案。

作答區

權限應用、程序之觀察與基本管理

前一堂課主要講 Linux 基礎權限概念。雖然有了三種身份與各三個權限的概念，但是實際應用於目錄及檔案則有不同的現象。此外，權限與實際操作者取得的程序是有關係的，因此本堂課亦將介紹程序的概念以及基礎的觀察、管理等任務。

5.1 權限在目錄與檔案應用上的意義

從前一小節我們知道了 Linux 的檔案權限設定上有三種身份，每種身份則有三種權限 (rwx)。不過檔案系統裡面的檔案類型很多，基本上就有一般檔案與目錄檔案，這兩種檔案類型的權限意義並不相同。

5.1.1 目錄檔與一般檔的權限意義

權限對檔案的重要性

檔案是實際含有資料的地方，包括一般文字檔、資料庫內容檔、二進位可執行檔(binary program)等等。因此，權限對於檔案來說，它的意義是這樣的：

- r (read)：可讀取此一檔案的實際內容，如讀取文字檔的文字內容等。
- w (write)：可以編輯、新增或者是修改該檔案的內容(但不含刪除該檔案)。
- x (eXecute)：該檔案具有可以被系統執行的權限。

可讀 (r) 代表可以讀取檔案實際的內容，可編輯 (w) 的意思是可以寫入/編輯/新增/修改檔案的內容的權限，但並不具備有刪除該檔案本身的權限！

可執行 (x) 代表該檔案具有可以被執行的權限，但該檔案的程式碼能不能執行則是另一回事。舉例來說，一個單純的文字檔案，內容為一封信件時，你也可以設定該檔案擁有 x 的可執行權限，但該檔案的內容其實不具備執行檔的功能。因此當該檔案被執行時，就會出現程式錯誤的情況。

對於檔案的 rwx 來說，主要都是針對『檔案的內容』而言，與檔案檔名的存在與否沒有關係。

權限對目錄的重要性

檔案是存放實際資料的所在，而目錄主要的內容在記錄檔名清單，檔名與目錄有強烈的關連。如果是針對目錄時，rwx 的意義如下：

- r (read contents in directory)：

  表示具有讀取目錄結構清單的權限，所以當用戶具有讀取(r)一個目錄的權限時，表示該用戶可以查詢該目錄下的檔名資料。

- w (modify contents of directory)：

  當用戶具有目錄的 w 權限時，表示用戶具有異動該目錄結構清單的權限，也就是底下這些權限：

  - 建立新的檔案與目錄。
  - 刪除已經存在的檔案與目錄。(不論該檔案的權限為何！)
  - 將已存在的檔案或目錄進行更名。
  - 搬移該目錄內的檔案、目錄位置。

- x (access directory)：

  目錄的 x 代表的是**使用者能否進入該目錄成為工作目錄**的用途！

若以較人性化的角度來思考，讓檔案變成資料夾、目錄變成抽屜，則 rwx 的功能彙整如下表：

元件	內容	思考物件	r	w	x
檔案	詳細資料 data	文件資料夾	讀到文件內容	修改文件內容	執行文件內容
目錄	檔名	可分類抽屜	讀到檔名	修改檔名	進入該目錄的權限(key)

讀者須注意，目錄的 rw 與『檔名』有關，而檔案的 rw 則與『檔案的內容，包括程式碼與資料等』有關。比較特別的是目錄的 x，該權限代表用戶能否打開抽屜取得該抽屜內的檔名資料。

有個目錄的權限如下所示：

```
drwxr--r--  3  root  root  4096   Jun 25 08:35   .ssh
```

系統有個帳號名稱為 vbird，這個帳號並沒有支援 root 群組，請問 vbird 對這個目錄有何權限？是否可切換到此目錄中？

答

vbird 對此目錄僅具有 r 的權限，因此 vbird 可以查詢此目錄下的檔名列表。因為 vbird 不具有 x 的權限，亦即 vbird 沒有這個抽屜的鑰匙啦！因此 vbird 並不能切換到此目錄內！(相當重要的概念！)

至於刪除檔案時需要具備的權限功能，讀者可以思考一下底下的題目：

有兩個目錄與檔案的權限如下所示：

```
drwx------ 5 student student 4096 Jul 04 11:16  /home/student/
-rwx------ 1 root    root     128 Jul 04 11:18  /home/student/the_root_data
```

其中請問 student 能不能刪除 the_root_data 檔案？

答

student 不能讀取該檔案的內容，不能編輯該檔案，但是可以刪除該檔案！這是因為該檔案在 student 的家目錄。思考一下，有一個密封的文件夾，放在你的私人抽屜內，你應該可以『打開抽屜、拿出這個文件夾、打不開也看不到這個文件夾，但是可以將這個文件夾丟到垃圾桶去』！這就是目錄 (抽屜) 的 rwx 功能。

5.1.2 使用者操作功能

根據上述的權限意義，假如用戶想在 /dir1/file1 與 /dir2 之間進行如下的動作時，用戶應該具有哪些『最小權限』才能運作？

操作動作	/dir1	/dir1/file1	/dir2	重點
讀取 file1 內容				要能夠進入 /dir1 才能讀到裡面的文件資料
修改 file1 內容				能夠進入 /dir1 且修改 file1 才行
執行 file1 內容				能夠進入 /dir1 且 file1 能運作才行

操作動作	/dir1	/dir1/file1	/dir2	重點
刪除 file1 檔案				能夠進入 /dir1 具有目錄修改的權限即可
將 file1 複製到 /dir2				要能夠讀 file1 且能夠修改 /dir2 內的資料
將 file1 移動到 /dir2				兩個目錄均需要被更改

實作底下的例題：

1. 請使用 root 的身份建立底下的檔案與權限：

```
drwxrwxr-x  root root /dev/shm/unit05/
drwxr-xr--  root root /dev/shm/unit05/dir1/
-rw-r--r--  root root /dev/shm/unit05/dir1/file1 (複製來自 /etc/hosts)
drwxr-x--x  root root /dev/shm/unit05/dir2/
-rw-r--r--  root root /dev/shm/unit05/dir2/file2 (複製來自 /etc/hosts)
drwxr-xr-x  root root /dev/shm/unit05/dir3/
-rw-rw-rw-  root root /dev/shm/unit05/dir3/file3 (複製來自 /etc/hosts)
drwxrwxrwx  root root /dev/shm/unit05/dir4/
-rw-------  root root /dev/shm/unit05/dir4/file4 (複製來自 /etc/hosts)
```

2. 底下請使用 student 的身份進行各個工作：
   a. 請使用 ls -l /dev/shm/unit05/dir[1-4] 依據輸出的結果說明為何會產生這些問題？
   b. 請使用 ls -l /dev/shm/unit05/dir1/file1，依序將上述的檔名由 dir1/file1 ~ dir4/file4 執行，依據產生的結果說明為何會如此？
   c. 請使用 vim /dev/shm/unit05/dir1/file1 ~ vim /dev/shm/unit05/dir4/file4，嘗試儲存 (或強制儲存)，說明為何可以/不可以儲存？

5.2 程序管理初探

在 Linux 系統運作中，所有在系統上面運作的都是透過觸發程式成為記憶體中的程序後，才能夠順利的操作系統。程序的觀察與管理是相當重要的，所以讀者應該先認識程序後，才能夠進一步管理。

5.2.1 什麼是程式 (program) 與程序 (process)

在一般的理解中，程式與程序的關係是這樣的：

- 程式 (program)：通常為 binary program，放置在儲存媒體中 (如硬碟、光碟、軟碟、磁帶等)，為實體檔案的型態存在。
- 程序 (process)：程式被觸發後，執行者的權限與屬性、程式的程式碼與所需資料等都會被載入記憶體中，作業系統並給予這個記憶體內的單元一個識別碼 (PID)，可以說，程序就是一個正在運作中的程式。

程序的觸發流程與在記憶體當中的管理，簡單的圖示為：

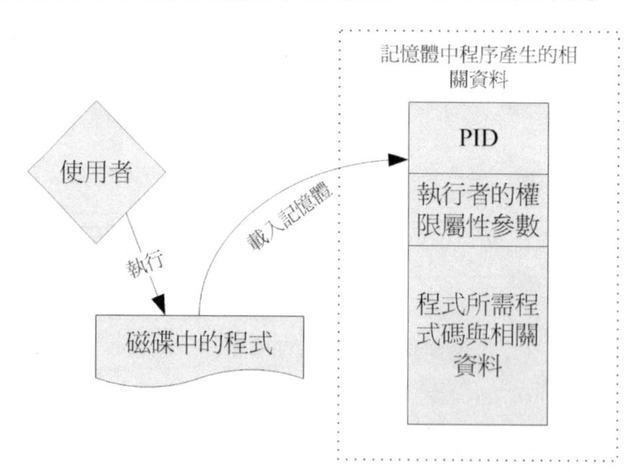

圖 5.2-1　程式被載入成為程序以及相關資料的示意圖

上圖比較需要注意的是，同一隻程式有時候會被多個使用者執行觸發，因此系統當中可能會有多個程式碼相同的『程序』存在！那系統如何了解到底是哪隻程序在運作？此時就需要知道 PID (Process ID) 了。PID 是系統處理記憶體內程序的最重要的參考依據。如下圖 5.2-2 所示，不同的使用者登入都是執行 /bin/bash 這個 shell，讀者也應該知道系統管理需要管理員身份的 bash 才能夠運作，一般帳號的 bash 能做的事情相對較少。但其實兩者都是執行 bash 的。

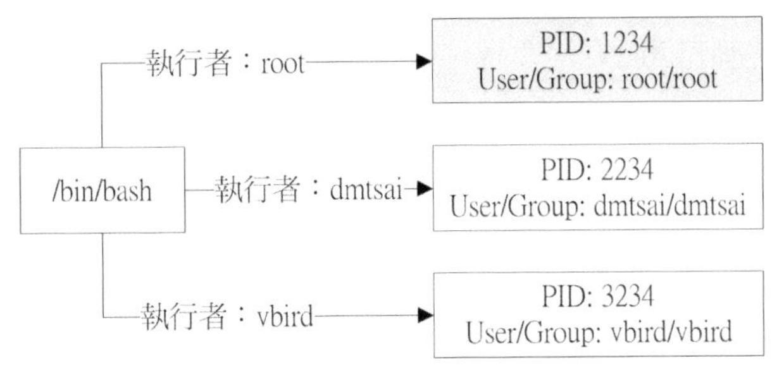

圖 5.2-2　不同執行者執行同一個程式產生的不同權限 PID 示意圖

父程序與子程序

程序是有相依性的！舉例來說，你想要執行 office 軟體時，因為 office 軟體是依附在圖形界面上，因此你一定要啟動 X server 這個圖形界面伺服器後，才有辦法順利運作 office 的。此時你可以說，X server 是父程序，而 office 就是子程序了。

此外，讀者也嘗試使用過 su 來切換身份成為 root，此時 su 會給予一個具有 root 權限的 bash 環境，那麼使用者登入的 bash 就被稱為父程序，由 su - 取得後的 bash 就是子程序，如下圖來觀察：

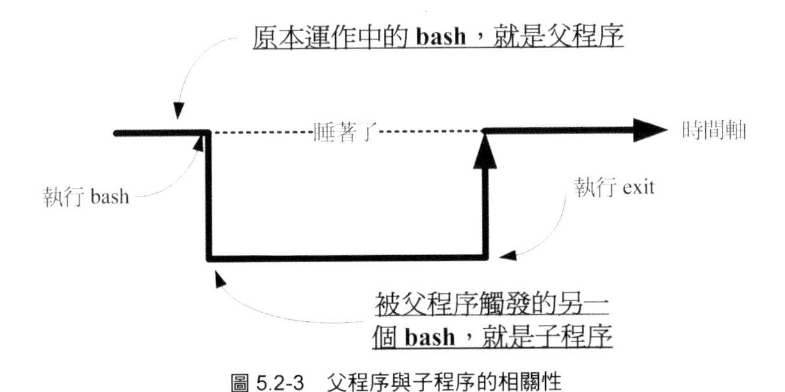

圖 5.2-3　父程序與子程序的相關性

5.2.2 觀察程序的工具指令

程序的觀察大多使用 ps, pstree, top 等指令，不過最好根據觀察的對象來學習！底下列出幾個常見的觀察對象與所使用的指令對應。

ps -l ：僅觀察 bash 自己相關的程序

如果使用者僅想知道目前的 bash 界面相關的程序，可以使用簡易的 ps -l 即可！輸出界面示意：

```
[student@localhost ~]$ ps -l
F S   UID   PID  PPID  C PRI  NI ADDR SZ WCHAN  TTY          TIME CMD
0 S  1000  1685  1684  0  80   0 - 29011 wait   pts/0    00:00:00 bash
0 R  1000  4958  1685  0  80   0 - 34343 -      pts/0    00:00:00 ps
```

每個項目的意義簡單說明如下：

- F (flag)：代表程序的總結旗標，常見為 4 代表 root。
- S (stat)：狀態列，主要的分類項目有：
  - R (Running)：該程式正在運作中。
  - S (Sleep)：該程式目前正在睡眠狀態(idle)，但可以被喚醒(signal)。
  - D ：不可被喚醒的睡眠狀態，通常這支程式可能在等待 I/O 的情況(ex>列印) 。
  - T ：停止狀態(stop)，可能是在工作控制(背景暫停)或除錯 (traced) 狀態。
  - Z (Zombie)：僵屍狀態，程序已經終止但卻無法被移除至記憶體外。
- UID/PID/PPID：代表『此程序被該 UID 所擁有/程序的 PID 號碼/此程序的父程序 PID 號碼』。
- C：代表 CPU 使用率，單位為百分比。
- PRI/NI：Priority/Nice 的縮寫，代表此程序被 CPU 所執行的優先順序，數值越小代表該程序越快被 CPU 執行。
- ADDR/SZ/WCHAN：都與記憶體有關，ADDR 是 kernel function，指出該程序在記憶體的哪個部分，如果是個 running 的程序，一般就會顯示『-』/ SZ 代表此程序用掉多少記憶體 / WCHAN 表示目前程序是否運作中，同樣的，若為 - 表示正在運作中。
- TTY：登入者的終端機位置，若為遠端登入則使用動態終端介面(pts/n)。

- TIME：使用掉的 CPU 時間，注意，是此程序實際花費 CPU 運作的時間，而不是系統時間。
- CMD：就是 command 的縮寫，造成此程序的觸發程式之指令為何。

上述的 PPID 即是父程序之意，因此 ps 的 PID 是 4958 而 PPID 是 1685，至於 1685 這個 PID 的主人就是 bash 。而因為 bash 大部分在提供使用者一個輸入的界面，因此並沒有在執行 (run)，故大部分的時間其實是在等待使用者輸入指令，因此上面讀者應該可以發現到 bash 的 S (state) 狀態為 S (sleep) 。

使用 pstree 與 ps aux 觀察全系統的程序

觀察全系統程序的方式主要有兩種，一種是程序關聯樹，亦即 pstree，它相對簡單很多。為了顯示的方便，建議讀者可以下達 -A 的選項，以 ASCII 的顯示字元輸出，比較不容易出現亂碼：

```
[student@localhost ~]$ pstree -A
systemd-+-ModemManager---2*[{ModemManager}]
        |-NetworkManager---2*[{NetworkManager}]
.......(中間省略)......
        |-gnome-shell-cal---4*[{gnome-shell-cal}]
        |-gnome-terminal--+-bash---pstree
        |                 |-gnome-pty-helpe
        |                 `-3*[{gnome-terminal-}]
.......(底下省略)......
```

讀者可以看到使用者透過圖形界面的 gnome-terminal 來取得 bash，然後再以 bash 來啟動 pstree 的情況。若需要加上 PID 與使用者資料，可以直接使用 -up 來加入。

```
[student@localhost ~]$ pstree -Aup
systemd(1)-+-ModemManager(822)-+-{ModemManager}(838)
           |                   `-{ModemManager}(863)
           |-NetworkManager(921)-+-{NetworkManager}(931)
           |                     `-{NetworkManager}(936)
.......(中間省略)......
           |-gnome-shell-cal(16734,student)-+-{gnome-shell-cal}(16741)
           |                                |-{gnome-shell-cal}(16784)
```

```
       |                             |-{gnome-shell-cal}(16785)
       |                             `-{gnome-shell-cal}(16891)
       |-gnome-terminal-(17301,student)-+-bash(17308)---pstree(17705)
       |                             |-gnome-pty-helpe(17307)
       |                             |-{gnome-terminal-}(17302)
       |                             |-{gnome-terminal-}(17303)
       |                             `-{gnome-terminal-}(17304)
.......(底下省略)......
```

需要注意的是，當父程序、子程序的擁有者不同時，在程式名稱後面才會加上使用者的資訊，否則會省略使用者的名稱。而因為同一隻程式會產生多個程序，因此每個程序就會有獨立的 PID，這也需要特別注意。

除了較簡易的 pstree 之外，讀者最好也能夠記憶 ps aux 這一個指令的用途，這個指令可以將系統中的程序呼叫出來，且輸出的資訊較為豐富。顯示的資訊有點像這樣：

```
[student@localhost ~]$ ps aux
USER         PID %CPU %MEM    VSZ   RSS TTY      STAT START   TIME COMMAND
root           1  0.0  0.4 128236  9068 ?        Ss    6月13   1:02 /usr/lib/...
root           2  0.0  0.0      0     0 ?        S     6月13   0:00 [kthreadd]
root           3  0.0  0.0      0     0 ?        S     6月13   0:00 [ksoftirqd/0]
root           7  0.0  0.0      0     0 ?        S     6月13   0:00 [migration/0]
root           8  0.0  0.0      0     0 ?        S     6月13   0:00 [rcu_bh]
.......(中間省略)......
student    17301  0.1  1.0 728996 22508 ?        Sl   18:34   0:01 /usr/libexec/...
student    17307  0.0  0.0   8480   720 ?        S    18:34   0:00 gnome-pty-helper
student    17308  0.0  0.1 116156  2864 pts/1    Ss+  18:34   0:00 bash
.......(底下省略)......
```

每一個項目代表的意義簡易說明如下：

- USER：該 process 屬於哪個使用者帳號的？
- PID ：該 process 的程序識別碼。
- %CPU：該 process 使用掉的 CPU 資源百分比。
- %MEM：該 process 所佔用的實體記憶體百分比。
- VSZ ：該 process 使用掉的虛擬記憶體量 (Kbytes)。
- RSS ：該 process 佔用的固定的記憶體量 (Kbytes)。

- TTY：該 process 是在那個終端機上面運作，若與終端機無關則顯示 ?，另外，tty1-tty6 是本機上面的登入者程序，若為 pts/0 等等的，則表示為由網路連接進主機的程序。
- STAT：該程序目前的狀態，狀態顯示與 ps -l 的 S 旗標相同 (R/S/T/Z)。
- START：該 process 被觸發啟動的時間。
- TIME ：該 process 實際使用 CPU 運作的時間。
- COMMAND：該程序的實際指令為何？

top 動態觀察程序

讀者亦可以透過 top 這個指令來觀察程序的動態資訊。top 可以協助讀者未來在管理程序的 CPU 使用量上面的一個很重要的工具。直接輸入 top 即可每 5 秒鐘更新一次程序的現況，如下表所示：

```
[student@localhost ~]$ top
top - 19:02:56 up 21 days, 19:16,  3 users,  load average: 0.00, 0.01, 0.05
Tasks: 184 total,   1 running, 183 sleeping,   0 stopped,   0 zombie
%Cpu(s):  0.0 us,  0.0 sy,  0.0 ni,100.0 id,  0.0 wa,  0.0 hi,  0.0 si,  0.0 st
KiB Mem :  2048964 total,   172968 free,   517972 used,  1358024 buff/cache
KiB Swap:  2097148 total,  2096800 free,      348 used.  1283612 avail Mem

  PID USER      PR  NI    VIRT    RES    SHR S  %CPU %MEM     TIME+ COMMAND
18432 student   20   0  146148   2120   1436 R   0.5  0.1   0:00.09 top
    1 root      20   0  128236   9068   2640 S   0.0  0.4   1:02.41 systemd
    2 root      20   0       0      0      0 S   0.0  0.0   0:00.43 kthreadd
    3 root      20   0       0      0      0 S   0.0  0.0   0:00.01 ksoftirqd/0
    7 root      rt   0       0      0      0 S   0.0  0.0   0:00.42 migration/0
    8 root      20   0       0      0      0 S   0.0  0.0   0:00.00 rcu_bh
    9 root      20   0       0      0      0 S   0.0  0.0   0:00.00 rcuob/0
   10 root      20   0       0      0      0 S   0.0  0.0   0:00.00 rcuob/1
   11 root      20   0       0      0      0 S   0.0  0.0   1:05.20 rcu_sched
```

每一行的意義說明如下：

```
top - 19:02:56 up 21 days, 19:16,  3 users,  load average: 0.00, 0.01, 0.05
```

代表目前為 19:02:56，本系統開機了 21 天又 19:16 這麼久的時間，目前有 3 為用戶登入，工作負載為 0, 0.01 及 0.05 。那三個數據代表 1, 5, 15 分鐘內的平均工作負載。所謂的工作負載為『單一時間內，CPU 需要運作幾個工作』之意，並非 CPU 使用率。如果 CPU 數量有 8 核心，那麼此數據低於 8 是可接受的 (每一個核心全心負責一個工作之意)。

```
Tasks: 184 total,   1 running, 183 sleeping,   0 stopped,   0 zombie
```

目前共有 184 個程序，其中 1 個在執行，183 個睡著了，沒有停止與殭屍程序。

```
%Cpu(s):  0.0 us,  0.0 sy,  0.0 ni,100.0 id,  0.0 wa,  0.0 hi,  0.0 si,  0.0 st
```

這裡才是 CPU 的使用率百分比，比較需要注意 id (idle) 與 wa (I/O wait)，id 越高代表系統越閒置，wa 越高代表程序卡在讀寫磁碟或網路上，此時系統效能會比較糟糕。

```
KiB Mem :  2048964 total,   172968 free,   517972 used,  1358024 buff/cache
KiB Swap:  2097148 total,  2096800 free,      348 used.  1283612 avail Mem
```

分別代表實體記憶體與記憶體置換 (swap) 的總量，與使用量。需要注意的是，上表中雖然 free 僅有 172968K，但是後續有 1358024 buff/cache (快取) 的量，所謂的快取指的是 Linux 會將系統曾經取用的檔案暫存在記憶體，以加速未來存取該檔案的效能 (記憶體的速度比磁碟快了 10 倍以上)，當記憶體不足時，系統就會將快取回收，以保持系統的可用性。因此全部可用的記憶體為 free + cache！

```
  PID USER      PR  NI    VIRT    RES    SHR S  %CPU %MEM     TIME+ COMMAND
```

top 程式執行的狀態列，每個項目的意義為：

- PID ：每個 process 的識別碼 (PID)。
- USER：該 process 所屬的使用者。
- PR ：Priority 的簡寫，程序的優先執行順序，越小越早被執行。
- NI ：Nice 的簡寫，與 Priority 有關，也是越小越早被執行。

- %CPU：CPU 的使用率。
- %MEM：記憶體的使用率。
- TIME+：CPU 使用時間的累加。
- COMMAND：指令。

在預設的情況下，top 所顯示的程序會以 CPU 的使用率來排序，這也是管理員最需要的一個觀察任務。許多時候系統發生資源不足或者是效能變差的時候，最簡易的方法為使用 top 觀察最忙碌的幾隻程序，藉以處理程序的效能問題。此外，也能透過 top 觀察 I/O wait 的 CPU 使用率，可以找到 I/O 最頻繁的幾隻程序，藉以了解到哪些程序在進行哪些行為，或者是系統效能的瓶頸，藉以作為未來升級硬體的依據。

1. 透過各種方法，找到 PID 為 1 的那隻程序的指令名稱為何？
2. 使用 student 身份登入系統後，(1)使用 su - 切換身份，再 (2)使用 su - student，再 (3) su - 切換成 root，此時再以 ps -l 觀察目前相關的程序情況。
3. 根據分析上述的程序相依性，你需要使用幾次 exit 才能回到原本的 student 帳號？
4. 寫出至少兩種方法，找出名為 crond 的程序的 PID 號碼。
5. 由於管理員僅需要知道 PID, PRI, NI 及指令名稱四個欄位，請使用 man ps 找到 example 的範例，透過 ps 搭配適當的選項來列出這四個欄位的程序輸出。
6. 使用 man ps 找到 sort 排序的選項，然後以指令 (comm) 為排序的標準來排序輸出 PID, PRI, NI 與指令。
7. 如何以 top 每兩秒鐘更新一次畫面。
8. 進入 top 的觀察界面後，可以按下哪兩個按鍵，在 CPU 排序與記憶體使用量排序間切換？

5.2.3 程序的優先序 PRI 與 NI

系統運作時，記憶體內的程序量非常的大，但每個程序的重要性都不一樣。為了讓系統比較快速的執行重要的程序，因此設計上增加了 Priority (PRI) 這個優先序的設定。基本上，PRI 越低代表系統會執行較多次該程序，也就是該程序會比較早被執行完畢 (因為同一週期會被執行較多次)。簡單的運作示意圖如下：

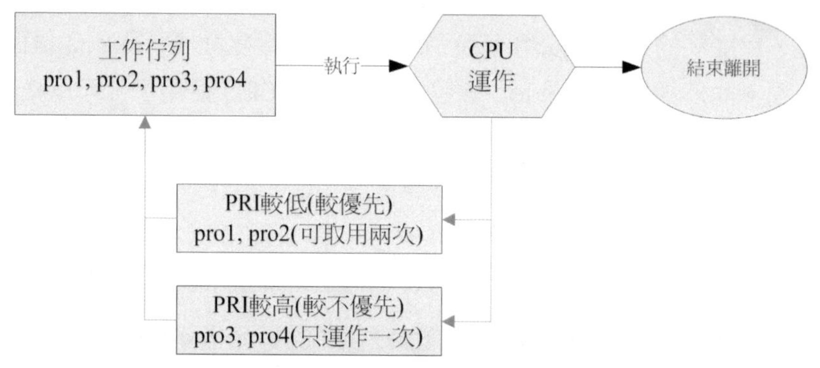

圖 5.2-4　具有優先順序的程序佇列示意圖

但是 PRI 是系統自行彈性規劃的，使用者並不能更改 PRI。為此，Linux 提供一個名為 Nice (NI) 的數值來讓使用者『影響』程序的 PRI。基本上，PRI 與 NI 的關係如下：

PRI(new) = PRI(old) + NI

所以讀者可以知道 NI 越小會讓 PRI 變小，則程序的優先序會往前挪，相反的，NI 越大會造成 PRI 越大，就讓程序的優先序變落後了。但是 NI 的使用是有限制的，基本限制如下：

- nice 值可調整的範圍為 -20 ~ 19。
- root 可隨意調整自己或他人程序的 Nice 值，且範圍為 -20 ~ 19。
- 一般使用者僅可調整自己程序的 Nice 值，且範圍僅為 0 ~ 19 (避免一般用戶搶佔系統資源)。
- 一般使用者僅可將 nice 值越調越高，例如本來 nice 為 5，則未來僅能調整到大於 5。

要影響 NI 主要透過 nice 與 renice 來處理，也能夠透過 top 來處理已經存在的程序的 NI。

- 一開始執行程式就立即給予一個特定的 nice 值：用 nice 指令。
- 調整某個已經存在的 PID 的 nice 值：用 renice 指令或 top 指令。

請使用 root 的身份進行如下動作。

1. 使用 ps 搭配適當的選項，輸出 PID, PRI, NI 與 COMMAND 等欄位。
2. 承上，找到 crond 這個程序的 PID 號碼。
3. 承上，透過 renice 指令，將 crond 的 NI 改成 -15，並重新觀察是否順利更改了？
4. 使用 nice 值搭配 NI 成為 10 來執行 su - student 這個指令。
5. 使用 ps -l 查詢屬於 student 這次執行的程序中，每一隻程序的 NI 值，並討論 NI 有沒有繼承？
6. 使用 top 搭配 -p PID (自行 man top 找到說明)，其中 PID 使用 student 的 bash 來處理。
7. 承上，在 top 畫面中按下『r』，依據螢幕的顯示說明逐一輸入正確的資料，最後請確認 student 能否將 NI 更改為 0 以及 15 ？

5.2.4 bash 的工作管理

工作管理 (job control) 是用在 bash 環境下的，也就是說：『當用戶登入系統取得 bash shell 之後，在單一終端機介面下同時進行多個工作的行為管理』。舉例來說，用戶在登入 bash 後，可以一邊複製檔案、一邊進行資料搜尋、一邊進行編譯，還可以一邊進行 vim 程式撰寫之意。不過要進行 job control 時，需要特別注意到幾個限制：

- 這些工作所觸發的程序必須來自於你 shell 的子程序(只管理自己的 bash)。
- 前景：你可以控制與下達指令的這個環境稱為前景的工作 (foreground)。

- 背景：可以自行運作的工作，你無法使用 [ctrl]+c 終止它，可使用 bg/fg 呼叫該工作。
- 背景中『執行』的程序不能等待 terminal/shell 的輸入(input) 。

常見的工作管理使用的符號與組合按鍵如下：

- command & ：直接將 command 丟到背景中執行，若有輸出，最好使用資料流重導向輸出到其他檔案。
- [ctrl]+z ：將目前正在前景中的工作丟到背景中暫停。
- jobs [-l]：列出目前的工作資訊。
- fg %n ：將第 n 個在背景當中的工作移到前景來操作。
- bg %n ：將第 n 個在背景當中的工作變成執行中。

使用 student 的身份執行底下的任務：

1. 執行『find /』，然後快速的按下『[ctrl]+z』讓該指令丟到背景中。
2. 使用 jobs -l 觀察該背景的工作號碼與 PID 號碼。
3. 讓該工作在背景中執行，此時你能否中斷 (ctrl+c) 或暫停 (ctrl+z) 該工作？為什麼？
4. 使用『find / &』指令，此時快速按下『ctrl+z』有沒有作用？為什麼？
5. 若使用『find / &> /tmp/findroot.txt &』，然後快速的按下 jobs -l，能否觀察到該工作是否在運作中？
6. 輸入『sleep 60s』，讓螢幕停止 60 秒。在結束前按下『ctrl+z』，之後按下 jobs -l 觀察 sleep 這個工作是否運作中？
7. 讓 sleep 工作在背景中開始執行。
8. 輸入 vim 之後，按下『ctrl + z』並查看 vim 的運作狀態。
9. 讓 vim 在背景中執行，觀察 vim 能否更改狀態成為執行？說明為什麼。
10. 將 vim 挪到前景中，並將它正常的結束工作。
11. 在背景運作的 sleep 運作結束後，螢幕上會出現什麼訊息？

5.3 特殊權限 SUID/SGID/SBIT 的功能

某些權限主要是針對『運作當下所需要的權限』來設計的，這些權限無法以傳統權限來歸類，且與操作者的所需要的特權權限 (root 身份或額外群組) 有關。這就是 SUID, SGID 與 SBIT 的設計。

5.3.1 SUID/SGID/SBIT 的觀察與功能說明

一般用戶可以透過 passwd 來修改自己的密碼，只是需要輸入原始的密碼，且密碼的變動需要嚴格的規範。

請用 student 身份處理底下的例題

1. 先嘗試使用 passwd 修改自己的密碼，假設要改成 123456。
2. 先使用『openssl rand -base64 8』這個指令來猜測一個較為嚴格的密碼。
3. 直接輸入『passwd』這個指令來修改 student 的密碼，更改密碼時，先輸入原本的密碼，再輸入兩次上一個指令提供的密碼。
4. 使用『ls -l /etc/shadow』查看一下該檔案是否有被更動到目前的日期與時間。
5. 檢查一下 /etc/shadow 的權限，student 是否有權限可以更動該檔案？
6. 最後請用 root 的身份將 student 的密碼改回來。

SUID 的功能與觀察

如上例題，系統的密碼紀錄在 /etc/shadow 內，但是使用者並沒有權限可以更改，不過一般用戶確實有自己修改密碼的需求。此時 Linux 使用一種稱為 Set UID (SUID) 的技術來處理這方面的疑問。系統設定一個 SUID 的權限旗標到 passwd 執行擋上，當使用者執行 passwd 指令時，就能夠藉由 SUID 來切換執行權限。SUID 的基本功能為：

- SUID 權限僅對二進位程式(binary program)有效。
- 執行者對於該程式需要具有 x 的可執行權限。
- 本權限僅在執行該程式的過程中有效 (run-time)。
- 執行者將具有該程式擁有者 (owner) 的權限。

觀察 /usr/bin/passwd 的權限資料，如下所示：

```
[student@localhost ~]$ ls -l /usr/bin/passwd
-rwsr-xr-x. 1 root root 27832  6月 10  2014 /usr/bin/passwd
```

讀者可發現使用者權限的 x 變成了 s，此即 SUID 的權限旗標。由 SUID 的定義來看，passwd 設定了 SUID，且 passwd 的擁有者為 root 這個人，因此只要任何人具有 x 的執行權，當用戶執行 passwd 時，就會自動透過 SUID 轉換身份成為 owner，亦即變成了 root 的身份。所以 student 執行 passwd 的過程中，身份會自動的變成 root。

1. 以 student 的身份執行 passwd。
2. 將該指令丟進背景中暫停。(輸入組合按鍵後，可能需要再按一次 enter)
3. 使用 pstree -pu 觀察 passwd 與前、後程序的擁有者變化。
4. 將 passwd 拉到前景中，然後中斷 passwd 。

SGID 的功能與觀察

與 SUID 類似的，SGID 為將特殊的權限旗標設定在群組的 x 上。對檔案來說，SGID 的功能為：

- SGID 對二進位程式有用。
- 程式執行者對於該程式來說，需具備 x 的權限。
- 執行者在執行的過程中將會獲得該程式群組的支援！

使用 locate 查詢系統檔名

1. 請使用 student 身份查詢名為 passwd 的檔案有哪些。(使用 locate passwd 即可)
2. locate 所取用的檔名資料庫放置於 /var/lib/mlocate 當中，請使用 ll -d 的方式觀察該目錄的權限。
3. 承上，請問 student 有沒有權限可以進入該目錄？
4. 使用 which locate 查詢 locate 這個指令的完整檔名。(了解 which 的功能為何)
5. 查詢 locate 的權限，是否具有 SGID 的權限旗標？locate 的擁有群組為何？為何 student 操作 locate 可以進入 /var/lib/mlocate 目錄？

除了二進位程式檔案外，SGID 亦可設定於目錄上，當一個目錄設定了 SGID 之後，會具有如下的功能：

- 使用者若對於此目錄具有 r 與 x 的權限時，該使用者能夠進入此目錄。
- 使用者在此目錄下的有效群組(effective group)將會變成該目錄的群組。
- 用途：若使用者在此目錄下具有 w 的權限(可以新建檔案)，則使用者所建立的新檔案，該新檔案的群組與此目錄的群組相同。

請使用 root 的身份進行如下的動作

1. 觀察 /run/log/journal 這個目錄本身的權限為何？尤其是群組的權限資料。
2. 使用 touch /tmp/fromroot，觀察 /tmp/fromroot 的權限，尤其是群組的名稱為何？
3. 使用 touch /run/log/journal/fromroot，觀察 /run/log/journal/fromroot 的權限，尤其是群組的名稱為何？

以人類社團的社辦來說，當你在童軍社的社辦公室撰寫出一份活動草案時，這份活動草案的著作者應該是屬於你的，但是草案的擁有群組應該是『童軍社』，而不是『屬於你的原生家庭』吧？這就是 SGID 的主要功能。在前一堂課中，管理員曾經建立一個共享目錄 /srv/project1/，當時的權限設定為 770 是有問題的，因為每個用戶在該目錄下產生的新檔案所屬群組並非共享群組。因此，共享目錄底下新建的資料應屬於共享群組才對，所以應該加上 SGID 的權限旗標設定才對。

SBIT 的功能與觀察

前幾堂課談過 /tmp 是所有帳號均可寫入的一個暫存目錄，因此 /tmp 理論上應該是 777 的權限才行。但是如果是 777 的權限，代表任何人所建立的任何資料，都可能被隨意的刪除，這就有問題。因此 /tmp 會加上一個 Sticky bit 的特殊權限旗標，該旗標的功能為：

- 當使用者對於此目錄具有 w, x 權限，亦即具有寫入的權限時。
- 當使用者在該目錄下建立檔案或目錄時，僅有自己與 root 才有權力刪除該檔案。

1. 觀察 /tmp 的權限，看其他人的權限當中的 x 變成什麼？
2. 以 root 登入系統，並且進入 /tmp 當中；
3. 將 /etc/hosts 複製成為 /tmp/myhosts，並且更改 /tmp/myhosts 權限成為 777；
4. 以 student 登入，並進入 /tmp；
5. student 能不能使用 vim 編輯這個檔案？為什麼？
6. student 能不能刪除這個檔案？為什麼？

5.3.2 SUID/SGID/SBIT 權限的設定

SUID/SGID/SBIT 的權限旗標是在 Linux 的傳統三個身份三個權限之外的，因此會有第四個權限分數產生。而這個權限分數的計算方式為：

- 4 為 SUID
- 2 為 SGID
- 1 為 SBIT

因此，觀察底下的 CentOS7 的檔案權限分數：

```
[student@localhost ~]$ ll -d /usr/bin/passwd /usr/bin/locate /tmp
drwxrwxrwt. 9 root root       280  7月  7 06:35 /tmp
-rwx--s--x. 1 root slocate 40496  6月 10  2014 /usr/bin/locate
-rwsr-xr-x. 1 root root    27832  6月 10  2014 /usr/bin/passwd
```

若有小寫 s 或 t 存在時，該欄位需要加入 x 的權限，因此 /tmp 的傳統權限為『drwxrwxrwx (777)』外加一個 SBIT，因此分數為『1777』。而 /usr/bin/locate 傳統權限會成為『-rwx--x--x (711)』外加一個 SGID，因此分數會成為『2711』。至於 /usr/bin/passwd 的傳統權限是『-rwxr-xr-x (755)』，外加一個 SUID，因此分數成為『4755』。

除了數字法之外，符號法的使用上，可以使用類似底下的方式分別給予 SUID/SGID/SBIT：

- SUID: chmod u+s filename
- SGID: chmod g+s filename
- SBIT: chmod o+t filename

1. 一般使用者執行 /usr/local/bin/mycat2 時，可以產生與 /usr/bin/cat 相同的結果。但是一般用戶在執行 mycat2 的時候，可以在運作的過程當中取得 root 的權限，因此一般使用者執行 mycat2 /etc/shadow 會順利執行成功。

2. 承襲前一堂課的實作成果，請到 /srv/ 目錄下，觀察 project1 這個目錄的權限，若要讓『所有在該目錄底下建立的新檔案，新檔案的所屬群組要跟 project1 相同，亦即群組預設要成為 progroup 才行。

5.4 課後練習操作

前置動作：請使用 unit05 的硬碟進入作業環境，並請先以 root 身分執行 vbird_book_setup_ip 指令設定好你的學號與 IP 之後，再開始底下的作業練習。

請使用 root 的身份進行如下實作的任務。直接在系統上面操作，操作成功即可，上傳結果的程式會主動找到你的實作結果。

1. 觀察系統上面相關的檔案資訊後，嘗試回答下列問題，並將答案寫入 /root/ans05.txt 當中：
   a. 系統上面有個名為 /opt/checking.txt 的檔案，student 能否讀、寫該檔案？為什麼？(說明是哪種權限的影響)
   b. 承上，student 能不能將這個檔案複製到 /tmp 去？為什麼？(說明是哪種權限的影響)
   c. student 能不能刪除 /opt/checking.txt 這個檔案？為什麼？(說明是哪種權限的影響)
   d. student 能不能用 ls 去查看 /opt/checkdir/ 這個目錄內的檔名資料？為什麼？(說明是哪種權限的影響)
   e. student 能不能讀取 /opt/checkdir/myfile.txt 檔案？為什麼？(說明是哪種權限的影響)
   f. student 能不能刪除它家目錄底下，一個名為 fromme.txt 的檔案？為什麼？(說明是哪種權限的影響)

2. 基礎帳號管理，請建立如下的群組與帳號資料：
   a. 群組名稱為：mygroup, nogroup。
   b. 帳號名稱為：myuser1, myuser2, myuser3，通通加入 mygroup，且密碼為 MyPassWord。
   c. 帳號名稱為：nouser1, nouser2, nouser3，通通加入 nogroup，且密碼為 MyPassWord。
3. 管理群組共用資料的權限設計：
   a. 建立一個名為 /srv/myproject 的目錄，這個目錄可以讓 mygroup 群組內的使用者完整使用，且【新建的檔案擁有群組】為 mygroup 。不過其他人不能有任何權限。
   b. 暫時切換成為 myuser1 的身分，並前往 /srv/myproject 目錄，嘗試建立一個名為 myuser1.data 的檔案，之後登出 myuser1。
   c. 雖然 nogroup 群組內的用戶對於 /srv/myproject 應該沒有任何權限，但當 nogroup 內的用戶執行 /usr/local/bin/myls 時，可以產生與 ls 相同的資訊，且暫時擁有 mygroup 群組的權限，因此可以查詢到 /srv/myproject 目錄內的檔名資訊。也就是說，當你使用 nouser1 的身分執行【myls /srv/myproject】時，應該是能夠查閱到該目錄內的檔名資訊。
   d. 讓一般用戶執行 /usr/local/bin/myless 產生與 less 相同的結果。此外，只有 mygroup 的群組內用戶可以執行，其他人不能執行，同時 myuser1 等人執行 myless 時，執行過程中會暫時擁有 root 的權限。
   e. 建立一個名為 /srv/nogroup 的空白檔案，這個檔案可以讓 nouser1, nouser2, nouser3 讀、寫，但全部的人都不能執行。而 myuser1, myuser2, myuser3 只能讀不能寫入。
4. 程序的觀察與簡易管理。
   a. 使用程序觀察的指令，搭配 grep 的關鍵字查詢功能，將找到的 rsyslog 相關的程序的 PID, PRI, NI, COMMAND 等資訊轉存到 /root/process_syslog.txt 檔案中。

b. 使用任何你知道的程序觀察指令，找到名為 sleep 的程序，找出它的 NI 值是多少？然後寫入 /root/process_sleep.txt 的檔案中。

c. 承上，請將該 NI 值改成 -10 。

d. 以 myuser1 登入 tty3 終端機，然後執行『sleep 5d』這個指令，請注意，這個指令必須要在『背景以下運作』才行。

e. 承上，在上 tty3 的 myuser1 持續同時運作 vim ~/.bashrc 這個指令在前景運作。保留此環境，然會回到你原本的 tty 中。

f. 使用 root 執行『sleep 4d』這個指令，且這個指令的 NI 值必須要設定為 –5。

5. 使用 find 找出 /usr/bin 及 /usr/sbin 兩個目錄中，含有 SUID 或/及 SGID 的特殊檔案檔名，並使用 ls -l 去列出找到的檔案的相關權限後，將螢幕資料轉存到 /root/findsuidsgid.txt 檔案中。

作業結果傳輸：請以 root 的身分執行 vbird_book_check_unit 指令上傳作業結果。正常執行完畢的結果應會出現【XXXXXX;aa:bb:cc:dd:ee:ff;unitNN】字樣。若需要查閱自己上傳資料的時間，請在作業系統上面使用：http://192.168.251.250 檢查相對應的課程檔案。

作答區

6

基礎檔案系統管理

系統總有容量不足，或者是需要其他檔案系統掛載的時刻，畢竟管理員會經常從不同的來源來取得所需要軟體與資料。因此，管理檔案系統就是管理員一個很重要的任務。Linux 檔案系統最早使用 Ext2 檔案系統家族(包括 EXT2/EXT3/EXT4 等等)，但由於磁碟容量越來大，因此適合大容量的 XFS 檔案系統在 CentOS7 被設為預設檔案系統了。因此讀者應該要熟悉這些檔案系統的管理才行。

6.1 認識 Linux 檔案系統

目前 CentOS 7 Linux 檔案系統主要支援 EXT2 家族 (目前新版為 EXT4) 以及 XFS 大型檔案系統兩種。其中 XFS 相當適合大容量磁碟，格式化的效能非常快。但無論哪種檔案系統，都必須要符合 inode 與 block 等檔案系統使用的特性。

6.1.1 磁碟檔名與磁碟分割

磁碟內的圓形磁碟盤常見的物理特性如下：

- 磁區(Sector)為最小的物理儲存單位，目前主要有 512bytes 與 4K 兩種格式。
- 將磁區組成一個圓，那就是磁柱(Cylinder)(在此忽略磁軌) 。
- 分割的最小單位可能是磁柱 (cylinder) 也可能是磁區 (sector)，這與分割工具有關。
- 磁碟分割表主要有兩種格式，分別是 MBR 與 GPT 分割表。
- MBR 分割表中，第一個磁區最重要，裡面有：
  - (1)主要開機區(Master boot record, MBR) 446 bytes 。
  - (2)分割表(partition table) 64 bytes。
- GPT 分割表除了分割數量擴充較多之外，支援的磁碟容量也可以超過 2TB。

整顆磁碟必須要經過分割之後，Linux 作業系統才能夠讀取分割槽內的檔案系統。目前的 Linux 磁碟分割主要有兩種分割，分別為早期的 MBR 與現今的 GPT。由於 MBR 會有 2TB 容量的限制，但目前的磁碟容量已經都超過 2TB 來到 8TB 以上的等級，因此 MBR 的分割類型就不太適用了。

磁碟檔名主要為 /dev/sd[a-p] 這種實體磁碟的檔名，以及透過 virtio 模組加速的 /dev/vd[a-p] 的虛擬磁碟檔名。由於虛擬機器的環境中，大部分磁碟的容量還是小於 2TB 的條件，因此傳統的 MBR 還是有其存在的需求的。

MBR 磁碟分割的限制

由於 MBR 的紀錄區塊僅有 64 bytes 用在分割表，因此預設分割表僅能紀錄四筆分割資訊。所謂的分割資訊即是紀錄開始與結束的磁區。這四筆紀錄主要為『主要分割槽 (primary)』與『延伸分割槽 (extended)』。延伸分割不能被格式化應用，需要再從延伸分割當中割出『邏輯分割 (logical)』之後，才能夠應用。以 P 代表主要、E 代表延伸、L 代表邏輯分割槽，則相關性為：

- 主要分割與延伸分割最多可以有四筆(硬碟的限制)。
- 延伸分割最多只能有一個(作業系統的限制)。
- 邏輯分割是由延伸分割持續切割出來的分割槽。
- 能夠被格式化後，作為資料存取的分割槽為主要分割與邏輯分割。延伸分割無法格式化。
- 邏輯分割的數量依作業系統而不同，在 Linux 系統中 SATA 硬碟已經可以突破 63 個以上的分割限制。

GPT 磁碟分割

常見的磁碟磁區有 512bytes 與 4K 容量，為了相容於所有的磁碟，因此在磁區的定義上面，大多會使用所謂的邏輯區塊位址(Logical Block Address, LBA)來處理。GPT 將磁碟所有區塊以此 LBA(預設為 512bytes) 來規劃，而第一個 LBA 稱為 LBA0 (從 0 開始編號)。

與 MBR 僅使用第一個 512bytes 區塊來紀錄不同，GPT 使用了 34 個 LBA 區塊來紀錄分割資訊！同時與過去 MBR 僅有一的區塊的情況不同，GPT 除了前面 34 個 LBA 之外，整個磁碟的最後 33 個 LBA 也拿來作為另一個備份！

LBA2 ~ LBA33 為實際紀錄分割表的所在，每個 LBA 紀錄 4 筆資料，所以共可紀錄 32*4=128 筆以上的分割資訊。因為每個 LBA 為 512bytes，因此每筆紀錄可佔用 512/4=128 bytes 的紀錄，因為每筆紀錄主要紀錄開始與結束兩個磁區的位置，因此紀錄的磁區位置最多可達 64 位元，若每個磁區容量為 512bytes，則單一分割槽的最大容量就可以限制到 8ZB，其中 1ZB 為 2^30 TB。

此外，每筆 GPT 的分割紀錄，都是屬於 primary 的分割紀錄，可以直接拿來進行格式化應用的。

1. 超過幾個 TB 以上的磁碟，通常預設會使用 GPT 的分割表？
2. 某一磁碟的分割為使用 MBR 分割表，該系統當中『共有 5 個可以進行格式化』的分割槽，假設該磁碟含有 2 個主分割 (primary)，請問該磁碟的分割槽的磁碟檔名應該是如何？(假設為實體磁碟的檔名，且該系統僅有一顆磁碟時)
3. 某一個磁碟預設使用了 MBR 的分割表，目前僅有 2 個主分割，還留下 1TB 的容量。若管理員還有 4 個需要使用的分割槽，每個分割槽需要大約 100GB，你認為應該如何進行分割較佳？

6.1.2 Linux 的 EXT2 檔案系統

新的作業系統在規劃檔案系統時，一般檔案會有屬性(如權限、時間、身份資料紀錄等)以及實際資料的紀錄，同時整個檔案系統會紀錄全部的資訊，因此通常檔案系統會有如下幾個部份：

- superblock：記錄此 filesystem 的整體資訊，包括 inode/block 的總量、使用量、剩餘量，以及檔案系統的格式與相關資訊等。
- inode：記錄檔案的屬性，一個檔案佔用一個 inode，同時記錄此檔案的資料所在的 block 號碼。
- block：實際記錄檔案的內容，若檔案太大時，會佔用多個 block 。

以 EXT2 檔案系統為例，為了簡化管理，整個檔案系統會將全部的內容分出數個區塊群組 (block group)，每個區塊群組會有上述的 superblock/inode/block 的紀錄，可以下圖示意：

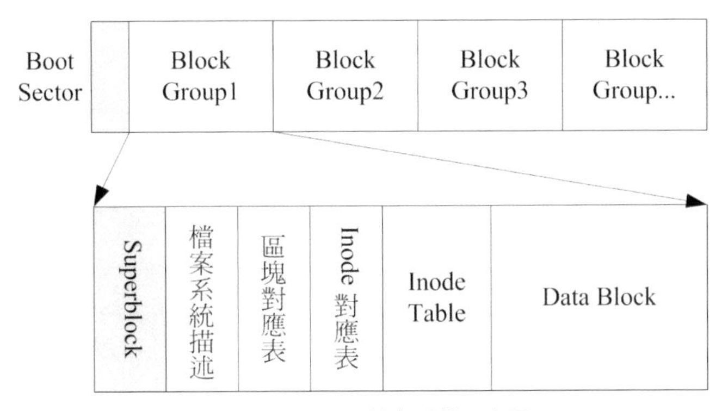

圖 6.1.1　EXT2 檔案系統示意圖

Superblock (超級區塊)

superblock 為整個檔案系統的總結資訊處，要讀取檔案系統一定要從 superblock 讀起。superblock 主要紀錄資料為：

- block 與 inode 的總量。
- 未使用與已使用的 inode / block 數量。
- block 與 inode 的大小 (block 為 1, 2, 4K，inode 為 128bytes 或 256bytes)。
- filesystem 的掛載時間、最近一次寫入資料的時間、最近一次檢驗磁碟 (fsck) 的時間等檔案系統的相關資訊。
- 一個 valid bit 數值，若此檔案系統已被掛載，則 valid bit 為 0，若未被掛載，則 valid bit 為 1 。

inode table (inode 表格)

每一個 inode 都有號碼，而 inode 的內容在記錄檔案的屬性以及該檔案實際資料是放置在哪幾號 block 內。inode 記錄的檔案資料至少有底下這些：

- 該檔案的存取模式(read/write/excute)。
- 該檔案的擁有者與群組(owner/group)。
- 該檔案的容量。
- 該檔案建立或狀態改變的時間(ctime)。
- 最近一次的讀取時間(atime)。
- 最近修改的時間(mtime)。

- 定義檔案特性的旗標(flag)，如 SetUID...。
- 該檔案真正內容的指向 (pointer)。

由於每個檔案固定會佔用一個 inode，而目前檔案所記載的屬性資料越來約多，因此 inode 有底下幾個特色：

- 每個 inode 大小均固定為 128 bytes (新的 ext4 與 xfs 可設定到 256 bytes)。
- 每個檔案都僅會佔用一個 inode 而已。
- 承上，因此檔案系統能夠建立的檔案數量與 inode 的數量有關。
- 系統讀取檔案時需要先找到 inode，並分析 inode 所記錄的權限與使用者是否符合，若符合才能夠開始實際讀取 block 的內容。

data block (資料區塊)

檔案實際的資料存放在 data block 上面，每個 block 也都會有號碼，提供給檔案來儲存實際資料，也讓 inode 可以紀錄資料放在哪個 block 號碼內。

- 原則上，block 的大小與數量在格式化完就不能夠再改變了(除非重新格式化)。
- 每個 block 內最多只能夠放置一個檔案的資料。
- 承上，如果檔案大於 block 的大小，則一個檔案會佔用多個 block 數量。
- 承上，若檔案小於 block，則該 block 的剩餘容量就不能夠再被使用了(磁碟空間會浪費)。

一般來說，檔案系統內的一個檔案被讀取時，流程是這樣的：

1. 讀到檔案的 inode 號碼。
2. 由 inode 內的權限設定判定使用者能否存取此檔案。
3. 若能讀取則開始讀取 inode 內所紀錄的資料放置於哪些 block 號碼內。
4. 讀出 block 號碼內的資料，組合起來成為一個檔案的實際內容。

至於新建檔案的流程則是這樣的：

1. 有寫入檔案的需求時，先到 metadata 區找到沒有使用中的 inode 號碼。
2. 到該 inode 號碼內，將所需要的權限與屬性相關資料寫入，然後在 metadata 區規範該 inode 為使用中，且更新 superblock 資訊。
3. 到 metadata 區找到沒有使用中的 block 號碼，將所需要的實際資料寫入 block 當中，若資料量太大，則繼續到 metadata 當中找到更多的未使用中的 block 號碼，持續寫入，直到寫完資料為止。
4. 同步更新 inode 的紀錄與 superblock 的內容。

至於刪除檔案的流程則是這樣的：

1. 將該檔案的 inode 號碼與找到所屬相關的 block 號碼內容抹除。
2. 將 metadata 區域的相對應的 inode 與 block 號碼規範為未使用。
3. 同步更新 superblock 資料。

1. Linux 的 EXT2 檔案系統家族中，格式化之後，除了 metadata 區塊之外，還有哪三個很重要的區塊？
2. 檔案的屬性、權限等資料主要放置於檔案系統的哪個區塊內？
3. 實際的檔案內容 (程式碼或者是實際資料) 放置在哪個區塊？
4. 每個檔案都會使用到幾個 inode 與 block？
5. Linux 的 EXT2 檔案系統家族中，以 CentOS 7 為例，inode 與 block 的容量大致為多少 byte？

6.1.3 目錄與檔名

當使用者在 Linux 下的檔案系統建立一個目錄時，檔案系統會分配一個 inode 與至少一塊 block 給該目錄。其中，inode 記錄該目錄的相關權限與屬性，並可記錄分配到的那塊 block 號碼；而 block 則是記錄在這個目錄下的檔名與該檔名佔用的 inode 號碼資料。也就是說目錄所佔用的 block 內容在記錄如下的資訊：

Inode number	檔名
53735697 53745858 …	anaconda-ks.cfg initial-setup-ks.cfg …

圖 6.1.2　記載於目錄所屬的 block 內的檔名與 inode 號碼對應示意圖

前一小節提到讀取檔案資料時，最重要的就是讀到檔案的 inode 號碼。然而讀者實際操作系統時，並不會理會 inode 號碼，而是透過『檔名』來讀寫資料的。因此，目錄的重要性就是記載檔名與該檔名對應的 inode 號碼。

1. 使用 ls -li /etc/hosts*，觀察出現在最前面的數值，該數值即為 inode 號碼。
2. 使用 student 的身份，建立 /tmp/inodecheck/ 目錄，然後觀察 /tmp/inodecheck/, /tmp/inodecheck/. 這兩個檔名的 inode 號碼。
3. 承上，使用 ll -d 觀察 /tmp/inodecheck 的第二個欄位，亦即連結欄位的數值為多少？嘗試說明為什麼？
4. 建立 /tmp/inodecheck/check2/ 目錄，同時觀察 /tmp/inodecheck/ , /tmp/inodecheck/. , /tmp/inodecheck/check2/.. 這三個檔名的 inode 號碼，然後觀察第二個欄位的數值變成什麼？

6.1.4 ln 連結檔的應用

從前一小節的練習當中讀者可以發現到目錄的預設連結數 (使用 ls -l 觀察檔名的第二個欄位) 為 2，這是因為每個目錄底下都有 . 這個檔名，而這個檔名代表目錄本身，因此目錄本身有兩個檔名連結到同一個 inode 號碼上，故連結數至少為 2 。又同時每個目錄內都有 .. 這個檔名來代表父目錄，因此每增加一個子目錄，父目錄的連結數也會加 1 。

由於連結數增加後，若檔名刪除時，其實 inode 號碼並沒有被刪除，因此這個『實體連結』的功能會保護好原本的檔案資料。使用者可以透過 ln 這個指令來達成實體連結與符號連結 (類似捷徑) 的功能。

1. 前往 /dev/shm 建立名為 check2 的目錄，並更改工作目錄到 /dev/shm/check2 當中。
2. 將 /etc/hosts 複製到本目錄下，同時觀察檔名連結數。
3. 使用『ln hosts hosts.real』建立 hosts.real 實體連結檔，同時觀察這兩個檔案的 inode 號碼、屬性權限等，是否完全相同？為什麼？
4. 使用『ln -s hosts hosts.symbo』建立 hosts.symbo 符號連結，同時觀察這兩個檔案的 inode 號碼、屬性權限等，是否相同？
5. 使用 cat hosts; cat hosts.real; cat hosts.symbo，查閱檔案內容是否相同？
6. 請刪除 hosts，然後觀察 hosts.real, hosts.symbo 的 inode 號碼、連結數檔案屬性等資料，發現什麼情況？
7. 使用 cat hosts.real; cat hosts.symbo 發生什麼狀況？為什麼？
8. 在 /dev/shm/check2 底下執行『ln /etc/hosts .』會發生什麼情況？分析原因為何？

6.1.5 檔案系統的掛載

就像隨身碟放入 windows 作業系統後，需要取得一個 H:\> 或者是其他的磁碟名稱後才能夠被讀取一樣，Linux 底下的目錄樹系統中，檔案系統裝置要能夠被讀取，就得要與目錄樹的某個目錄連結在一起，亦即進入該目錄即可看到該裝置的內容之意。該目錄就被稱為掛載點。

觀察掛載點的方式最簡單為使用 df (display filesystem) 這個指令來觀察，而讀者也可以透過觀察 inode 的號碼來了解到掛載點的 inode 號碼。

1. 檔案系統要透過『掛載 (mount)』之後才能夠讓作業系統存取。那麼與檔案系統掛載的掛載點是一個目錄還是檔案？
2. 使用 df -T 指令觀察目前的系統中，屬於 xfs 檔案系統的掛載點有哪幾個？
3. 使用 ls -lid 觀察 /, /boot, /home, /etc, /root, /proc, /sys 等目錄的 inode 號碼。
4. 為什麼 /, /boot, /home 的 inode 號碼會一樣？

6.2 檔案系統管理

一般來說，建立檔案系統需要的動作包括：分割、格式化與掛載三個步驟。而分割又有 MBR 與 GPT 兩種方式，實作時需要特別留意。

6.2.1 建立分割

建立分割之前，需要先判斷：(1)目前系統內的磁碟檔名與(2)磁碟目前的分割格式。這兩個工作可以使用底下的指令完成：

使用 root 身份完成如下的練習：

1. 先用 lsblk 簡單的列出裝置檔名。
2. 使用 man lsblk 找出來，(1)使用純文字 (ASCII) 顯示的選項與(2) 列出完整 (full) 的裝置檔名的選項。
3. 使用『parted <完整裝置檔名> print』指令，找出分割表的類型 (MBR/GPT)。

如果是 GPT 的分割表，請使用 gdisk 指令來分割，若為 msdos (MBR) 分割表，則需要使用 fdisk 來分割。當然，讀者也能夠直接參考指令型的 parted 來進行分割，只是指令比較麻煩一些些，並且沒有預設值而已。由剛剛上面的練習可以發現到訓練機為 GPT 分割表，因此底下將以 gdisk 來進行分割的行為。首先讀者先了解一下 gdisk 的操作界面以及線上查詢的方式：

```
[root@study ~]# gdisk /dev/vda
GPT fdisk (gdisk) version 0.8.6

Partition table scan:
  MBR: protective
  BSD: not present
  APM: not present
  GPT: present

Found valid GPT with protective MBR; using GPT.   <==找到了 GPT 的分割表！

Command (? for help):      <==這裡可以讓你輸入指令動作，可以按問號 (?) 來查看可用指令
Command (? for help): ?
b       back up GPT data to a file
c       change a partition's name
d       delete a partition             # 刪除一個分割
i       show detailed information on a partition
l       list known partition types
n       add a new partition            # 增加一個分割
o       create a new empty GUID partition table (GPT)
p       print the partition table      # 印出分割表 (常用)
q       quit without saving changes    # 不儲存分割就直接離開 gdisk
r       recovery and transformation options (experts only)
s       sort partitions
t       change a partition's type code
v       verify disk
w       write table to disk and exit   # 儲存分割操作後離開 gdisk
x       extra functionality (experts only)
?       print this menu
Command (? for help):
```

之後開始列出目前這個 /dev/vda 的整體磁碟資訊與分割表資訊：

```
Command (? for help): p  <== 這裡可以輸出目前磁碟的狀態
Disk /dev/vda: 83886080 sectors, 40.0 GiB                   # 磁碟檔名/磁區數與總容量
Logical sector size: 512 bytes                              # 單一磁區大小為 512 bytes
Disk identifier (GUID): A4C3C813-62AF-4BFE-BAC9-112EBD87A483 # 磁碟的 GPT 識別碼
Partition table holds up to 128 entries
First usable sector is 34, last usable sector is 83886046
Partitions will be aligned on 2048-sector boundaries
Total free space is 18862013 sectors (9.0 GiB)

Number  Start (sector)    End (sector)  Size       Code  Name # 底下為完整的分割資訊
   1            2048            6143   2.0 MiB    EF02       # 第一個分割槽資料
   2            6144         2103295   1024.0 MiB 0700
   3         2103296        65026047   30.0 GiB   8E00
# 分割編號 開始磁區號碼  結束磁區號碼  容量大小
Command (? for help): q
# 想要不儲存離開嗎？按下 q 就對了！不要隨便按 w 啊！
```

接下來請管理員直接建立一個 1GB 的分割槽。

請使用 root 的身份完成底下的任務：

1. 使用 gdisk /dev/vda 進入 gdisk 的界面。
2. 按下 p 取得目前的分割表，並且觀察『目前是否還有其他剩餘的容量可使用』。
3. 按下 n 進行新增的動作：
   a. 在 Partition number 的地方直接按下 [enter] 使用預設值"4"。
   b. 在 First sector 的地方也可以直接按下 [enter] 使用預設值即可。
   c. 在 Last sector 的地方就得要使用類似『+1G』的方式來提供 1G 的容量。
   d. 在 Hex code or GUID) 的地方，由於是 Linux 的檔案系統，可以保留 8300 的數據，因此直接按下 [enter] 即可。

4. 按下 p 來查閱一下是否取得正確的容量。
5. 上述動作觀察後，若沒有問題，按下『w』來儲存後離開 。
   - 系統會詢問『Do you want to proceed? (Y/N):』，按下 y 來確認即可。
   - 觀察按下 y 之後出現什麼訊息？仔細分析該訊息。
6. 使用 lsblk 是否有查閱到剛剛建立的分割槽檔名？
7. 使用『partprobe』之後，再次『lsblk』，此時是否出現了新的分割槽檔名？

由於 /dev/vda 磁碟正在使用中，因此核心預設不會重新去探索分割表的變動，讀者需要使用 partprobe 強制核心更新目前使用中的磁碟的分割表，這樣才能夠找到正確的裝置檔名了。若需要列出核心偵測到的完整分割表，也能使用『cat /proc/partitions』來觀察。

使用如上個例題的流程，再次建立如下兩個裝置：

1. 大約 1.5G (1500MB) 的 vfat 分割槽。(GUID 應該是 0700，但請自己找出來)
2. 大約 1G 的 swap 分割槽，同樣的請自行找出 filesystem ID。

請注意，分割完畢並且在 gdisk 界面按下 w 儲存後，務必使用 lsblk 觀察是否有出現剛剛建置的分割槽裝置檔名，若無該裝置檔名，則應該使用 partprobe 或者是 reboot 強制核心重新抓取。

6.2.2 建立檔案系統 (磁碟格式化)

檔案系統的建立使用 mkfs 即可處理。另外，記憶體置換應該要使用 mkswap 才對。目前的作業系統大多已經針對檔案系統建置時做好最佳化設置，因此除非讀者有特殊需求，或者是讀者知道自己高階磁碟陣列的相關參數，否則使用預設值應該就能夠取得不錯的檔案系統效能。

1. 使用『mkfs.xfs /dev/vda4』建立好 XFS 檔案系統。
2. 使用『mkfs.vfat /dev/vda5』建立好 FAT 檔案系統。
3. 使用『mkswap /dev/vda6』建立好 swap 記憶體置換空間。
4. 使用『blkid』查詢到每個裝置的相關檔案系統與 UUID 資訊。

6.2.3 檔案系統的掛載/卸載

檔案系統要掛載時，請先注意到底下的要求：

- 單一檔案系統不應該被重複掛載在不同的掛載點(目錄)中。
- 單一目錄不應該重複掛載多個檔案系統。
- 要作為掛載點的目錄，理論上應該都是空目錄才是。

常見的掛載方式如下：

```
[root@localhost ~]# mount -a
[root@localhost ~]# mount [-l]
[root@localhost ~]# mount [-t 檔案系統] LABEL='' 掛載點
[root@localhost ~]# mount [-t 檔案系統] UUID=''  掛載點  # 建議用這種方式
[root@localhost ~]# mount [-t 檔案系統] 裝置檔名  掛載點
選項與參數：
-a  ：依照設定檔 /etc/fstab 的資料將所有未掛載的磁碟都掛載上來
-l  ：單純的輸入 mount 會顯示目前掛載的資訊。加上 -l 可增列 Label 名稱！
-t  ：可以加上檔案系統種類來指定欲掛載的類型。常見的 Linux 支援類型有：xfs, ext3, ext4,
      reiserfs, vfat, iso9660(光碟格式), nfs, cifs, smbfs (後三種為網路檔案系統類型)
-n  ：在預設的情況下，系統會將實際掛載的情況即時寫入 /etc/mtab 中，以利其他程式的運作。
      但在某些情況下(例如單人維護模式)為了避免問題會刻意不寫入。此時就得要使用 -n 選項。
-o  ：後面可以接一些掛載時額外加上的參數！比方說帳號、密碼、讀寫權限等：
      async, sync:     此檔案系統是否使用同步寫入 (sync) 或非同步 (async) 的記憶體機制
      atime,noatime:   是否修訂檔案的讀取時間(atime)。為了效能，某些時刻可使用 noatime
      ro, rw:          掛載檔案系統成為唯讀(ro) 或可讀寫(rw)
      auto, noauto:    允許此 filesystem 被以 mount -a 自動掛載(auto)
      dev, nodev:      是否允許此 filesystem 上，可建立裝置檔案？dev 為可允許
      suid, nosuid:    是否允許此 filesystem 含有 suid/sgid 的檔案格式？
      exec, noexec:    是否允許此 filesystem 上擁有可執行 binary 檔案？
```

```
user, nouser:  是否允許此 filesystem 讓任何使用者執行 mount ?一般來說，
               mount 僅有 root 可以進行，但下達 user 參數，則可讓
               一般 user 也能夠對此 partition 進行 mount 。
defaults:      預設值為：rw, suid, dev, exec, auto, nouser, and async
remount:       重新掛載，這在系統出錯，或重新更新參數時，很有用！
```

請將 /dev/vda4, /dev/vda5 分別掛載到 /srv/linux, /srv/win 目錄內，同時觀察掛載的情況。

```
[root@localhost ~]# mkdir /srv/linux /srv/win
[root@localhost ~]# mount /dev/vda4 /srv/linux
[root@localhost ~]# mount /dev/vda5 /srv/win
[root@localhost ~]# df -T /srv/linux /srv/win
檔案系統             類型     1K-區段    已用    可用  已用% 掛載點
/dev/vda4          xfs     1038336   32928 1005408    4% /srv/linux
/dev/vda5          vfat    1532988       4 1532984    1% /srv/win
```

請使用 swapon 的方式來啟動 /dev/vda6 這個記憶體置換空間。

```
[root@localhost ~]# swapon /dev/vda6
[root@localhost ~]# swapon -s
Filename                                Type            Size    Used    Priority
/dev/dm-1                               partition       2097148 3752    -1
/dev/vda6                               partition       1048572 0       -2
```

1. 請使用 umount 以及 swapoff 的方式，來將 /dev/vda4, /dev/vda5, /dev/vda6 卸載，並自行觀察是否卸載成功？

6.2.4 開機自動掛載

開機自動掛載的參數設定檔寫入在 /etc/fstab 當中，不過在編輯這個檔案之前，管理員應該先知道系統掛載的限制：

- 根目錄 / 是必須掛載的，而且一定要先於其他 mount point 被掛載進來。
- 其他 mount point 必須為已建立的目錄，可任意指定，但一定要遵守必須的系統目錄架構原則 (FHS)。

- 所有 mount point 在同一時間之內，只能掛載一次。
- 所有 partition 在同一時間之內，只能掛載一次。
- 如若進行卸載，您必須先將工作目錄移到 mount point(及其子目錄) 之外。

訓練機的 /etc/fstab 這個檔案的內容如下：

```
[root@localhost ~]# cat /etc/fstab
/dev/mapper/centos-root                   /     xfs   defaults   0   0
UUID=a026bf1c-3028-4962-88e3-cd92c6a2a877 /boot xfs   defaults   0   0
/dev/mapper/centos-home                   /home xfs   defaults   0   0
/dev/mapper/centos-swap                   swap  swap  defaults   0   0
```

這個檔案主要有六個欄位，每個欄位的意義如下：

```
[裝置/UUID等]  [掛載點]  [檔案系統]  [檔案系統參數]  [dump]  [fsck]
```

- 第一欄：磁碟裝置檔名/UUID/LABEL name

  這個欄位可以填寫的資料主要有三個項目：

  - 檔案系統或磁碟的裝置檔名，如 /dev/vda2 等。
  - 檔案系統的 UUID 名稱，如 UUID=xxx。
  - 檔案系統的 LABEL 名稱，例如 LABEL=xxx。

  管理員可以依據自己的喜好來填寫適當的裝置名稱，不過如果是實體分割槽的檔案系統，這裡建議使用 Linux 裝置內獨一無二的裝置代號，亦即是 UUID 這個資料來替代裝置檔名較佳。建議使用 blkid 找到 UUID 之後，透過 UUID="XXX" 的方式來設定。

- 第二欄：掛載點 (mount point)
- 第三欄：磁碟分割槽的檔案系統

  在手動掛載時可以讓系統自動測試掛載，但在這個檔案當中我們必須要手動寫入檔案系統才行！包括 xfs, ext4, vfat, reiserfs, nfs 等等。

- 第四欄：檔案系統參數

  檔案系統參數有底下幾個常見的設定值，若無需要，先暫時不要更動預設的 defaults 設定值。

參數	內容意義
async/sync **非同步/同步**	設定磁碟是否以非同步方式運作！預設為 async(效能較佳)
auto/noauto **自動/非自動**	當下達 mount -a 時，此檔案系統是否會被主動測試掛載。預設為 auto
rw/ro **可讀寫/唯讀**	讓該分割槽以可讀寫或者是唯讀的型態掛載上來，如果你想要分享的資料是不給使用者隨意變更的，這裡也能夠設定為唯讀。則不論在此檔案系統的檔案是否設定 w 權限，都無法寫入喔
exec/noexec **可執行/不可執行**	限制在此檔案系統內是否可以進行『執行』的工作？如果是純粹用來儲存資料的目錄，那麼可以設定為 noexec 會比較安全。不過，這個參數也不能隨便使用，因為你不知道該目錄下是否預設會有執行檔 舉例來說，如果你將 noexec 設定在 /var，當某些軟體將一些執行檔放置於 /var 下時，那就會產生很大的問題喔！因此，建議這個 noexec 最多僅設定於你自訂或分享的一般資料目錄
user/nouser **允許/不允許使用者掛載**	是否允許使用者使用 mount 指令來掛載呢？一般而言，我們當然不希望一般身份的 user 能使用 mount 囉，因為太不安全了，因此這裡應該要設定為 nouser 囉
suid/nosuid **具有/不具有** suid **權限**	該檔案系統是否允許 SUID 的存在？如果不是執行檔放置目錄，也可以設定為 nosuid 來取消這個功能
defaults	同時具有 rw, suid, dev, exec, auto, nouser, async 等參數。基本上，預設情況使用 defaults 設定即可

- 第五欄：能否被 dump 備份指令作用

  dump 僅支援 EXT 家族，若使用 xfs 檔案系統，則不用考慮 dump 項目。因此直接輸入 0 即可。

- 第六欄：是否以 fsck 檢驗磁區

  早期開機的流程中，會有一段時間去檢驗本機的檔案系統，看看檔案系統是否完整 (clean)。不過這個方式使用的主要是透過 fsck 去做的，我們現在用的 xfs 檔案系統就沒有辦法適用，因為 xfs 會自己進行檢驗，不需要額外進行這個動作！所以直接填 0 就好了。

好了，那麼讓我們來處理一下我們的新建的檔案系統，看看能不能開機就掛載呢？

讓 /dev/vda4, /dev/vda5 及 /dev/vda6 每次開機都能直接掛載或啟用，掛載點分別在 /srv/linux, /srv/win 目錄內。

1. 透過 blkid 找到 /dev/vda4, /dev/vda5, /dev/vda6 這三個裝置的 UUID 資訊。
2. 使用 vim 在 /etc/fstab 最底下新增三行資料，如下所示：

```
[root@localhost ~]# vim /etc/fstab
UUID="2a409620-c888-41ca-89fa-2737cca74f19"  /srv/linux xfs  defaults 0 0
UUID="4AF7-0017"                             /srv/win   vfat defaults 0 0
UUID="de7e7a05-7b54-40c3-b663-142e4d545265"  swap       swap defaults 0 0
```

3. 開始測試掛載以及 swap 置換有沒有成功的處理好。請注意，測試前請務必確認這三個裝置已經卸載且沒有使用中。

```
[root@locahost ~]# mount -a
[root@locahost ~]# swapon -a
[root@locahost ~]# df -T /dev/vda4 /dev/vda5
[root@locahost ~]# swapon -s
```

6.3 開機過程檔案系統問題處理

管理員可能因為某些原因需要將檔案系統回收利用，例如抽換舊硬碟來使用等等，因此讀者仍須學會如何卸載磁碟。此外，或許因為設定的問題可能導致開機時因為檔案系統的問題而導致無法順利完成開機的流程，此時就需要額外的修復作業。

6.3.1 檔案系統的卸載與移除

若需要將檔案系統卸載並回收 (舊的資料需要完整刪除)，一般建議的流程如下：

- 判斷檔案系統是否使用中，若使用中則須卸載。
- 查詢是否有寫入自動掛載設定檔，若有則需要將設定內容移除。
- 將檔案系統的 superblock 內容刪除。

依據上述的流程，請將練習機的磁碟恢復為原本的狀態 (僅有 /dev/vda1, /dev/vda2, /dev/vda3)。

1. 為了測試系統有無問題，請先進行 reboot 的動作。
2. 使用 df -T 以及 swapon -s 查詢是否有找到 /dev/vda{4,5,6}，若存在，請分別以 umount 及 swapoff 予以卸載或關閉 swap 的使用。
3. 查詢 /etc/fstab，若存在上述的資料，請註解或刪除該行。
4. 使用 mount -a, swapon -a 測試 /etc/fstab 的內容，然後再以 df -T 及 swapon -s 檢查是否已經順利移除。
5. 使用『dd if=/dev/zero of=/dev/vda4 bs=1M count=10』的指令，將 superblock 的內容 (最前面的 10MB 處) 清空。
6. 使用 gdisk /dev/vda 搭配 d 的指令，將 4, 5, 6 號刪除。
7. 使用 partprobe 更新核心分割表資訊，然後使用 lsblk 確認已經正確刪除了本堂課所建立的分割槽。

6.3.2 開機過程檔案系統出錯的救援

管理員如果修改過 /etc/fstab 卻忘記使用 mount -a 測試，則當設定錯誤，非常有可能會無法順利開機。如果是根目錄設定出錯，問題會比較嚴重，如果是一般正規目錄設定錯誤，則依據該目錄的重要性，可能會進入單人維護模式或者是依舊可以順利開機。底下的練習中，讀者將實驗讓 /home 設定錯誤，以嘗試進入單人維護模式救援檔案系統。

1. 使用 vim 編輯 /etc/fstab，將 /home 的所在行從原本的設定修改成為錯誤的設定，如下所示：

```
[root@localhost ~]# vim /etc/fstab
# 先找到這一行：
/dev/mapper/centos-home   /home xfs   defaults    0 0

# 將上面的資料改成如下的模樣
/dev/mapper/centos-home1   /home xfs   defaults    0 0
```

2. 上述資料修改完畢儲存離開後，重新開機系統。由於檔案系統出錯(/home 為相當重要的正規目錄)，因此系統經過一段時間的探索後，會進入到單人維護模式的環境，該環境顯示如下所示：

```
Welcome to emergency mode! After logging in, type "journalctl -xb" to view
System logs, "systemctl reboot" to reboot, "systemctl default" or ^D to
Try again to boot into default mode.
Give root password for maintenance
(or type Control-D to continue): _
```

3. 在游標上輸入 root 的密碼，就可以進入終端機模式。不過此時可能從螢幕上找不到問題。請依據上圖中顯示的 journalctl -xb 這個關鍵字，的提示，直接輸入『journalctl』來查詢開機流程的問題。進入 journalctl 畫面後，先按大寫『G』，再以『PageUp』按鈕向前翻頁數次，找到紅色字體請仔細觀看，應該會發現如下畫面：

```
7■  11 22:05:01 www.centos systemd[1]: Mounted /boot.
7■  11 22:05:04 www.centos systemd[1]: Received SIGRTMIN+20 from PID 272 (plymouthd).
7■  11 22:05:18 www.centos systemd[1]: Received SIGRTMIN+20 from PID 272 (plymouthd).
7■  11 22:06:31 www.centos systemd[1]: Job dev-mapper-centos\x2dhome1.device/start timed out.
7■  11 22:06:31 www.centos systemd[1]: Timed out waiting for device dev-mapper-centos\x2dhome1.device.
7■  11 22:06:31 www.centos systemd[1]: Dependency failed for /home.
7■  11 22:06:31 www.centos systemd[1]: Dependency failed for Local File Systems.
7■  11 22:06:31 www.centos systemd[1]: Dependency failed for Mark the need to relabel after reboot.
7■  11 22:06:31 www.centos systemd[1]: Job rhel-autorelabel-mark.service/start failed with result 'dependency'.
7■  11 22:06:31 www.centos systemd[1]: Dependency failed for Relabel all filesystems, if necessary.
7■  11 22:06:31 www.centos systemd[1]: Job rhel-autorelabel.service/start failed with result 'dependency'.
7■  11 22:06:31 www.centos systemd[1]: Job local-fs.target/start failed with result 'dependency'.
7■  11 22:06:31 www.centos systemd[1]: Triggering OnFailure= dependencies of local-fs.target.
7■  11 22:06:31 www.centos systemd[1]: Job home.mount/start failed with result 'dependency'.
7■  11 22:06:31 www.centos systemd[1]: Job dev-mapper-centos\x2dhome1.device/start failed with result 'timeout'.
```

4. 由上述的圖示可以發現就是 /home 的設定有問題，因此管理員可以：(1)進入 /etc/fstab 暫時註解 /home 所在行或者是 (2)自行找到正確的方案來解決。因為本案例可以查詢到裝置設定錯誤，因此請修改正確的裝置名稱，然後 reboot 即可恢復正常開機流程。

6.4 課後練習操作

前置動作：請使用 unit06 的硬碟進入作業環境，並請先以 root 身分執行 vbird_book_setup_ip 指令設定好你的學號與 IP 之後，再開始底下的作業練習。

請使用 root 的身份進行如下實作的任務。直接在系統上面操作，操作成功即可，上傳結果的程式會主動找到你的實作結果。

1. 檔案系統救援：管理員在上次處理檔案系統時，編輯 /etc/fstab 時，手殘將 /home 那個掛載點的掛載參數寫錯了，導致這次重新開機會失敗。請使用 man mount 之類的方式查詢這次失敗的可能參數後，訂正 /etc/fstab，讓系統可以順利正常的開機。
2. 關於磁碟與磁碟分割的問題，請在 /root/ans06.txt 檔案中，完成底下的問題回應：
    a. 針對傳統硬碟 (非 SSD) 來說，(1)磁碟分割常見的最小單位有哪些？(2)每個磁區, sector 的容量有多大？
    b. 一般來說，在 CentOS 7 底下，第一顆實體磁碟與虛擬磁碟 (使用 virtio 模組) 的檔名分別為何？
    c. Linux 上 (A)常見的磁碟分割表有哪兩種？(B)若安裝 linux 的時候，磁碟容量為 1TB 時，預設的分割表為哪一個？
    d. 針對 MBR 分割表格式 (或稱為 MSDOS 分割模式) 來說，第一個磁區(sector) 含有哪兩個重要的資訊？每個資訊的容量各佔多大？

e. 承上，MBR 分割表格式中，主要有哪三種類型的分割？哪兩種分割才能夠被格式化利用？

f. 承上，MBR 分割表中，主分割與延伸分割的『數量』有什麼限制？

g. 可以安裝開機管理程式的位置，基本上有哪兩個地方？

h. 在 CentOS 7 上面，根據兩種不同的分割表，對應的分割指令是哪兩個？

3. 關於檔案系統的問題，請在 /root/ans06.txt 檔案內持續新增問題回應：

   a. 一般 Linux 傳統的 EXT 檔案系統家族，當你在格式化的時候，會有哪三個重要的資訊被切出來？

   b. CentOS 7 在格式化檔案系統時，預設的 inode 與 block 單一一個容量約為多少？

   c. 建立一個檔案時，檔案的 (A)屬性與權限 (B)實際資料內容 (C)檔名分別紀錄在哪些地方？

4. 關於連結檔案的建置行為：(問答題請寫入 /root/links.txt)

   a. 在 /srv/examlink 檔案，請找出(1)該檔案的 inode 號碼為幾號？(2)這個 inode 共有幾個檔名在使用？

   b. 我知道 /srv/examlink 的連結檔放置在 /etc 底下，請使用 man fine 找關鍵字 inode，查到可以使用的選項與參數後，實際找出 /srv/examlink 的實體連結檔，並將檔名寫下來。

   c. 建立實體連結，原始檔案為 /etc/services 而新的檔案檔名為 /srv/myservice。

   d. 建立符號連結，原始檔案為 /etc/vimrc 而新的檔案檔名為 /srv/myvimrc。

5. 關於檔案系統與分割槽的刪除：系統內有個名為 /dev/vda4 的分割槽，這個分割槽是做錯的，因此，請將這個分割槽卸載，然後刪除分割，將磁碟容量釋放出來。

6. 完成上面的題目之後，請依據底下的說明建立好所需要的檔案系統。(所有的新掛載，應該使用 UUID 來掛載較佳)

容量	檔案系統	掛載點
2GB	XFS	/data/xfs
1GB	VFAT	/data/vfat
1.5GB	EXT4	/data/ext4
1GB	swap	-

上述四個新增的資料都能夠開機後自動的掛載或啟用。

7. 完成上述所有的題目後，請重新開機，並請在開機後 10 分鐘內執行上傳腳本，否則系統不允許你上傳喔！

作業結果傳輸：請以 root 的身分執行 vbird_book_check_unit 指令上傳作業結果。正常執行完畢的結果應會出現【XXXXXX;aa:bb:cc:dd:ee:ff;unitNN】字樣。若需要查閱自己上傳資料的時間，請在作業系統上面使用：http://192.168.251.250 檢查相對應的課程檔案。

作答區

認識 bash 基礎與系統救援

前一節課談到檔案系統且最終有一個簡單的檔案系統錯誤救援。但如果發生嚴重問題時該如何是好？此時可能需要一個簡易的救援模式，包括透過 systemd 以及直接取得一個 bash 來處理。那如何使用 bash ？這就需要了解一下 bash shell 的功能了。

7.1 bash shell 基礎認識

之前課程講過登入系統取得的文字型互動界面就稱為 shell，shell 的操作環境能夠依據使用者的喜好來設定，使用者也能夠切換不同的 shell。而 shell 最重要的就是變數，這在許多的程式語言裡面都是需要注意到的部份。

7.1.1 系統與使用者的 shell

系統所有合法的 shell 都在 /etc/shells 這個檔案內，讀者可以查詢該檔案的內容。在 /etc/shells 常見的合法 shell 如下：

- /bin/sh (已經被 /bin/bash 所取代)。
- /bin/bash (就是 Linux 預設的 shell)。
- /bin/tcsh (整合 C Shell，提供更多的功能)。
- /bin/csh (已經被 /bin/tcsh 所取代)。

因為有許多軟體會使用到系統上的 shell，但又擔心使用者或者是惡意攻擊者會使用怪異的有問題的 shell 來操作軟體。因此某些軟體在判斷 shell 的合法性，亦即直接參考 /etc/shells 的規範，來判斷所謂的合法與不合法。

讀者從之前的系統登入行為中，應該知道在文字界面登入後系統會給予一個 shell，而在圖形界面時，也能夠藉由按下『終端機』來取得 shell 的操作。但取得的預設 shell 是哪一個？需要從使用者的設定資料裡面搜尋。請參考 /etc/passwd 裡面，使用冒號 (:) 分隔的第 7 個欄位，就是該帳號預設取得的 shell。

1. 請使用 cut 這個指令，將 /etc/passwd 這個檔案的內容中，以冒號 (:) 為分隔字元 (delimiter)，將第 1 及第 7 欄位 (field) 輸出到螢幕上。
2. 承上，找到關鍵字為 daemon 的那一行，daemon 用戶所使用的 shell 是什麼？

使用者可以自由的切換所需要的 shell，不過不同的 shell 使用的方式、語法都有點差異。舉例來說，bash 使用的變數設定方式為『var='content'』，但是 csh 使用的是『set var = 'content'』，csh 需要有 set，不過等號兩邊可以有空格。bash 雖然不用 set，但是等號兩邊不可以直接加空格，這就有不一樣的地方。

練習不同 shell 的切換

1. 請使用 student 身份登入系統，取得終端機後，使用『echo $BASH』的方式查閱有沒有這個變數以及其輸出的內容。
2. 請輸入『echo $shell』觀察有沒有資料輸出？
3. 使用『/bin/csh』切換 shell 成為 c shell。
4. 分別使用『echo $BASH』與『echo $shell』觀察輸出的資料為何？
5. 使用『echo $0』觀察輸出的資料是什麼？
6. 先透過『exit』離開 c shell 之後，再次以 echo $0 觀察目前的 shell 名稱為何？
7. 執行『/sbin/nologin』看看輸出的資料為何？

使用者可以透過直接輸入 shell 的執行檔 (例如上述的 /bin/csh) 來直接切換到新的 shell 去工作，而想要確認目前的 shell 是什麼，最簡單的方式就是使用『echo $0』列出目前的執行檔。另外，寫入在 /etc/shells 內有個名為 /sbin/nologin 的 shell，就是給系統帳號預設使用的不可互動的合法 shell。

1. 請使用 usermod 來修改 student 的 shell 變成 /sbin/nologin。
2. 修改完畢後，請到 tty3 的終端機，嘗試使用 student 的帳號登入，看看會出現什麼情況。
3. 請再次以 usermod 的方式將 student 的 shell 改回來 /bin/bash。

為何需要設定 /sbin/nologin 呢？

- 許多系統預設要執行的軟體，例如 mail 的郵件分析、WWW 的網頁回應等等，系統不希望該軟體使用 root 的權限，因為擔心網路軟體會被惡意人士所攻擊。因此系統就會依據該軟體的特性給予『系統帳號』，這些系統帳號就是有特殊的任務(執行某軟體)而產生的，並不是要讓一般用戶透過該帳號來登入系統互動。因此系統帳號通常就是使用 /sbin/nologin 作為預設 shell。
- 某些伺服器的帳號，例如郵件伺服器、FTP 伺服器等，這些伺服器的帳號本收就在收發 email 或者是傳輸檔案而已，這些帳號無須登入系統來取得互動 shell，因此這些帳號就不需要可互動的 shell，此時就能給 /sbin/nologin。

1. 使用 id 這個指令檢查系統有無 bin 與 student 這兩個帳號的存在？
2. 能不能在不知道密碼的情況下，使用 root 切換成 student 這個帳號？為什麼？
3. 能不能在不知道密碼的情況下，使用 root 切換成 bin 這個帳號？為什麼？
4. 建立一個不可登入系統取得互動 shell 的帳號，帳號名稱為 puser1，密碼為 MyPuser1。
5. 嘗試在 tty3 登入該帳號，結果是？

7.1.2 變數設定規則

上一小節談到的『echo $BASH』就是變數的功能，bash shell 會主動的建立 BASH 這個變數，且其內容就是 /bin/bash。方便讀者了解到目前的 shell 是哪隻程式達成的。如何設定變數呢？簡單的設定方式與呼叫方式為：

```
[student@localhost ~]$ 變數="變數內容"
[student@localhost ~]$ echo $變數
[student@localhost ~]$ echo ${變數}
```

其中變數有許多的設定規則需要遵守：

- 變數與變數內容以一個等號『=』來連結。
- 等號兩邊不能直接接空白字元。
- 變數名稱只能是英文字母與數字，但是開頭字元不能是數字。
- 變數內容若有空白字元可使用雙引號『"』或單引號『'』將變數內容結合起來。
- 承上，雙引號內的特殊字元如 $ 等，可以保有原本的特性。
- 承上，單引號內的特殊字元則僅為一般字元 (純文字)。
- 可用跳脫字元『\』將特殊符號(如 [Enter], $, \, 空白字元, ' 等)變成一般字元。
- 在一串指令的執行中，還需要藉由其他額外的指令所提供的資訊時，可以使用反單引號『`指令`』或『$(指令)』。
- 若該變數為擴增變數內容時，則可用 "$變數名稱" 或 ${變數} 累加內容。
- 若該變數需要在其他子程序執行，則需要以 export 來使變數變成環境變數。
- 通常大寫字元為系統預設變數，自行設定變數可以使用小寫字元，方便判斷 (純粹依照使用者興趣與嗜好)。
- 取消變數的方法為使用 unset ：『unset 變數名稱』。

1. 設定一個名為 myname 的變數，變數的內容為『peter pan』。
2. 使用 echo 呼叫出 myname 的內容。
3. 是否能夠設定 2myname 的內容為『peter pan』呢？

4. 設定 varsymbo 變數的內容為『$var』，$var 就是純文字資料不是變數。設定完畢後呼叫出來。
5. 設定 hero 變數的內容為『I am $myname』，其中 $myname 會依據 myname 變數的內容而變化。設定完畢請呼叫出來。
6. 使用 uname -r 秀出目前的核心版本。
7. 設定 kver 變數，內容為『my kernel version is 3.xx』，其中 3.xx 為 uname -r 輸出的資訊。請注意，kver 變數設定過程中，需要用到 uname -r 這個指令的協助。

變數設定的過程當中，使用子指令『$(command)』的操作為相當重要的。例如底下的案例中，管理員可以很快速的找到前一堂課談到的特殊權限檔案並列出該檔案的權限：

1. 使用 man find 找出 -perm 的功能為何？
2. 使用『find /usr/bin /usr/sbin -perm /6000』找出所有含有特殊權限的檔名。
3. 使用『ls -l $(find /usr/bin /usr/sbin -perm /6000)』將所有檔名的權限列出。

如上的第 3 個範例，讀者可以將第 1 個範例的檔名找到後，一個一個以 ls -l 去查詢權限，不過效能與時間花費太多。此時透過子指令的功能即可快速的找到相對應的資料。底下亦為常見的操作功能：

1. 使用 find 的功能，找出在 /usr/sbin 及 /usr/bin 底下權限為 4755 的檔案。
2. 建立 /root/findfile 目錄。
3. 將步驟 1 找到的檔案連同權限複製到 /root/findfile 目錄下。

7.1.3 影響操作行為的變數

某些變數會影響到使用者的操作行為，許多變數之前曾經提及，本節集中說明。

變數	功能
LANG LC_ALL	語系資料，例如使用 date 輸出資訊時，透過 LANG 可以修改輸出的訊息資料
PATH	執行檔搜尋的路徑～目錄與目錄中間以冒號(:)分隔，由於執行檔/指令的搜尋是依序由 PATH 的變數內的目錄來查詢，所以，目錄的順序也是重要的
HOME	代表使用者的家目錄，亦即使用者看到的 ~ 代表的目錄
MAIL	當我們使用 mail 這個指令在收信時，系統會去讀取的郵件信箱檔案 (mailbox)
HISTSIZE	這個與『歷史命令』有關。我們曾經下達過的指令可以被系統記錄下來，而記錄的『筆數』則是由這個值來設定的
RANDOM	『隨機亂數』的變數。目前大多數的 distributions 都會有亂數產生器，亦即 /dev/random 檔案。讀者可以透過這個亂數檔案相關的變數 ($RANDOM) 來隨機取得亂數。在 BASH 的環境下，RANDOM 變數的內容介於 0~32767 之間，所以，你只要 echo $RANDOM 時，系統就會主動的隨機取出一個介於 0~32767 的數值
PS1	命令提示字元，可使用 man bash 搜尋 PS1 關鍵字，即可了解提示字元的設定方式
?	$? 這個變數內容為指令的回傳值，當回傳值為 0 代表指令正常運作結束，當不為 0 則代表指令有錯誤

比較需要注意到的變數是 PATH 路徑搜尋變數，它會影響到使用者操作的行為，設定錯誤會有相當嚴重的後果。

關於 PATH 的重要性

1. 請用 root 的身份來處理底下的任務。
2. 印出 PATH 這個變數的內容，並觀察每個項目中間的分隔符號為何？
3. 設定一個名為 oldpath 的變數，內容就是 ${PATH} 。

4. 設定 PATH 的內容成為 /bin 而已。(非常重要，不可設錯！)
5. 此時輸入以前曾操作過得 useradd --help 及 usermod --help 等指令，螢幕顯示的訊息為何？
6. 若使用 /sbin/usermod --help，可以正常顯示嗎？
7. 請設定 PATH 的內容成為 ${oldpath}，恢復正常的路徑資料。
8. 請改用 student 的身份來執行下列練習。
9. 建立~student/cmd/目錄，且將 /bin/cat 複製成為~student/cmd/scat 。
10. 輸入『~student/cmd/scat /etc/hosts』確認指令正常無誤。
11. 輸入『scat /etc/hosts』會發生什麼問題？
12. 如何讓 student 用戶直接使用 scat 而不須使用 ~student/cmd/scat 來執行？

由於 PATH 設定錯誤時，可能會導致系統的 crash 狀態，尤其是當 PATH 並未含有 /bin 這個搜尋路徑時，有相當高的機率會造成 Linux 系統的當機。因此，在上述的練習中，PATH 的設定請務必小心謹慎！

命令提示字元在每個系統中都不一樣，但那是可以修改的，就透過 PS1 這個變數來修改即可。

1. 呼叫出 PS1 這個變數的內容。
2. 請查詢上述變數內容當中 \W 及 \$ 的意義為何 (請 man bash 透過 PS1 關鍵字查詢)。
3. 假設操作者已經做了 15 個指令，則命令提示字元輸出如：
   『[student@localhost 15 ~]$』
   該如何設定 PS1？

7.1.4 區域/全域變數、父程序與子程序

變數是有使用範圍的，一般來說變數的使用範圍分為：

- 區域變數：變數只能在目前這個 shell 當中存在，不會被子程序所沿用。
- 全域變數：變數會儲存在一個共用的記憶體空間，可以讓子程序繼承使用。

如 7.1.2 當中提到的將變數提昇成為全域變數的方式為透過 export，觀察可用 env 或 export 來觀察。

1. 使用 set 或 env 或 export 觀察是否存在 mypp 這個變數？
2. 設定 mypp 的內容為『from_ppid』，並且呼叫出來。
3. 使用 set 或 env 或 export 觀察是否存在 mypp 這個變數？
4. 執行『/bin/bash』進入下一個 bash 的子程序環境中。
5. 使用 set 或 env 或 export 觀察是否存在 mypp 這個變數？同時說明為什麼？
6. 設定 mypp2 的內容為『from_cpid』，並且呼叫出來。
7. 使用『exit』離開子程序回到原本的父程序。
8. 觀察是否存在 mypp2 這個變數？為什麼？
9. 使用『export mypp』後，使用 env 或 export 觀察是否存在？
10. 執行『/bin/bash』進入下一個 bash 的子程序環境中。
11. 使用 set 或 env 或 export 觀察是否存在 mypp 這個變數？同時說明為什麼？
12. 回到原本的父程序中。

基本上，由原本的 bash 衍生出來的程序都是該 bash 的子程序，而 bash 可以執行 bash 產生一隻 bash 的子程序，兩隻 bash 之間僅有全域變

數 (環境變數) 會帶給子程序，而子程序的變數，基本上是不會回傳給父程序的。

7.1.5 使用 kill 管理程序

某些時刻管理員會有想要手動移除某些特定程序的時刻發生，例如某些很佔資源的 bash 程序的管理等等，此時就可以透過使用 kill 這個指令來處理。基本上，kill 並不是『刪除』程序，而是給予程序一個『訊號 (signal)』來管理，預設的訊號為 15 號，該訊號的功能為『正常關閉程序』的意思。而想要強制關閉該程式，就得要使用 -9 這個號碼來處理了。

1. 使用 vim & 將 vim 程序放進背景中暫停。
2. 使用 jobs -l 進一步列出該程序的 PID 號碼。
3. 使用『kill PID 號碼』嘗試刪除該工作，是否能夠生效？
4. 若無法刪除，請使用『kill -9 PID 號碼』的方式來刪除，是否能夠生效？

若使用者有特別的需求需要刪除掉某些特定的程序，就可以透過這樣的機制來處理。

7.1.6 login shell and non-login shell

當讀者下達『echo ${PS1}』時，應該有發現 PS1 這個影響操作行為的變數已經設定好了，故應該理解為已經有設定檔在協助使用者登入時規劃好操作環境的流程。而讀者應該也會發現到，取得 bash 的情況有很多種，但大致可分為兩大類：

- 一種是需要輸入帳號與密碼才能夠取得 bash 的行為，例如從 tty2 登入，或者是輸入『su -』來取得某個帳號的使用權，這種情況被稱為是 login shell 的變數設定檔讀取方式。

- 一種是使用者已經取得 bash 或者是其他的互動界面，然後透過該次登入後執行 bash，例如從圖形界面按下終端機、直接在文字界面輸入 bash 來取得 bash 子程序、輸入『su』來切換身份等等，這種方式通常不需要重新輸入帳號與密碼，因此稱為 non-login shell 的變數設定檔讀取方式。

通常 login shell 讀取設定檔的流程是：

1. /etc/profile：這是系統整體的設定，你最好不要修改這個檔案。
2. ~/.bash_profile 或 ~/.bash_login 或 ~/.profile (只會讀 1 個，依據優先順序決定)：屬於使用者個人設定，你要改自己的資料，就寫入這裡！

由於 login shell 已經讀取了 /etc/profile 因此已經設定了大部分的全域變數設定，所以 non-login shell 只需要少部份的設定即可。故 non-login shell 只會讀取一個個人設定檔，亦即是：

- ~/.bashrc。

1. 觀察一下 ~/.bash_profile 的內容，說明該檔案設定了什麼項目？
2. 觀察 ~/.bashrc 的內容，說明該檔案設定了什麼項目？

由於 ~/.bash_profile 也是讀取 ~/.bashrc，因此使用者只需要將設定放置於家目錄下的 .bashrc 就可以讓兩者讀取了。

嘗試設定 student 的操作環境。

1. 請在 student 的家目錄編輯 .bashrc，增加底下的項目：
   - 設定 history 可以輸出 10000 筆資料。
   - 設定執行 cp 時，其實會主動加入 cp -i 的選項。
   - 設定執行 rm 時，其實會主動加入 rm -i 的選項。
   - 設定執行 mv 時，其實會主動加入 mv -i 的選項。

- 增加 PATH 的搜尋目錄在 /home/student/cmd/ 目錄。
- 設定一個變數名稱為 kver，其內容是目前的核心版本。
- 強迫語系使用 zh_TW.utf8 這個項目，且必須要設定為全域變數。
- 讓提示字元項目中，增加時間與操作指令次數的項目。
- 使用 wc 指令分析 ~/.bash_history 的行數，將該行數紀錄於 h_start 的變數中。

2. 設定完畢後，如何在不登出的情況下，讓設定生效？

當使用者登出 bash 時，bash 會依據家目錄下的 .bash_logout 來進行後續的動作，因此若使用者有需要額外進行某些工作時，可以在此檔案中設定。

不過使用者應該要特別注意，.bash_logout 僅會在 login-shell 的環境下登出才會執行。在 non-login shell 的環境下登出，這個檔案並不會被運作。

1. 每次登出 bash 時，都會：

   (1) 使用 date 取得『YYYY/MM/DD HH:MM』的格式，並且轉存到家目錄的 history.log 檔案中。

   (2) 使用 history 加上管線命令與 wc 來分析結束時的 history 行數，將該數值設定為 h_end，搭配之前設定的 h_start 開始的行數，計算出這次執行指令的行數號碼 (應該是 h_end - h_start +1)，設定為 h_now，透過 history ${h_now} 將最新的指令轉存到 history.log 當中。

2. 嘗試使用 su - student 來登入 student，再隨意進行數個指令，之後登出 bash 回到原本的 bash 當中，觀察 ~/history.log 是否有資訊紀錄？

7.2 系統救援

我們在前一堂課提到過簡易的系統救援，直接以 root 的密碼與身份來進入救援模式，然後處理好了檔案系統。但萬一 root 的 shell 被不小心修改了，導致無法使用 root 的密碼進入系統時，該如何處理？底下的動作比較嚴重，請讀者務必要學會救援的方式。

7.2.1 透過正規的 systemd 方式救援

要處理這個練習，請先進行如下的動作之後，讓系統被破壞，才能夠加以練習：

```
[root@localhost ~]# vim /etc/fstab
/dev/mapper/centos-home1 /home  xfs  defaults  0 0

[root@localhost ~]# usermod -s /sbin/nologin root
[root@localhost ~]# su -
This account is currently not available.
```

如此才能夠確認 1. 檔案系統被破壞以及 2. root 的身份設定錯誤 (shell 無法使用)。接下來執行 reboot 來看看會出現什麼問題。

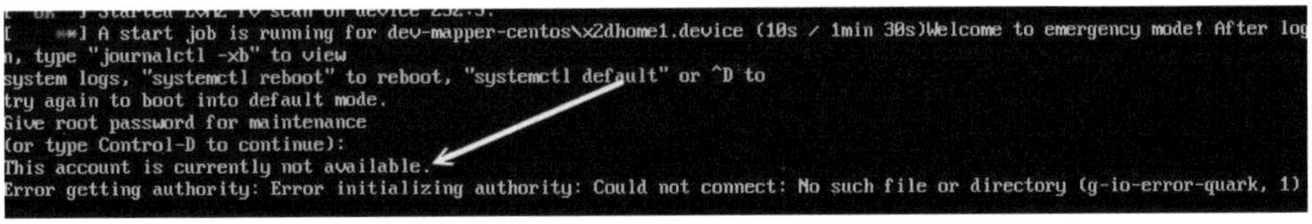

```
[    **] A start job is running for dev-mapper-centos\x2dhome1.device (10s / 1min 30s)Welcome to emergency mode! After log
n, type "journalctl -xb" to view
system logs, "systemctl reboot" to reboot, "systemctl default" or ^D to
try again to boot into default mode.
Give root password for maintenance
(or type Control-D to continue):
This account is currently not available.
Error getting authority: Error initializing authority: Could not connect: No such file or directory (g-io-error-quark, 1)
```

圖 7.2.1　因為檔案系統與 root 身份出問題的狀態

如上圖所示，開機後出現檔案系統狀態，系統要求輸入 root 密碼，雖然用戶輸入正確的密碼了，卻無法取得 root 的 bash 操作界面，因為設定到錯誤的 shell 了。此時正規的救援模式無法使用，需要用到 systemd 開機流程裡面，讓系統進入到一個小小的救援作業系統，該作業系統是模擬出來的，僅僅用來作為掛載檔案系統的功能。處理的流程為：

1. 重新開機，且進入選單後的五秒內按下方向鍵，並將光棒選擇到第一個開機選單項目上面。

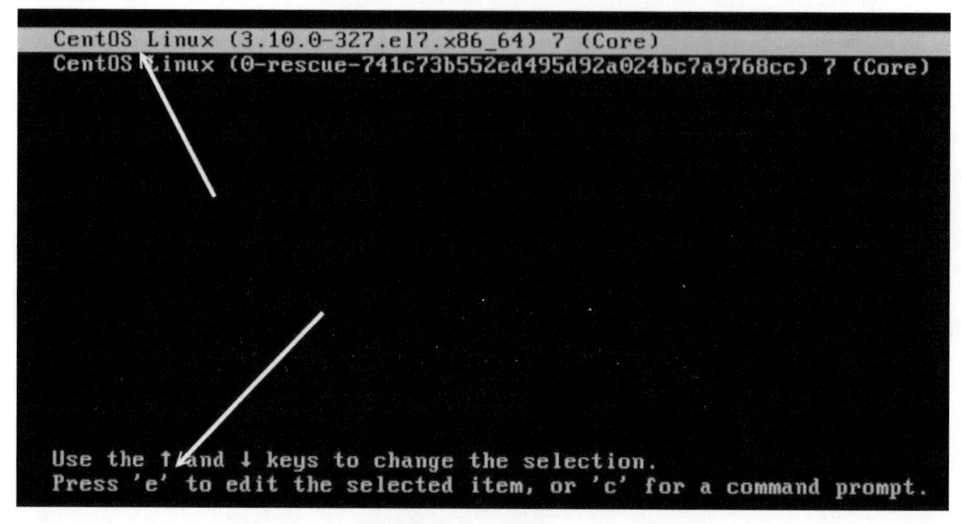

圖 7.2.2　光棒的移動與進入編輯模式的參考按鈕 (e)

2. 按下『e』來進入選單編輯畫面，如下所示，並且在 linux16 那一行的最後面增加『rd.break』的項目，之後按下 [Ctrl]+x 來進入救援模式。

```
        insmod gzio
        insmod part_gpt
        insmod xfs
        set root='hd0,gpt2'
        if [ x$feature_platform_search_hint = xy ]; then
          search --no-floppy --fs-uuid --set=root --hint='hd0,gpt2'  a026bf1c-\
3028-4962-88e3-cd92c6a2a877
        else
          search --no-floppy --fs-uuid --set=root a026bf1c-3028-4962-88e3-cd92\
c6a2a877
        fi
        linux16 /vmlinuz-3.10.0-327.el7.x86_64 root=/dev/mapper/centos-root ro\
 rd.lvm.lv=centos/root rd.lvm.lv=centos/swap rhgb quiet elevator=deadline    \
 rd.break_
        initrd16 /initramfs-3.10.0-327.el7.x86_64.img

      Press Ctrl-x to start, Ctrl-c for a command prompt or Escape to
      discard edits and return to the menu. Pressing Tab lists
      possible completions.
```

圖 7.2.3　互動編輯核心參數，加入進入救援模式的方案

3. 救援模式會將根目錄掛載到 /sysroot 這個目錄下，不過是預設掛載成唯讀，因此管理員請用『mount -o remount,rw /sysroot』將該目錄重新掛載成可讀寫，然後使用『chroot /sysroot』將根目錄切換到 /sysroot 底下，就可以成功的取用原本的作業系統了。

```
Generating "/run/initramfs/rdsosreport.txt"


Entering emergency mode. Exit the shell to continue.
Type "journalctl" to view system logs.
You might want to save "/run/initramfs/rdsosreport.txt" to a USB stick or /boot
after mounting them and attach it to a bug report.


switch_root:/# mount | grep /sysroot
/dev/mapper/centos-root on /sysroot type xfs (ro,relatime,attr2,inode64,noquota)
switch_root:/# mount -o remount,rw /sysroot
switch_root:/# mount | grep /sysroot
/dev/mapper/centos-root on /sysroot type xfs (rw,relatime,attr2,inode64,noquota)
switch_root:/# chroot /sysroot
sh-4.2# usermod -s /bin/bash root
sh-4.2# vim /etc/fstab_
```

```
#
# /etc/fstab
# Created by anaconda on Tue Jan  3 22:21:15 2017
#
# Accessible filesystems, by reference, are maintained under '/dev/disk'
# See man pages fstab(5), findfs(8), mount(8) and/or blkid(8) for more info
#
/dev/mapper/centos-root /                       xfs     defaults        0 0
UUID=a98fca9a-c6fb-4eba-9b6d-183ae56315e7 /boot xfs     defaults        0 0
/dev/mapper/centos-home_/home                   xfs     defaults        0 0
/dev/mapper/centos-swap swap                    swap    defaults        0 0
#UUID="6bc4325b-229e-443d-b144-14fceb498b5a" /srv/linux xfs  defaults 0 0
#UUID="DD6F-3F2B"                            /srv/win   vfat defaults 0 0
#UUID="10e81596-c99d-4673-aa20-2dcffe2c0b0d" swap       swap defaults 0 0
~
~
~
```

拿掉 1 吧！

```
sh-4.2# touch /.autorelabel
sh-4.2# ls -a /
.   1             bin   dev  home  lib64  mnt  proc  run   srv  tmp  var
..  .autorelabel  boot  etc  lib   media  opt  root  sbin  sys  usr  .viminfo
sh-4.2# exit
exit
switch_root:/# reboot_
```

確認有這個檔案較佳

圖 7.2.4　重新掛載為可讀寫，並進行更換根目錄的行為 (chroot)

4. 此時系統提示字元只有『sh-4.2#』也是正常的，請執行『mount -a』之後就可以進行『usermod -s /bin/bash root』等動作！一般建議動作流程如下：

```
[root@localhost ~]# mount -a
[root@localhost ~]# usermod -s /bin/bash root
[root@localhost ~]# vim /etc/fstab
/dev/mapper/centos-home /home  xfs  defaults  0 0

[root@localhost ~]# touch /.autorelabel
[root@localhost ~]# exit
```

5. 最後使用 reboot 重新開機，就能夠正常的開機進入系統環境了。

最後一個步驟之所以要處理 /.autorelabel 這個情況，是因為 CentOS 7 預設會啟用 SELinux 這個安全強化模組，但是此模組在救援模式並沒有開啟，所以被更動到的檔案在下次開機後，可能會產生無法讀取的問題。系統開機會去找 /.autorelabel，若發現有此檔案則會重新寫入 SELinux 的相關設定，因此系統在重新開機的流程中共會啟動兩次，原因為第一次會重新寫入 SELinux 設定，第二次才是正常開機。

TIPs

根據上課的經驗，filesystem 的問題與 user 的問題最好於一次 rd.break 的救援流程中解決，否則由於現有的 Linux 系統程序為平行處理，若卡在 /home 偵測過 90 秒後，再次進入給予 root 密碼的程序中，就會由於無法跑到系統重整 (./autolabel 的動作要求)，導致帳號資料密碼檔無法被讀取，此時系統會 crash 。

7.2.2 透過 bash 直接救援 (Optional)

若讀者以前有接觸過 Linux 的話，應該知道開機流程中，可以使用 init=/bin/bash 直接讓核心呼叫 bash 來操作系統。CentOS 7 的 grub2 與 systemd 也保留此功能，此操作行為與 rd.break 相當接近。

1. 同樣在開機過程中，使用第一個開機選單，然後按下 e 來進入互動編輯模式。

2. 在 linux16 那一行的最後面加入 init=/bin/bash 然後按下 [ctrl]+x 來啟動。
3. 出現『bash-4.2#』之後，進行如下的動作來處理：

```
[root@localhost ~]# mount -o remount,rw /
[root@localhost ~]# mount -a
[root@localhost ~]# /usr/sbin/usermod -s /bin/bash root
[root@localhost ~]# /usr/bin/vim /etc/fstab
[root@localhost ~]# /usr/bin/touch /.autorelabel
[root@localhost ~]# reboot
```

因為這個方案是 bash 直接控管的，與 systemd 的管理機制無關，因此使用者無法使用 reboot 來重新開機。此時請按下電腦的 reset 按鈕或強制關機再次重新開機。之後應該就可以順利的開機了。

TIPs 除非正常流程已經無法解決，否則盡量不要使用此方法救援。

7.3 課後練習操作

前置動作：請使用 unit07 的硬碟進入作業環境，並請先以 root 身分執行 vbird_book_setup_ip 指令設定好你的學號與 IP 之後，再開始底下的作業練習。

請使用 root 的身份進行如下實作的任務。直接在系統上面操作，操作成功即可，上傳結果的程式會主動找到你的實作結果。

1. 因為某些緣故，目前這個作業系統應該是無法順利開機的。請使用本節課程所介紹的方式來進行系統的救援。根據猜測，可能的原因與管理員曾經動過 chsh 這個指令有關，同時，管理員似乎也更動過 fstab 這個設定檔。請依據這些之前的可能舉動，來恢復系統的可登入狀態。(hint: 千萬不要忘記 .autorelabel 的動作！)
2. 請處理底下帳號與 shell 的相關事宜：
   a. 請將系統中的 /bin/false 與 /bin/true 這兩個檔案變成合法的 shell。

   b. 請將 examuser1 的 shell 變成 /bin/true。
   c. 因為你即將建立一個 FTP 伺服器，這個伺服器上面的用戶只能單純的使用 FTP 功能，因此你想要讓這些帳號無法使用 shell。假設三個帳號 myuser1, myuser2, myuser3 的帳號，這三個帳號將無法使用互動界面操作系統，且密碼為 MyPassWordhehe。

3. 透過 bash shell 的功能，進行檔案的查詢與複製 。
   a. 找出系統中檔案擁有者為 examuser1 的檔名，並將這些找到的檔名(含權限)複製到 /root/findout/ 目錄內。
   b. 找出在 /usr/sbin 及 /usr/bin 底下權限為 4755 的檔案，並將這些檔案複製到 /root/findperm/ 目錄內。
4. 在你的系統中，嘗試找到一個執行 sleep 的程序，並且使用各種方法，將該程序刪除。
5. 建立名為 examuser10 的帳號，密碼為 MyPassWordhehe，且這個帳號登入後，預設會有底下的設定：
   - 登入行為：
     a. 預設使用 bash 作為 shell。
     b. 會讀入 /etc/examvar 設定檔。
     c. 擁有一個名為 myip 的變數，變數內容為『ifconfig eth0 | grep 'inet ' | cut -d 't' -f 2 | cut -d ' ' -f 2』的執行成果 (每個同學操作指令的結果都不會相同，但是指令會是一樣的) 。
     d. 使用 zh_TW.utf8 語系資料。
     e. 增加 ~examuser10/scripts/ 目錄作為指令執行時所尋找的目錄位置。
     f. 命令提示字元增加時間項目在裡面。
     g. 預設歷史命令紀錄 5000 筆。
     h. 操作 cp 時，自動給予 cp -i 的選項。
     i. 透過『wc -l ~/.bash_history | cut -d ' ' -f 1』的指令取得前一次登入的歷史命令次數，並將該數值轉存成為 ~/.history_start。

- 登出的行為：
  a. 透過『history | tail -n 1 | awk '{print $1}'』取得最後一筆歷史紀錄，然後將該數值指定為 hist_end 變數。
  b. 請使用『cat ~/.history_start』取得登入時記載的歷史命令筆數，將該數值指定為 hist_start 變數。
  c. 設定一個名為 hist_size 的變數，內容為 hist_end - hist_start 的數值。(有多種計算方式，能成功即可！)
  d. 將離開的日期，使用『YYYY/MM/DD HH:MM』的格式累加寫入到 ~/history.log 檔案中。
  e. 透過『history $hist_size』取得最後最新的數筆紀錄後，將該資料累加到 ~/history.log 檔案中。

作業結果傳輸：請以 root 的身分執行 vbird_book_check_unit 指令上傳作業結果。正常執行完畢的結果應會出現【XXXXXX;aa:bb:cc:dd:ee:ff;unitNN】字樣。若需要查閱自己上傳資料的時間，請在作業系統上面使用：http://192.168.251.250 檢查相對應的課程檔案。

作答區

測驗練習

期中考

前置動作：請使用 practice1 的硬碟進入作業環境，並請先以 root 身分執行 vbird_book_setup_ip 指令設定好你的學號與 IP 之後，再開始底下的作業練習。

重要注意事項：

- 請以 student 登入系統後，切換身份為 root 以進行底下的所有動作喔。
- 若無法開機進入正常模式，則此次考試為 0 分。
- 若無法傳送成績，此次考試亦為 0 分。

開始考試的練習

1. **系統救援。**

   - 因為某些緣故，目前這個作業系統應該是無法順利開機的。根據猜測，可能的原因與管理員曾經動過 chsh 這個指令有關，同時，管理員似乎也更動過 fstab 這個設定檔。請依據這些之前的可能舉動，來恢復系統的可登入狀態。(hint: 千萬不要忘記 .autorelabel 的動作！)
   - 救援完畢之後，請先使用 vbird_book_setup_ip 指令設定好你的學號與 IP 之後，再開始底下的題目練習。(這一題可能會無法實作，應該要等到下一題的 2.a 做完，才能夠回到這裡來繼續工作的。)

2. **管理員的操作環境整理。**

   a. 當你用 student 轉成 root 之後，會發現很奇怪的現象，就是很多指令都不能執行了。這應該與上次登入管理員的用戶處理到錯誤的 bash 環境設定檔有關。請查詢 root 可能的設定檔後，將這個問題解決。底下為此題的提示：

      - 思考一下，應該是與哪一個變數有關？
      - 若要執行其他指令，可能需要使用絕對路徑才能夠執行，例如你不能直接執行 usermod，可能需要透過 /usr/sbin/usermod 來處理。
      - 『個人』的環境設定檔有很多個喔！請仔細檢查。另外，請不要修改到統一的系統設定。
      - 這題處理完畢，請記得要回去處理前一題的 vbird_book_setup_ip。

   b. 增加 histroy 的輸出，讓 root 自己最大可達 10000 筆紀錄。(其他用戶保留預設值)

   c. 建立一個命令別名 myerr 這個指令，這個指令會運作『echo "I am error message"』這個指令串。

   d. 當 root 執行『cd ${mywork}』時，工作目錄會跑去 /usr/local/libexec/ 當中。

   e. 請注意，上述的動作在每次登入之後都會自動生效。(所以需要寫入個人設定檔)

3. **檔案系統的整理。**

   a. 系統內有個名為 /dev/vda4 的分割槽，這個分割槽是做錯的，因此，請將這個分割槽卸載，然後刪除分割，將磁碟容量釋放出來。

   b. 完成上面的題目之後，請依據底下的說明建立好所需要的檔案系統(所有的新掛載，應該使用 UUID 來掛載較佳。)

容量	檔案系統	掛載點	掛載額外參數
1GB	XFS	/mydata/xfs	nosuid
2GB	VFAT	/mydata/vfat	uid 與 gid 均為 student
1GB	EXT4	/mydata/ext4	noatime
1GB	swap	-	-

   a. 上述四個新增的資料都能夠開機後自動的掛載或啟用。

   b. 有個光碟映像檔 /mycdrom.iso 的檔案，請將它掛載到 /mydata/cdrom 裡面，而且每次開機都能自動掛載上來。(請自行查詢光碟檔案掛載時所需要的檔案系統類型)

   c. 建立一個名為 /mydata.img 的 1GB 大檔案，這個檔案格式化為 xfs，且開機會主動的掛載於 /mydata/xfs2/ 目錄中。

4. **基礎帳號管理，請依據底下的說明，建立或恢復許多帳號。**

   a. 請刪除系統中的 baduser 這個帳號，同時將這個帳號的家目錄與郵件檔案同步刪除。

   b. 有個帳號 gooduser 不小心被管理員刪除了，但是這個帳號的家目錄與相關郵件都還存在。請參考這個帳號可能的家目錄所保留的 UID 與 GID，並嘗試以該帳號原有的 UID/GID 資訊來重建該帳號。而這個帳號的密碼請給予 MyPassWord 的樣式。

   c. 群組名稱為：mygroup, nogroup。

   d. 帳號名稱為：myuser1, myuser2, myuser3，通通加入 mygroup，且密碼為 MyPassWord。

   e. 帳號名稱為：nouser1, nouser2, nouser3，通通加入 nogroup，且密碼為 MyPassWord。

f. 帳號名稱為：ftpuser1, ftpuser2, ftpuser3，無須加入次要群組，密碼為 MyPassWord，且這三個帳號主要用來作為 FTP 傳輸用的帳號，因此需要不能互動的 shell。

5. **管理群組共用資料的權限設計。**

a. 建立一個名為 /srv/myproject 的目錄，這個目錄可以讓 mygroup 群組內的使用者完整使用，且【新建的檔案擁有群組】為 mygroup。不過其他人不能有任何權限。

b. 雖然 nogroup 群組內的用戶對於 /srv/myproject 應該沒有任何權限，但當 nogroup 內的用戶執行 /usr/local/bin/myls 時，可以產生與 ls 相同的資訊，且暫時擁有 mygroup 群組的權限，因此可以查詢到 /srv/myproject 目錄內的檔名資訊。也就是說，當你使用 nouser1 的身分執行【myls /srv/myproject】時，應該是能夠查閱到該目錄內的檔名資訊。

c. 建立一個名為 /srv/change.txt 的空檔案，這個檔案的擁有者為 myuser1，擁有群組為 nogroup，myuser1 可讀可寫，nouser1 可讀，其他人無權限。這個檔案所有人都不能執行。此外，這個檔案的最後修改時間請調整成 2016 年 10 月 5 日的 13 點 0 分。

6. **檔案的搜尋與管理。**

a. 將 /usr/sbin 與 /usr/bin 裡面，只要是具有 SUID 與/或 SGID 的權限檔案，就將該檔案連同權限，全部複製到 /root/findperm 目錄中。

b. 找出系統中檔案擁有者為 examuserya 的檔名，並將這些找到的檔名(含權限)複製到 /root/finduser/ 目錄內。

c. 有個名為 /srv/mylink.txt 檔案，這個檔案似乎有許多的實體連結檔。請將這個檔案的所有實體連結檔的檔名，通通複製到 /root/findlink 目錄下。

d. 想辦法建立一個檔名 /srv/mail，當使用者進入 (cd) 這個檔名時，就會被導向 /var/spool/mail 去。(考慮是 symbolic link 還是 hard linke 呢？)

e. 在 root 家目錄下，建立一個名為 -hidden 的目錄(開頭為減號)，並將 root 家目錄底下的隱藏檔中，以 .b 為開頭的檔案，通通複製到 -hidden 目錄內。

f. 在 root 家目錄下，建立一個名為 mydir 的目錄，在該目錄底下建立 userid01, userid02... 到 userid50 的 50 個空目錄。

g. 在 root 家目錄下，建立一個名為 myfile 的目錄，在該目錄底下，建立『file_XXX_YYY_ZZZ.txt』的檔案，其中 XXX 代表 mar, apr, may 三個字串，YYY 代表 first,second,third 三個字串，ZZZ 代表 paper, photo, chart 三個字串。

h. 在 root 家目錄下有個名為 ~myuser1 的目錄，請刪除該目錄。

7. **檔案內容的處理。**

a. 透過 date 的功能，將目前的時間以『YYYY-MM-DD HH:MM』的格式，使用覆蓋的方法記載進 /root/mytext.txt 檔案中。

b. 將 /etc/services, /etc/fstab, /etc/passwd, /etc/group 這四個檔案的最後 4 行擷取下來後，『累加』轉存到 /root/mytext.txt 當中。

c. 使用 ll 的方式，將 /etc/sysconfig/network-scripts/ 的所有檔案列出，但是時間需要使用完整格式 (類似『2017-03-05 23:17:46.363000000 +0800』的格式)，並將輸出結果『累加』轉存到 /root/mytext.txt 當中。

8. **問答題：請將底下的問題的答案寫入 /root/practice1.txt 檔案中。**

a. 當你登入系統，系統會給予一個名為 mykernel 的變數，請將這個變數的內容寫下來。

b. 格式化 ext4 檔案系統後，主要有 superblock, inode 與 block 區塊，請問這些區塊主要放置哪些東西？

c. 使用任何你知道的程序觀察指令，找到名為 sleep 的程序，找出它的 NI 值是多少？

d. 在 /srv/ 底下有個隱藏檔的目錄存在，請列出該目錄的完整檔名。

e. 有一個檔案名稱為：/mydir/myfile(檔案並不存在，直接思考題)，若 student 用戶想要修改 myfile 的內容，那麼 student 『至少』需要具有什麼權限才能夠修改該檔案？

f. 有一個檔案檔名為 /usr/local/etc/myhosts，請問 student 對這個檔案具有什麼權限？

g. 目前你的系統上，哪兩個重要的目錄是(i)記憶體內資訊與(ii)硬體資訊，因此這兩個目錄不佔硬碟空間？

9. **完成上述所有的題目後，請重新開機，並請在開機後 5 分鐘內執行上傳腳本，否則系統不允許你上傳喔！**

作業結果傳輸：請以 root 的身分執行 vbird_book_check_unit 指令上傳作業結果。正常執行完畢的結果應會出現【XXXXXX;aa:bb:cc:dd:ee:ff;unitNN】字樣。若需要查閱自己上傳資料的時間，請在作業系統上面使用：http://192.168.251.250 檢查相對應的課程檔案。

bash 指令連續下達與資料流重導向

前一節課針對 bash 做簡單的變數與環境操作之介紹，本節將針對 bash 環境中常用的連續指令下達方式，以及資料處理常用的資料流重導向與管線命令進行介紹。這些資料處理的技術對於管理員來說是相當重要的，尤其在自撰腳本程式分析登錄檔時，這就顯的非常的重要。

8.1 連續指令的下達

某些情況下，使用者可能會連續的進行某些指令的下達。但這些指令之間可能會有關連性，例如前一個指令成功後才可進行下一個指令等。這些情況就需要使用到特殊的字符來處理。

8.1.1 指令回傳值

指令、變數、計算式可以使用特殊的符號來處理，請完成底下的練習：

請將『變數』、『指令』、『數學計算式』、『純文字』、『保持 $ 功能』等寫入下方的空格中 。

1. var=${ }
2. var=$( )
3. var=$(( ))
4. var=" "
5. var=' '
6. var=\` \`

請找出 ifconfig 與 chfn 等指令後，列出該指令的權限。

1. 先以 which command 的方式找出指令的全名。
2. 將上述的結果，使用 ls -l 顯示出來。請搭配前一個例題的符號 ($, ', ", \` 等) 來處理。

指令的執行正確與否與後續的處理有關。**Linux 環境下預設的指令正常結束回傳值為 0**，呼叫的方式為使用『echo $?』即可，亦即找出 ? 這個變數的內容即可。

了解各指令回傳值的意義。

1. 輸入『/etc/passwd』這個檔名在指令列，之後再輸入『echo $?』觀察輸出的號碼為何？
2. 輸入『vbirdcommand』這個指令名，之後再輸入『echo $?』觀察輸出的號碼為何？
3. 因為尚未進入其他指令 (上述兩個檔名、指令都是不正確的)，因此這些錯誤訊息應該來自於 bash 本身的判斷。因此使用『man bash』後，查詢『^exit status』關鍵字，找出上述號碼的意義為何？
4. 承上，該段文字敘述中，解釋的回傳值共有幾個號碼？
5. 輸入『ls /vbird』，之後觀察輸出的回傳值，查詢該回傳值的意義為何？(你應該要 man ls 還是 man bash 呢？)

上述的練習在讓使用者了解到，指令回傳值是每個指令自己指定的，只要符合 bash 的基本規範即可。

8.1.2　連續指令的下達

指令是可以連續輸入的，直接透過分號 (;) 隔開每個指令即可。在沒有相依性的指令環境中，可以直接進行如下的行為：

- 列出目前的日期，直接使用 date 即可。
- 使用 uptime 列出目前的系統資訊。
- 列出核心資訊。

```
[student@localhost ~]$ date; uptime; uname -r
五  7月 29 22:16:04 CST 2016
 22:16:04 up 14 days, 23:35,  2 users,  load average: 0.00, 0.01, 0.05
3.10.0-327.el7.x86_64
```

如此一口氣就可以直接將所有的指令執行完畢，無須考量其他問題。當使用者有多個指令需要下達，每個指令又需要比較長的等待時間時，可以使用這種方式來處理即可。但是，如果想要將這些資訊同步輸出到同一個檔案時，應該如何處理？參考底下兩個範例後，說明其差異為何？

```
[student@localhost ~]$ date; uptime; uname -r > myfile.txt
[student@localhost ~]$ (date; uptime; uname -r ) > myfile.txt
```

具有指令相依性的 && 與 ||

分號 (;) 是直接連續下達指令，指令間不必有一定程度的相依性。但當指令之間有相依性時，就能夠使用 && 或 || 來處理。這兩個處理的方式如下：

- command1 && command2

  當 command1 執行回傳為 0 時(成功)，command2 才會執行，否則就不執行。

- command1 || command2

  當 command1 執行回傳為非 0 時(失敗)，command2 才會執行，否則就不執行。

當不存在 /dev/shm/check 時，就建立該目錄，若已經建立該目錄，就不做任何動作。

雖然可以使用 mkdir -p /dev/shm/check 來動作，不過我們假設該目錄的檢查為使用 ls 檢測即可。當 ls /dev/shm/check 顯示錯誤時，表示該檔名不存在，此時才使用 mkdir (不要加上 -p 的選項) 來處理。

```
[student@localhost ~]$ ls -d /dev/shm/check || mkdir /dev/shm/check
ls: 無法存取 /dev/shm/check: 沒有此一檔案或目錄
[student@localhost ~]$ ls -d /dev/shm/check || mkdir /dev/shm/check
/dev/shm/check
[student@localhost ~]$ ls -d /dev/shm/check ; mkdir /dev/shm/check
/dev/shm/check
mkdir: 無法建立目錄 '/dev/shm/check' : 檔案已存在
```

第一次執行時，由於尚未有該目錄，所以顯示找不到，但是第二次執行時，就會有該目錄，因此 mkdir 的動作就沒有進行。若將中間分隔改為分號 (;)

時，就會產生重複 mkdir 的問題了。因此，比較好的執行方式，還是需要使用 || 較佳！

當 /dev/shm/check 存在時，就將該目錄刪除，否則就不進行任何動作

```
[student@localhost ~]$ ls -d /dev/shm/check && rmdir /dev/shm/check
/dev/shm/check
[student@localhost ~]$ ls -d /dev/shm/check && rmdir /dev/shm/check
ls: 無法存取 /dev/shm/check: 沒有此一檔案或目錄
```

與前一個例題相似，透過 ls 簡易的進行搜尋的任務，讀者也同樣會發現兩次執行的結果並不相同。

假設我們需要一個指令來說明某個檔名是否存在，可以這樣處理：

```
[student@localhost ~]$ ls -d /etc && echo exist || echo non-exist
/etc
exist
[student@localhost ~]$ ls -d /vbird && echo exist || echo non-exist
ls: 無法存取 /vbird: 沒有此一檔案或目錄
non-exist
```

由於我們只是想要知道該檔案是否存在，因此不需要如上表所示，連 ls 的結果也輸出。此時可以使用 &> 的方式來將結果輸出到垃圾桶，如下所示：

```
[student@localhost ~]$ ls -d /etc &> /dev/null && echo exist || echo non-exist
exist
[student@localhost ~]$ ls -d /vbird &> /dev/null && echo exist || echo non-exist
non-exist
```

上述的指令能否寫成：『ls -d /vbird &> /dev/null || echo non-exist && echo exist』，嘗試說明原因。

由於上述指令要修改很麻煩，假設我們需要使用『checkfile filename』來處理，此時可以撰寫一隻小腳本來進行此任務。若該指令可以讓所有用戶執行，則可將指令寫入 /usr/local/bin 目錄內。

```
[root@localhost ~]# vim /usr/local/bin/checkfile
#!/bin/bash
ls -d ${1} &> /dev/null && echo exist || echo non-exist

[root@localhost ~]# chmod a+x /usr/local/bin/checkfile
[root@localhost ~]# checkfile /etc
exist
[root@localhost ~]# checkfile /vbird
non-exist
```

在 checkfile 檔案中，第一行 (#!/bin/bash) 代表使用 bash 來執行底下的語法，第二行當中的變數 ${1} 代表在本檔案後面所接的第一個參數，因此執行時，就能夠直接將要判斷的檔名接在 checkfile 後面即可。

8.1.3 使用 test 及 [判斷式] 確認回傳值

事實上，前一小節使用 ls 進行確認檔名時，僅需要確認回傳值是否為 0 而已。Linux 提供一個名為 test 的指令可以確認許多檔名參數，常見的參數有：

測試的標誌	代表意義
1. 關於某個檔名的『檔案類型』判斷，如 test -e filename 表示存在否	
-e	該『檔名』是否存在(常用)
-f	該『檔名』是否存在且為檔案(file)(常用)
-d	該『檔名』是否存在且為目錄(directory)(常用)
-b	該『檔名』是否存在且為一個 block device 裝置
-c	該『檔名』是否存在且為一個 character device 裝置
-S	該『檔名』是否存在且為一個 Socket 檔案
-p	該『檔名』是否存在且為一個 FIFO (pipe) 檔案
-L	該『檔名』是否存在且為一個連結檔

測試的標誌	代表意義
2. 關於檔案的權限偵測，如 test -r filename 表示可讀否 (但 root 權限常有例外)	
-r	偵測該檔名是否存在且具有『可讀』的權限
-w	偵測該檔名是否存在且具有『可寫』的權限
-x	偵測該檔名是否存在且具有『可執行』的權限
-u	偵測該檔名是否存在且具有『SUID』的屬性
-g	偵測該檔名是否存在且具有『SGID』的屬性
-k	偵測該檔名是否存在且具有『Sticky bit』的屬性
-s	偵測該檔名是否存在且為『非空白檔案』
3. 兩個檔案之間的比較，如：test file1 -nt file2	
-nt	(newer than)判斷 file1 是否比 file2 新
-ot	(older than)判斷 file1 是否比 file2 舊
-ef	判斷 file1 與 file2 是否為同一檔案，可用在判斷 hard link 的判定上。主要意義在判定，兩個檔案是否均指向同一個 inode 裡
4. 關於兩個整數之間的判定，例如 test n1 -eq n2	
-eq	兩數值相等 (equal)
-ne	兩數值不等 (not equal)
-gt	n1 大於 n2 (greater than)
-lt	n1 小於 n2 (less than)
-ge	n1 大於等於 n2 (greater than or equal)
-le	n1 小於等於 n2 (less than or equal)
5. 判定字串的資料	
test -z string	判定字串是否為 0 ？若 string 為空字串，則為 true
test -n string	判定字串是否非為 0 ？若 string 為空字串，則為 false 註：-n 亦可省略
test str1 == str2	判定 str1 是否等於 str2，若相等，則回傳 true
test str1 != str2	判定 str1 是否不等於 str2，若相等，則回傳 false
6. 多重條件判定，例如：test -r filename -a -x filename	
-a	(and)兩狀況同時成立！例如 test -r file -a -x file，則 file 同時具有 r 與 x 權限時，才回傳 true
-o	(or)兩狀況任何一個成立！例如 test -r file -o -x file，則 file 具有 r 或 x 權限時，就可回傳 true
!	反相狀態，如 test ! -x file，當 file 不具有 x 時，回傳 true

test 僅會回傳 $? 而已，螢幕上不會出現任何的變化，因此如果需要取得回應，就需要使用 echo $? 的方式來查詢，或者使用 && 及 || 來處理。

1. 使用 test 判斷 /etc/ 是否存在，然後顯示回傳值。
2. 使用 test 判斷 /usr/bin/passwd 是否具有 SUID，然後顯示回傳值。
3. 使用 test 判斷 ${HOSTNAME} 是否等於 "mylocalhost"，然後顯示回傳值。
4. 修改 /usr/local/bin/checkfile，取消 ls 的判斷，改用 test 判斷。

使用中括號 [] 取代 test 進行判別式的處理

由於 test 是直接加在變數判斷之前，讀者可能偶而會覺得怪異。此時可以使用中括號 [ ] 來取代 test 的語法。同樣以 checkfile 來處理時，該檔案的內容應該需要改寫成如下：

```
[root@localhost ~]# vim /usr/local/bin/checkfile
#!/bin/bash
[ -e "${1}" ] && echo exist || echo non-exist
```

由於中括號的意義非常多，包括第三堂課萬用字元當中，中括號代表的是『具有一個指定的任意字元』，未來第九堂課的正規表示法當中，中括號也具有特殊的字符意義。而分辨是否為『判別式』的部份，就是其語法的差別。請注意，在 bash 環境下，使用中括號替代 test 指令時，中括號的內部需要留白一個以上的空白字元！如下圖示：

```
[  "$HOME"  ==  "$MAIL"  ]
[□"$HOME"□==□"$MAIL"□]
 ↑         ↑  ↑         ↑
```

1. 使用 [ ] 判斷 /etc/ 是否存在，然後顯示回傳值。
2. 使用 [ ] 判斷 /usr/bin/passwd 是否具有 SUID，然後顯示回傳值。
3. 使用 [ ] 判斷 ${HOSTNAME} 是否等於 "mylocalhost"，然後顯示回傳值。

自訂回傳值意義

如果使用者想要使用簡易的 shell script 創立一個指令，也能夠自己設定回傳值的意義。

```
[root@localhost ~]# vim /usr/local/bin/myls.sh
#!/bin/bash
ls ${@} && exit 100 || exit 10

[root@localhost ~]# chmod a+x /usr/local/bin/myls.sh
[student@localhost ~]$ myls.sh /vbird
[student@localhost ~]$ echo $?
```

上述的 ${@} 代表指令後面接的任何參數，因此你可以執行 myls.sh 後面接多個參數都沒問題。由於 exit 可以回傳訊息，因此可以讓使用者簡易的設定好所需要的回傳訊息規範。

8.1.4 命令別名

第一堂課開始讀者應該就接到到 ls 與 ll 這兩個指令，剛開始介紹時，讀者們應該知道 ll 是 long list 的縮寫。若將 ll 這個指令用來取代 checkfile 這個腳本，是否可以處理？

```
[root@localhost ~]# vim /usr/local/bin/checkfile
#!/bin/bash
#[ -e "${1}" ] && echo exist || echo non-exist
ll -d ${1} && echo exist || echo non-exist
```

但是，當你執行 checkfile /etc 時，竟然出現 command not found 的問題！這是為什麼？因為系統上真的沒有 ll 這個指令，該指令為使用命令別名暫時創造出來的一個命令的別稱 (別名) 而已。若你在 root 的身份輸入 alias 與在 student 的身份輸入 alias，那就會得到兩個不同身份的命令別名了：

```
[root@localhost ~]# alias
alias cp='cp -i'
alias egrep='egrep --color=auto'
alias fgrep='fgrep --color=auto'
alias grep='grep --color=auto'
alias l.='ls -d .* --color=auto'
alias ll='ls -l --color=auto'          <==暫時的指令！
alias ls='ls --color=auto'
alias mv='mv -i'
alias rm='rm -i'
alias which='alias | /usr/bin/which --tty-only --read-alias --show-dot --show-tilde'

[student@localhost ~]$ alias
alias egrep='egrep --color=auto'
alias fgrep='fgrep --color=auto'
alias grep='grep --color=auto'
alias l.='ls -d .* --color=auto'
alias ll='ls -l --color=auto'          <==暫時的指令！
alias ls='ls --color=auto'
alias vi='vim'
alias which='alias | /usr/bin/which --tty-only --read-alias --show-dot --show-tilde'
```

因此讀者應該能知道為何 /bin/ls -d /etc 與 ls -d /etc 輸出的結果會有顏色差異的問題了。此外，管理員執行 mv, cp, rm 等管理檔案的指令時，為了避免不小心導致的檔案覆蓋等問題，於是僅有 root 的身份會加上 -i 的選項，提示管理員相關的檔案覆蓋問題。

1. 使用 root 的身份切換路徑到 /dev/shm 底下。
2. 將 /etc 整個目錄複製到『本目錄』底下。
3. 若將上述指令重新執行一次，會發生什麼問題？
4. 若你確定檔名就是需要覆蓋，那可以使用什麼方式來處理？(思考 A. 使用絕對路徑不要用命令別名 B. 讓指令自動忽略命令別名)

1. 由於我們的 student 帳號也算管理員常用的帳號，因此建議也將 cp, mv, rm 預設加上 -i 的選項。請問如何處理？

8.1.5 用 () 進行資料彙整

某些時刻管理員可能需要進行一串指令後，再將這串指令進行資料的處理，而非每個指令獨自運作。如下列指令的說明：

```
[student@localhost ~]$ date; cal -3; echo "The following is log"
[student@localhost ~]$ date; cal -3; echo "The following is log" > mylog.txt
[student@localhost ~]$ cat mylog.txt
```

讀者會發現到，原本想要紀錄的資訊當中，僅有最後一個指令才可以被處理了。若需要每個指令都進行紀錄，依據前面的介紹，則必須要如此處理：

```
[student@localhost ~]$ date > mylog.txt; cal -3 >> mylog.txt; echo "The following
is log" >> mylog.txt
```

指令會變得相當複雜。此時，可以透過資料統整的方式，亦即將所有的指令包含在小括號內，就能夠將訊息統一輸出了。

```
[student@localhost ~]$ (date; cal -3; echo "The following is log") > mylog.txt
```

1. 設定一個命令別名為 geterr，內容為執行 echo "I am error" 1>&2。
2. 執行 geterr 得到什麼結果？
3. 執行 geterr 2> /dev/null 得到什麼結果？
4. 執行 (geterr) 2> /dev/null 得到什麼結果？
5. 嘗試解析為何會這樣？

8.2 資料流重導向

某些時刻使用者可能需要將螢幕的資訊轉存成為檔案以方便紀錄，就是前幾堂課就已經談到過得 > 這個符號的功能。事實上，這個功能就是資料流重導向。

8.2.1 指令執行資料的流動

從前一小節的說明，讀者可以知道指令執行後，至少可以輸出正確與錯誤的資料 ($? 是否為 0)，某些指令執行時，則會從檔案取得資料來處理，例如 cat, more, less 等指令。因此，將指令對於資料的載入與輸出彙整如下圖：

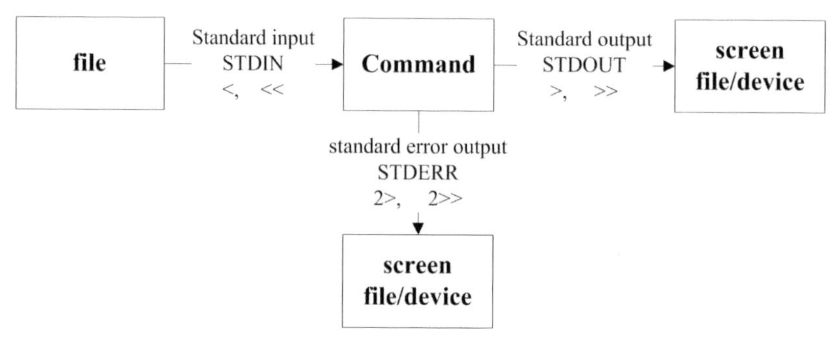

圖 8.2.1 指令執行過程的資料傳輸情況

standard output 與 standard error output

簡單的說，標準輸出指的是『指令執行所回傳的正確的訊息』，而標準錯誤輸出可理解為『指令執行失敗後，所回傳的錯誤訊息』。不管正確或錯誤的資料都是預設輸出到螢幕上，我們可以透過特殊的字符來進行資料的重新導向！

1. **標準輸入** (stdin)：**代碼為** 0，**使用** < **或** <<
2. **標準輸出** (stdout)：**代碼為** 1，**使用** > **或** >>
3. **標準錯誤輸出**(stderr)：**代碼為** 2，**使用** 2> **或** 2>>

1. 以 student 身份執行找檔名的任務，指令為『find /etc -name '*passwd*'』，螢幕輸出什麼資訊？請了解 * 的意義。
2. student 對於系統設定檔原本就有很多的無權限目錄，因此請將錯誤訊息直接丟棄。(導向於 /dev/null)
3. 將最終螢幕的輸出轉存成為 ~student/find_passwd.txt 檔案。
4. 再以 student 的身份重新搜尋 /etc 底下檔名為 *shadow* 的資料，將正確訊息『累加』到 ~student/find_passwd.txt 檔案內。
5. 查看 ~student/find_passwd.txt 檔案內是否同時具有 passwd 與 shadow 相關的檔名存在？

上述的例題練習完畢後，可以將特殊的字符歸類成：

- 1> ：**以覆蓋的方法將『正確的資料』輸出到指定的檔案或裝置上。**
- 1>>：**以累加的方法將『正確的資料』輸出到指定的檔案或裝置上。**
- 2> ：**以覆蓋的方法將『錯誤的資料』輸出到指定的檔案或裝置上。**
- 2>>：**以累加的方法將『錯誤的資料』輸出到指定的檔案或裝置上。**

一般來說，檔案無法讓兩個程序同時打開還同時進行讀寫！因為這樣資料內容會反覆的被改寫掉，所以你不應該使用如下的方式來下達指令：

```
command > file.txt 2> file.txt
```

如果你需要將正確資料與錯誤資料同步寫入同一個檔案內，那就應該要這樣思考：

- 將錯誤資料轉到正確資料的管線上，然後同步輸出。
- 將正確資料轉到錯誤資料的管線上，然後同步輸出。
- 所有的資料通通依序同步輸出 (不分正確與錯誤了)。

若同樣使用『find /etc -name '*passwd*'』這個指令來處理，則讀者可以嘗試使用底下的方案來執行上述三個資料轉管道的動作：

```
[student@localhost ~]$ find /etc -name '*passwd*' >  ~/find_passwd2.txt 2>&1
[student@localhost ~]$ find /etc -name '*passwd*' 2>  ~/find_passwd2.txt 1>&2
[student@localhost ~]$ find /etc -name '*passwd*' &>  ~/find_passwd2.txt
```

但請注意指令的輸入順序，2>&1 與 1>&2 必須要在指令的後面輸入才行。

standard input

有些指令在執行時，你需要敲擊鍵盤才行，這個 standard input 就可以由檔案內容來取代鍵盤輸入的意思。舉例來說，cat 這個指令就是直接讓你敲擊鍵盤來由螢幕輸出資訊。

1. 直接用 student 身份執行『cat』這個指令，然後隨意輸入兩串文字，查閱指令執行的結果為何？
2. 要結束指令的輸入請執行 [ctrl]+d 結束。(並不是 [ctrl]+c 喔！)
3. 若輸入的字串可以直接轉存成為 mycat.txt 檔案，該如何下達指令？
4. 將 /etc/hosts 透過 cat 讀入。(使用兩種方式，直接讀入與透過 < 方式讀入)
5. 將 /etc/hosts 透過 cat 以 < 的方式讀入後，累加輸出到 mycat.txt 檔案內。

上面的例題中，我們可以透過 [ctrl]+d 的方式來結束輸入，但是一般用戶可能會看不懂 [ctrl]+d 代表的意義是什麼。如果能夠使用 end 或 eof 等特殊關鍵字來結束輸入，那似乎更為人性化一些。你可以使用底下的指令來處理：

```
[student@localhost ~]$ cat > yourtype.txt << eof
> here is GoGo!
> eof
```

最後一行一定要完整的輸入 eof (上面的範例)，這樣就能夠結束 cat 的輸入，這就是 << 的意義～

8.2.2 管線 (pipe) | 的意義

讀者在前幾堂課曾經看過類似『ll /etc | more』的指令，較特別的是管線 (pipe, |) 的功能。管線的意思是，將前一個指令的標準輸出作為下一個指令的標準輸入來處理！流程有點像底下這樣的圖示：

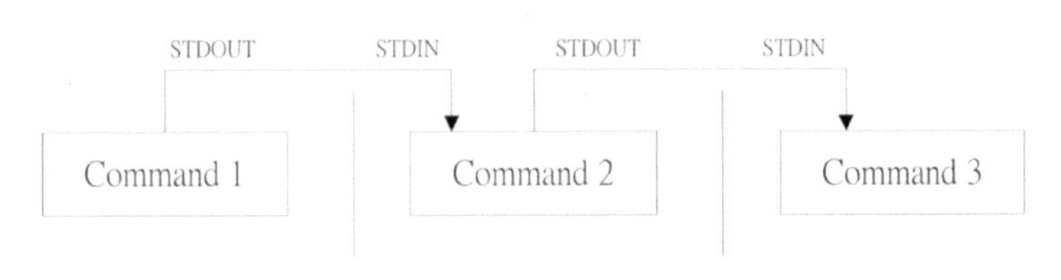

圖 8.2.2　管線命令處理示意圖

另外，這個管線命令『|』僅能處理經由前面一個指令傳來的正確資訊，也就是 standard output 的資訊，對於 stdandard error 並沒有直接處理的能力。如果你需要處理 standard error output，就得要搭配 2>&1 這種方式來處理才行了。

- **管線僅會處理 standard output，對於 standard error output 會予以忽略。**
- **管線命令必須要能夠接受來自前一個指令的資料成為 standard input 繼續處理才行。**

常見的管線命令有：

- cut ：裁切資料，包括透過固定符號或者是固定字元位置。
- grep ：擷取特殊關鍵字的功能。
- awk '{print $N}' ：以空白為間隔，印出第 N 個欄位的項目。
- sort ：進行資料排序。
- wc ：計算資料的行數、字數、字元數。
- uniq ：資料依行為單位，進行重複資料的計算。

- tee ：將資料轉存一份到檔案中。
- split ：將資料依據行數或容量數切割成數份。

我想要查看 /etc 底下共有多少檔案檔名結尾為 .conf 的檔案個數，該如何處理？

1. 找出檔名最好使用 find 來處理，因此請使用 find /etc 來查看一下資料。
2. 你可以透過『find /etc -name '*.conf'』或『find /etc | grep '\.conf'』來找到所需要的檔名。由於 grep 可以加上顏色顯示，故建議可以嘗試使用 grep 的方式來顯示較佳。
3. 最終計算檔案數，就可以使用 wc 這個指令來處理『find /etc | grep '\.conf' | wc -l』。

1. 在 /etc/passwd 裡面的第一欄位為帳號名稱，第七欄位為 shell，我想要只找這兩個項目來輸出，該如何處理？
2. 承上，若我只想要知道有多少個 shell (第七欄位)，同時每個 shell 各有幾個，又可以如何處理？
3. 使用 last 可以查看到每個用戶的登入情況，請透過 cut 取出第一個欄位後，分析每個帳號的登入次數為何。
4. 使用 ip addr show 可以查詢到每個網路界面的 IP 位址，若只想要取出 IPv4 的位址，應該如何處理？
5. 承上，若只想要列出 IP 位址 (127.0.0.1/8 之類的)，是否可以透過 awk 來達成？
6. 承上，將取得的 IP 位址除了顯示在螢幕上，亦同步輸出到 /dev/shm/myip.txt 檔案中。

8.3 課後練習操作

前置動作：請使用 unit08 的硬碟進入作業環境，並請先以 root 身分執行 vbird_book_setup_ip 指令設定好你的學號與 IP 之後，再開始底下的作業練習。

請使用 root 的身份進行如下實作的任務。直接在系統上面操作，操作成功即可，上傳結果的程式會主動找到你的實作結果。

1. 嘗試以系統上面的實作資料後，回答下列問題，並將答案寫入 /root/ans08.txt 當中：
   a. 當執行完成 mysha.sh 這個指令之後，該指令的回傳值為多少？
   b. 在不透過 bc 這個指令的情況下，如何以 bash 的功能，計算一年有幾秒？亦即如何計算出 60*60*24*365 的結果？
   c. 使用 find / 找出全系統的檔名，然後將所有資料 (包括正確與錯誤) 全部寫入 /root/find_filename.txt，請寫下達成此目標的完整指令方法。
   d. 寫下一段指令 (主要以 echo 來達成的)，執行該段指令會輸出『My $HOSTNAME is 'XXX'』，其中 XXX 為使用 hostname 這個指令所輸出的主機名稱。例如主機名稱為 station1 時，該串指令會輸出『My $HOSTNAME is 'station1'』。該串指令在任何主機均可執行，但都會輸出不同的訊息。(因為主機名稱不一樣所致)
   e. 管理員 (root) 執行 mv 時，由於預設 alias 的關係，都會主動的加上 mv -i 這個選項。請寫下兩個方法，讓 root 執行 mv 時，不會有 -i 的預設選項。(不能 unalias 的情況下)
   f. 透過『ll /usr/sbin/* /usr/bin/*』搭配 cut 與 sort, uniq 等指令來設計一個指令串，執行該指令串之後會輸出如下的畫面，請寫下該指令串：(底下畫面為示意圖，實際輸出的個數可能會有些許差異)

```
      1 r-s--x---
      1 rw-r--r--
     10 rwsr-xr-x
      3 rws--x--x
```

```
      3 rwx------
      4 rwxr-sr-x
    241 rwxrwxrwx
      8 rwxr-x---
   1633 rwxr-xr-x
...
```

2. 製作一個名為 mycmdperm.sh 的腳本指令，放置於 /usr/local/bin 裡面。該腳本的重點是這樣的：
   a. 執行腳本的方式為『mycmdperm.sh command』，其中 command 為你想要取得的指令的名稱。
   b. 在 mycmdperm.sh 裡面，指定一個變數為 cmd，這個變數的內容為 ${1}，其中 ${1} 就是該腳本後面攜帶的第一個參數。
   c. 使用『ll $(which ${cmd})』來取得這個 cmd 的實際權限。
   d. 讓 mycmdperm.sh 具有可執行權。
   e. 最終請執行一次該指令，例如使用『mycmdperm.sh passwd』應該會秀出 passwd 的相關權限。不過該指令應該會執行失敗，因為上述的 (c) 指令怪怪的，似乎是『命令別名無法用在腳本內』的樣子。因此，請將這個腳本的內容修訂成為沒有問題的形式。(就是將命令別名改成實際的指令操作)
3. 製作一個名為 myfileperm.sh 的腳本指令，放置於 /usr/local/bin 裡面。該腳本的重點是這樣的：
   a. 執行腳本的方式為『myfileperm.sh filename』，其中 filename 為你想要取得的檔案名稱。(絕對路徑或相對路徑)
   b. 在 myfileperm.sh 裡面，指定一個變數為 filename，這個變數的內容為 ${1}，其中 ${1} 就是該腳本後面攜帶的第一個參數。
   c. 判斷 filename 是否不存在，若不存在則回報『filename is non exist』。
   d. 判斷 filename 存在，且為一般檔案，若是則回報『filename is a reguler file』。

e. 判斷 filename 存在，且為一般目錄，若是則回應『filename is a directory』。

4. 製作一個 mymsg.sh 的腳本指令，放置於 /usr/local/bin 底下：

   a. 主要使用 cat 搭配 << eof 這樣的指令語法來處理。

   b. 當執行 mymsg.sh 時，螢幕會輸出底下的字樣，然後結束指令。

```
[student@localhost ~]$ mymsg.sh
Hollo!!
My name is 'Internet Lover'...
My server's kernel version is $kver
I'm a student
bye bye!!
```

5. 檔案與檔案內容處理方法：

   a. 找出 /etc/services 這個檔案內含有 http 的關鍵字那幾行，並將該資料轉存成 /root/myhttpd.txt 檔案。

   b. 找出 examuser 這個帳號在系統所擁有的檔案，並將這些檔案放置到 /root/examuser 目錄中。

6. root 的 bash 環境操作設定：(主要是修改 .bashrc 喔！且指令內的指令需要用到 $ 時，得輸入 \$ 才可以)

   a. 做一個命令別名為 myip 的指令，這個指令會透過 ifconfig 的功能，顯示出 eth0 這張網卡的 IP (只要 IP 就好喔！)。例如 IP 為 192.168.251.12 時，則輸入 myip 這個指令，螢幕只會輸出 192.168.251.12 的意思。

   b. 建立一個命令別名 myerr 這個指令，這個指令會將『echo "I am error message"』這個訊息傳輸到 standard error output 去！亦即當執行『(myerr)』時，會在螢幕上出現 I am error message，但是執行『(myerr) 2> /dev/null』時，螢幕不會有任何訊息的輸出。

7. 建立一個名為 /root/split 的目錄，進行如下的行為：

   a. 將 /etc/services 複製到本目錄下。

b. 假設 services 容量太大了，現在請以 100K 為單位，將該檔案拆解成 file_aa, file_ab, file_ac.. 等檔名的檔案，每個檔案最大為 100K。(請自行 man split 去處理)

作業結果傳輸：請以 root 的身分執行 vbird_book_check_unit 指令上傳作業結果。正常執行完畢的結果應會出現【XXXXXX;aa:bb:cc:dd:ee:ff;unitNN】字樣。若需要查閱自己上傳資料的時間，請在作業系統上面使用：http://192.168.251.250 檢查相對應的課程檔案。

作答區

作答區

正規表示法與 shell script 初探

談完了指令列的 bash shell 的操作，再來得要思考一下，如果管理員有一堆指令要循序進行，且這些指令可能具有相依性(例如判斷式)，或者是管理員需要寫一些讓使用者『互動』的指令碼時，應該如何處理？這時就得要透過 bash 的 shell script (程式化腳本) 來進行了。此外，很多時候我們需要進行資料的擷取，這時好用的正規表示法就得要派上用場了！

9.1 正規表示法的應用

使用者在操作郵件時，常常會發現到許多郵件被丟到垃圾桶或者是被判定為病毒郵件，這些判定的方式，很多就是透過『正規表示法』來處理的！正規表示法 (Regular Expression) 就是處理字串的方法，它是以行為單位來進行字串的處理行為，正規表示法透過一些特殊符號的輔助，可以讓使用者輕易的達到『搜尋/刪除/取代』某特定字串的處理程序！

9.1.1 grep 指令的應用

由於正規表示法牽涉到資料的擷取，因此讀者們先了解一下最簡單的資料擷取指令: grep 的進階用法。例如，找出 /etc/passwd 當中，含有 student 的那行，且列出行號：

```
[student@localhost ~]$ grep -n student /etc/passwd
43:student:x:1000:1000::/home/student:/bin/bash
```

讀者們會看到輸出的資訊中，最前面會多出一個行號的資訊，就可以讓使用者知道該資訊來自檔案的那一行這樣。另外，當使用者有觀察開機流程所產生的資訊時，例如想要查詢開機過程產生的問題等等，可以使用 dmesg 這個指令。只是這個指令輸出的資訊量非常龐大。若用戶僅須知道 eth0 這張網路卡的相關資訊，就可以使用如下的方式查詢：

```
[student@localhost ~]$ dmesg | grep -n -i eth0
671:[    4.334926] IPv6: ADDRCONF(NETDEV_UP): eth0: link is not ready
```

承上，如果我們還需要知道該行之前的 4 行以及之後的 3 行，以了解這行前後文的話，則可以這樣處理：

```
student@localhost ~]$ dmesg | grep -n -A 3 -B 4 -i eth0
667-[  4.071531] nf_conntrack version 0.5.0 (16384 buckets, 65536 max)
668-[  4.087847] ip6_tables: (C) 2000-2006 Netfilter Core Team
669-[  4.127769] Ebtables v2.0 registered
670-[  4.138456] Bridge firewalling registered
671:[  4.334926] IPv6: ADDRCONF(NETDEV_UP): eth0: link is not ready  <==以這行為基準
672-[ 11.114627] tun: Universal TUN/TAP device driver, 1.6
```

```
673-[ 11.114631] tun: (C) 1999-2004 Max Krasnyansky <maxk@qualcomm.com>
674-[ 11.225880] device virbr0-nic entered promiscuous mode
```

1. 輸入 df 後，將 tmpfs 相關的那幾行取消，讓螢幕僅輸出一般的檔案系統，方便查閱。(註：man grep 找 invert "反向" 搜尋的關鍵字)

9.1.2 正規表示法的符號意義

正規表示法既然是透過一些字符來作為資料擷取的判斷，那麼有哪些慣用的符號呢？大概有底下這些基本的符號：

RE 字符	意義與範例
^word	意義：待搜尋的字串(word)在行首 範例：搜尋行首為 # 開始的那一行，並列出行號 grep -n '^#' regular_express.txt
word$	意義：待搜尋的字串(word)在行尾 範例：將行尾為 ! 的那一行列印出來，並列出行號 grep -n '!$' regular_express.txt
.	意義：代表『一定有一個任意字元』的字符 範例：搜尋的字串可以是 (eve) (eae) (eee) (e e)，但不能僅有 (ee)，亦即 e 與 e 中間『一定』僅有一個字元，而空白字元也是字元 grep -n 'e.e' regular_express.txt
\	意義：跳脫字符，將特殊符號的特殊意義去除 範例：搜尋含有單引號 ' 的那一行 grep -n \' regular_express.txt
*	意義：重複零個到無窮多個的前一個 RE 字符 範例：找出含有 (es) (ess) (esss) 等等的字串，注意，因為 * 可以是 0 個，所以 es 也是符合帶搜尋字串。另外，因為 * 為重複『前一個 RE 字符』的符號，因此，在 * 之前必須要緊接著一個 RE 字符，例如任意字元則為 『.*』 grep -n 'ess*' regular_express.txt

RE 字符	意義與範例
[list]	意義：字元集合的 RE 字符，裡面列出想要擷取的字元 範例：搜尋含有 (gl) 或 (gd) 的那一行，需要特別留意的是，在 [] 當中『謹代表一個待搜尋的字元』，例如『a[afl]y』代表搜尋的字串可以是 aay, afy, aly 即 [afl] 代表 a 或 f 或 l 的意思 grep -n 'g[ld]' regular_express.txt
[n1-n2]	意義：字元集合的 RE 字符，裡面列出想要擷取的字元範圍 範例：搜尋含有任意數字的那一行！需特別留意，在字元集合 [] 中的減號 - 是有特殊意義的，它代表兩個字元之間的所有連續字元！但這個連續與否與 ASCII 編碼有關，因此，你的編碼需要設定正確(在 bash 當中，需要確定 LANG 與 LANGUAGE 的變數是否正確！) 例如所有大寫字元則為 [A-Z] grep -n '[A-Z]' regular_express.txt
[^list]	意義：字元集合的 RE 字符，裡面列出不要的字串或範圍 範例：搜尋的字串可以是 (oog) (ood) 但不能是 (oot)，那個 ^ 在 [] 內時，代表的意義是『反向選擇』的意思。例如，我不要大寫字元，則為 [^A-Z]。但是，需要特別注意的是，如果以 grep -n [^A-Z] regular_express.txt 來搜尋，卻發現該檔案內的所有行都被列出，為什麼？因為這個 [^A-Z] 是『非大寫字元』的意思，因為每一行均有非大寫字元，例如第一行的 "Open Source" 就有 p,e,n,o.... 等等的小寫字 grep -n 'oo[^t]' regular_express.txt
\{n,m\}	意義：連續 n 到 m 個的『前一個 RE 字符』 意義：若為 \{n\} 則是連續 n 個的前一個 RE 字符， 意義：若是 \{n,\} 則是連續 n 個以上的前一個 RE 字符！ 範例：在 g 與 g 之間有 2 個到 3 個的 o 存在的字串，亦即 (goog)(gooog) grep -n 'go\{2,3\}g' regular_express.txt

另外，由於字元擷取通常會有大小寫、數字、特殊字元等等的差異，因此我們也能夠使用如下的符號來代表某些特殊字元：

特殊符號	代表意義
[:alnum:]	代表英文大小寫字元及數字，亦即 0-9, A-Z, a-z
[:alpha:]	代表任何英文大小寫字元，亦即 A-Z, a-z
[:blank:]	代表空白鍵與 [Tab] 按鍵兩者
[:cntrl:]	代表鍵盤上面的控制按鍵，亦即包括 CR, LF, Tab, Del.. 等等

特殊符號	代表意義
[:digit:]	代表數字而已，亦即 0-9
[:graph:]	除了空白字元 (空白鍵與 [Tab] 按鍵) 外的其他所有按鍵
[:lower:]	代表小寫字元，亦即 a-z
[:print:]	代表任何可以被列印出來的字元
[:punct:]	代表標點符號 (punctuation symbol)，亦即：" ' ? ! ; : # $...
[:upper:]	代表大寫字元，亦即 A-Z
[:space:]	任何會產生空白的字元，包括空白鍵, [Tab], CR 等等
[:xdigit:]	代表 16 進位的數字類型，因此包括：0-9, A-F, a-f 的數字與字元

請操作者進行如下的例題來處理相關任務：

1. 找出 /etc/services 內含 http 關鍵字的那幾行。
2. 承上，若僅須『開頭含有 http』字樣的那幾行？
3. 承上，若僅須『開頭含有 http 或 https』字樣的那幾行？
4. 承上，若僅須『開頭含有 http 或 https』字樣之外，且後面僅能接空白字元或 [tab] 字元的那幾行？
5. 承上，若僅須『開頭含有 http 且後續接有 80』字樣的那幾行。
6. 找出 /etc/services 內含有星號 (*) 的那幾行。
7. 找出 /etc/services 內含有星號，且星號前為英文(不論大小寫)的那幾行。
8. 找出 /etc/services 含有一個數字緊鄰一個大寫字元的那幾行。
9. 找出 /etc/services 開頭是一個數字緊鄰一個大寫字元的那幾行。
10. 使用 find /etc 找出檔名，並找出結尾含有『.conf』的檔名資料。
11. 承上，且含有『大寫字元或數字』檔名在內的那幾個。

9.1.3 sed 工具的使用

sed 也是支援正規表示法的一項工具軟體，具有很多很好用的功能在內！過去我們曾經使用過 ifconfig 與 awk 來找到 IP，現在讓我們使用 sed 來處理 IP 的設定。最基礎的 sed 功能為取代，如下所示：

```
[student@localhost ~]$ sed 's/舊字串/新字串/g' 檔案內容
```

使用者只要替換『新舊字串』內容，即可處理相關的字串修訂。現在讓我們來處理 IP 的擷取。使用 ifconfig eth0 來輸出網路資料，之後以 grep 取出 inet 那一行：

```
[student@localhost ~]$ ifconfig eth0 | grep 'inet[[:space:]]'
        inet 172.16.0.83  netmask 255.255.0.0  broadcast 172.16.255.255
```

使用 sed 取代開頭到 inet 空白的項目：

```
[student@localhost ~]$ ifconfig eth0 | grep 'inet[[:space:]]' | \
> sed 's/^.*inet[[:space:]]*//g'
172.16.0.83  netmask 255.255.0.0  broadcast 172.16.255.255
```

再接著取消空白 netmask 之後的訊息

```
[student@localhost ~]$ ifconfig eth0 | grep 'inet[[:space:]]' | \
> sed 's/^.*inet[[:space:]]*//g' | sed 's/[[:space:]]*netmask.*$//g'
172.16.0.83
```

除了替換資料之外，sed 還可以擷取出特定的關鍵行數，例如只想要取出 10-15 行的 /etc/passwd 內容時，可以這樣做：

```
[student@localhost ~]$ cat -n /etc/passwd | sed -n '10,15p'
```

這個動作在處理一些腳本化程式時，相當有幫助！而如果想要直接修改檔案內容時，例如想要將 .bashrc 內的 function 改成大寫時，也可以這樣做：

```
[student@localhost ~]$ sed 's/function/FUNCTION/g' .bashrc
.......
# User specific aliases and FUNCTIONs >==這裡會變大寫

[student@localhost ~]$ sed -i 's/function/FUNCTION/g' .bashrc
```

加上 -i 選項後，該改變直接寫入檔案，且不會在螢幕上輸出了！因此使用上需要特別注意！

1. 找出 /etc/passwd 裡面，結尾是 bash 的那幾行。
2. 承上，透過 sed 將 /bin/bash 改成 /sbin/nologin 顯示到螢幕上。
3. 承上，透過 tr 這個指令，將全部的英文都變成大寫字元。

9.2 學習 shell script

shell script 對管理員來說，是一項非常好用的工具！請讀者們一定要自己手動設計過一次相關的腳本程式，而且能夠針對自己管理的伺服器進行一些例行工作的優化，才會更有感覺。

9.2.1 基礎 shell script 的撰寫與執行

shell script 的撰寫其實沒有很難，基本上需要注意到：

- 指令的執行是從上而下、從左而右的分析與執行。
- 指令的下達中，指令、選項與參數間的多個空白都會被忽略掉。
- 空白行也將被忽略掉，並且 [tab] 按鍵所推開的空白同樣視為空白鍵。
- 如果讀取到一個 Enter 符號 (CR)，就嘗試開始執行該行 (或該串) 命令。
- 至於如果一行的內容太多，則可以使用『\[Enter]』來延伸至下一行。
- 『#』可做為註解！任何加在 # 後面的資料將全部被視為註解文字而被忽略！

至於 shell script 的執行，例如有名為 /home/student/shell.sh 的 script 時，可以用底下的方法：

- 直接指令下達：shell.sh 檔案必須要具備可讀與可執行 (rx) 的權限，然後：

- 絕對路徑：使用 /home/student/shell.sh 來下達指令
- 相對路徑：假設工作目錄在 /home/student/，則使用 ./shell.sh 來執行
- 變數『PATH』功能：將 shell.sh 放在 PATH 指定的目錄內，例如：~/bin/

◆ 以 bash 程式來執行：透過『bash shell.sh』或『sh shell.sh』來執行。

底下我們將使用 student 的身份，並在 ~/bin 底下建立多個 shell script 來作為練習。首先，如果操作者執行 myid.sh 時，系統會輸出這個帳號的 id 指令輸出訊息，並且輸出使用者的家目錄 (${HOME})、以及歷史命令紀錄筆數 (${HISTSIZE})，最後列出所有的命令別名 (alias) 時，我們可以這樣做：

1. 請先宣告使用的 script 為 bash。
2. 請先說明程式的功能 (需要用 # 註解) 。
3. 請先說明程式的撰寫者 (需要用 # 註解) 。
4. 秀出『This script will show your account messages』。
5. 秀出『The 'id' command output is:』。
6. 秀出 id 這個指令的結果。
7. 秀出『your user's home is: ${HOME}』的結果。
8. 秀出『your history record: ${HISTSIZE}』的結果。
9. 秀出『your command aliases:』。
10. 顯示出 alias 的結果。
11. 顯示出家目錄的檔名結果。

上述的結果一項一項撰寫成為 myid.sh 的內容如下：

```
[student@localhost ~]$ mkdir bin
[student@localhost ~]$ cd bin
[student@localhost bin]$ vim myid.sh
#!/bin/bash
# This script will use id, echo to show account's messages
# write by VBird 2016/04/27
echo "This script will show your accout messages."
echo "The 'id' command output is: "
id
echo "your user's home is: ${HOME}"
```

```
echo "your history record: ${HISTSIZE}"
echo "your command aliases: "
alias
echo "your home dir's filenames: "
ll ~
```

1. 如何直接以 bash 或 sh 去執行這隻腳本？(指的是直接用 bash 指令去執行，而不是執行 myid.sh)
2. 承上，執行過程中，如果還需要輸出程式碼之後才執行，可以加上哪個選項？(此功能相當有用！可用以檢測程式碼的錯誤, debug)
3. 若需要直接輸入 myid.sh 就能執行時，需要有什麼設定？(包括權限、路徑等等的資料)
4. 如何使用絕對路徑來執行？
5. 若你剛好在工作目錄下看到這個腳本，但你不確定工作目錄有沒有在 PATH 環境中，該如何下達指令執行該腳本？
6. 為何 alias 的結果沒有輸出？若執行該腳本時還要輸出目前的 alias，該如何執行？為什麼？

9.2.2 shell script 的執行環境

之前曾經談過程序的觀察，且程序之間是有相依性的，因此可以使用 pstree 來觀察程序的相依行為。那麼使用 shell script 時，它與當前的 shell 有無關係呢？底下舉例來瞧瞧。如果你有一個如下的腳本，該如何進入到該目錄去？

```
[student@localhost ~]$ cd ~/bin
[student@localhost bin]$ vim gototmp.sh
#!/bin/bash
# this shell script will take you togo /tmp directory.
# VBird 2016/05/02
cd /tmp
[student@localhost bin]$ chmod a+x gototmp.sh
```

請問，當你執行 gototmp.sh 這個腳本之後，以及『執行期間』，你的工作目錄會在哪裡？為什麼？

使用 source 或 . 來執行腳本

事實上，執行腳本有基本的兩種方式：

- 直接產生一個新的程序(process)來執行，例如 bash script.sh、./script.sh 都屬於這一種。
- 將 script.sh 的指令，呼叫進來目前的這個 bash process 執行，而不是產生一個新的 process。

上述的第二種就是透過 source 或 . 來處理的。現在，請使用『source ~/bin/gototmp.sh』指令，再次查閱一下你的工作目錄是否正確的進入到 /tmp 了？

你在操作 Linux 系統的過程中，可能會切換到許多不同的 shell (例如 bash 轉到 csh 等等)。不過這些操作環境中，均需要使用到底下的變數，且這些變數是在有需要時才載入的 (不是寫入到 .bashrc)，因此需要額外撰寫成 myenv.sh。內容需要：

1. 設計 MYIP 的變數為目前系統的 IP。(假設網路卡為 eth0 時)
2. 設計 mywork 的變數為指定到 /usr/local/libexec 目錄中。
3. 設計 megacli 的變數為 /opt/mega/cli/command 這個指令。(此指令並不存在，僅作為範例用)
4. 設計完畢之後，若要使用這個檔案內的資料，該如何執行？

9.2.3 以對談式腳本及外帶參數計算 pi

在第二堂課我們曾經使用過 bc 來計算數學的 pi，亦即使用『echo "scale=10; 4*a(1)" | bc -lq』來計算 pi。而如果需要輸出更正確的 pi 值，可以將 scale 的參數放大，例如『echo "scale=20; 4*a(1)" | bc -lq』來計算。

我們是否能夠使用一個變數，讓該變數帶入腳本後，讓用戶可以與系統對談呢？這時有兩種基本的方法可以達到這個目的：

- 以 read 作為對談式腳本的設計依據。
- 以 ${1} 等作為外帶參數的設計依據。

使用 read 讓用戶輸入參數：

讀者可以先理解 read 的用法：

```
[student@localhost ~]$ read -p 'Input your name: ' name1
Input your name: VBird Tsai

[student@localhost ~]$ echo ${name1}
VBird Tsai
```

亦即 read 會將使用者輸入的資料變成變數內容，之後就可以輕易的進行變數設定的任務。因此，若需要讓使用者與程式互動來輸入 pi 的計算精確度，可以寫下如下的腳本：

```
[student@localhost ~]$ mkdir bin
[student@localhost ~]$ vim bin/mypi.sh
#!/bin/bash
# Program:
#    User input a scale number to calculate pi number.
# History:
# 2015/07/16    VBird First release
PATH=/bin:/sbin:/usr/bin:/usr/sbin:/usr/local/bin:/usr/local/sbin:~/bin
export PATH
echo -e "This program will calculate pi value. \n"
echo -e "You should input a float number to calculate pi value.\n"
read -p "The scale number (10~10000) ? " num
echo -e "Starting calculate pi value.  Be patient."
time echo "scale=${num}; 4*a(1)" | bc -lq

[student@localhost ~]$ chmod a+x bin/mypi.sh
[student@localhost ~]$ mypi.sh
This program will calculate pi value.

You should input a float number to calculate pi value.
```

```
The scale number (10~10000) ? 50
Starting calculate pi value.  Be patient.
3.14159265358979323846264338327950288419716939937508

real    0m0.001s
user    0m0.000s
sys     0m0.002s
```

此時，只要用戶執行 mypi.sh，就可以手動輸入 10 到 10000 之間不等的數值，讓系統直接進行運算工作！

建立一個名為 /usr/local/bin/listcmd.sh 的腳本，該腳本可以完成底下的各項工作：

1. 第一行一定要宣告 shell。
2. 顯示出這個腳本的目的。(中英文均可，例如：This shell script will list your command's full path name and permissions.)
3. 開始透過 read 讓用戶輸入指令名稱。
4. 透過上一步驟取得指令名稱後，透過 which 找到這個指令的完整路徑。
5. 利用 ls -l 列出這個指令的完整權限。
6. 利用 getfacl 列出這個指令的完整權限。
7. 離開 shell script，並回傳 0 的數值。

最後將該指令的權限修訂成全部成員均可執行，並執行一次確認狀態。

透過外帶參數的功能執行：

在第 8 堂課的課程內容曾經短暫介紹過 shell 內有個名為 ${1} 的變數，即是 shell script 的外帶參數。事實上，外帶參數可以有多個，相關的『數字變數』有底下的相關性：

```
/path/to/scriptname  opt1  opt2  opt3  opt4
       $0             $1    $2    $3    $4
```

執行的腳本檔名為 ${0} 這個變數，第一個接的參數就是 ${1}。所以，只要在 script 裡面善用 ${1}，就可以很簡單的立即下達某些指令功能了！除了這些數字的變數之外，尚有底下這些常見的變數可以在 shell script 內呼叫：

- **$# ：代表後接的參數『個數』，以上表為例這裡顯示為『4』。**
- **"$@" ：代表『"$1" "$2" "$3" "$4"』之意，每個變數是獨立的(用雙引號括起來)。**
- **"$*" ：代表『"$1c$2c$3c$4"』，其中 c 為分隔字元，預設為空白鍵，所以本例中代表『"$1 $2 $3 $4"』之意。**

在某些時刻，執行腳本可能是在背景中，因此不可能跟使用者互動 (記得 jobs, fg, bg 的情況下)，此時就能夠透過這種外帶參數的方式來執行。例如我們將 mypi.sh 修改成外帶參數的 mypi2.sh，讀者可以這樣嘗試：

```
[student@localhost ~]$ vim bin/mypi2.sh
#!/bin/bash
# Program:
#    User input a scale number to calculate pi number.
# History:
# 2015/07/16     VBird First release
PATH=/bin:/sbin:/usr/bin:/usr/sbin:/usr/local/bin:/usr/local/sbin:~/bin
export PATH
num=${1}
echo -e "This program will calculate pi value. \n"
echo -e "Starting calculate pi value.  Be patient."
time echo "scale=${num}; 4*a(1)" | bc -lq

[student@localhost ~]$ chmod a+x bin/mypi2.sh
[student@localhost ~]$ mypi2.sh 50
This program will calculate pi value.

Starting calculate pi value.  Be patient.
3.14159265358979323846264338327950288419716939937508

real    0m0.001s
user    0m0.000s
sys     0m0.002s
```

讀者可以發現，mypi2.sh 將 mypi.sh 內的兩行輸出 (說明程式功能與 read 的功能) 取消，而在不修改其他程式碼的情況下，讓 num=${1} 來讓精確度使用第一個外帶參數的方式來處理。

建立一個名為 /usr/local/bin/listcmd2.sh 的腳本，該腳本可以完成底下的各項工作：

1. 第一行一定要宣告 shell。
2. 顯示出這個腳本的目的。(中英文均可，例如：This shell script will list your command's full path name and permissions.)
3. **取得第一個外帶參數的內容。**
4. 透過上一步驟取得指令名稱後，透過 which 找到這個指令的完整路徑。
5. 利用 ls -l 列出這個指令的完整權限。
6. 利用 getfacl 列出這個指令的完整權限。
7. 離開 shell script，並回傳 0 的數值。

最後將該指令的權限修訂成全部成員均可執行，並執行一次確認狀態。

9.2.4 透過 if .. then 設計條件判斷

讀者可以思考 mypi.sh 這個腳本的運作，雖然指定使用者應該要輸入 10~10000 的數值，但是卻沒有在腳本中進行防呆，因此，當使用者輸入 (1) 非為數值的字串及 (2)輸入超過數值範圍時，就可能發生程式誤判的情況，如下：

```
[student@localhost ~]$ mypi.sh
This program will calculate pi value.

You should input a float number to calculate pi value.

The scale number (10~10000) ? whoami
Starting calculate pi value.  Be patient.
```

```
0

real    0m0.001s
user    0m0.001s
sys     0m0.001s

[student@localhost ~]$ mypi.sh
This program will calculate pi value.

You should input a float number to calculate pi value.

The scale number (10~10000) ?  <==這裡直接按下 enter 就好
Starting calculate pi value.  Be patient.
(standard_in) 1: syntax error

real    0m0.001s
user    0m0.000s
sys     0m0.002s
```

此時就會發生不可預期的錯誤。讀者在設計程式腳本時，應該就用戶可能會輸入的字元或通常的運作方式進行分析，先設計好防呆，在程式碼的運作上比較不容易出問題。想要達成這種防呆的機制，需要用到條件判斷式的支援，一般 shell script 條件判斷的語法為：

```
if [ 條件判斷式 ]; then
    當條件判斷式成立時，可以進行的指令工作內容；
fi    <==將 if 反過來寫，就成為 fi 啦！結束 if 之意！
```

相關條件設定的方式已經在第八堂課談過，請自行前往參閱。若有多重條件判斷，則使用下列方式：

```
# 一個條件判斷，分成功進行與失敗進行 (else)
if [ 條件判斷式 ]; then
    當條件判斷式成立時，可以進行的指令工作內容；
else
    當條件判斷式不成立時，可以進行的指令工作內容；
fi
```

如果考慮更複雜的情況，則可以使用這個語法：

```
# 多個條件判斷 (if ... elif ... elif ... else) 分多種不同情況執行
if [ 條件判斷式一 ]; then
    當條件判斷式一成立時，可以進行的指令工作內容；
elif [ 條件判斷式二 ]; then
    當條件判斷式二成立時，可以進行的指令工作內容；
else
    當條件判斷式一與二均不成立時，可以進行的指令工作內容；
fi
```

如果考慮兩個以上的條件混合執行時，就需要使用 -a 或 -o 的協助。

```
# 兩個條件都要成立才算成立的情況：
if [ 條件判斷式一 -a 條件判斷二 ]; then
    兩個條件都成立，這時才執行 (and 的概念)
fi

# 兩個條件中，任何一個條件成立都算 OK 的情況：
if [ 條件判斷式一 -o 條件判斷二 ]; then
    隨便哪一個條件成立，都可以執行 (or 的概念)
fi
```

以上面的語法來補足 mypi.sh 的防呆，大致防呆的思考可以是：

1. 使用者輸入的資料不可以是空白，若為空白則使用預設值 20。
2. 使用者輸入的資料不可以有非為數字的字串，若有字串則使用預設的 20。
3. 使用者輸入的資料不可以小於 10，若小於 10 則以 10 取代。
4. 使用者輸入的資料不可以超過 10000，若大於 10000 則以 10000 取代。

大致的防呆流程就像上面所敘述，接下來讀者們可以使用語法來將這些流程加入 mypi.sh：

```
[student@localhost ~]$ vim bin/mypi.sh
#!/bin/bash
# Program:
#    User input a scale number to calculate pi number.
# History:
# 2015/07/16    VBird First release
```

```
PATH=/bin:/sbin:/usr/bin:/usr/sbin:/usr/local/bin:/usr/local/sbin:~/bin
export PATH
echo -e "This program will calculate pi value. \n"
echo -e "You should input a float number to calculate pi value.\n"
read -p "The scale number (10~10000) ? " num

if [ "${num}" == "" ]; then                         # check empty number
        echo "You must input a number..."
        echo "I will use this number '20' to calculate pi"
        num=20
else
        checking="$(echo ${num} | grep '[^0-9]')"   # check if any non-number char
        if [ "${checking}" != "" ]; then            # check non-number value
                echo "You must input number..."
                echo "I will use this number '20' to calculate pi"
                num=20
        fi
fi
if [ "${num}" -lt 10 ]; then
        echo "I will use this number '10' to calculate pi"
        num=10
elif [ "${num}" -gt 10000 ]; then
        echo "I will use this number '10000' to calculate pi"
        num=10000
fi

echo -e "Starting calculate pi value.  Be patient."
time echo "scale=${num}; 4*a(1)" | bc -lq
```

接下來請執行數次 mypi.sh，並分別輸入不同的資料 (Enter, 文字, 小於 10 的數字, 大於 10000 的數字等等)，以確認自己的處理方式應為可行。

請透過相同的方法來修改 mypi2.sh，讓該腳本也能夠防呆。

9.2.5 以 case .. esac 設計條件判斷

若讀者只想讓 mypi.sh 的操作者體驗一下 pi 的計算，因此只想給予 20, 100, 1000 三個數值，當使用者不是輸入此類數值，則告知對方僅能輸入這三個數值。若以 if ... then 的方式來說，需要填寫的判斷式稍嫌多了些。此時可以使用 case ... esac 來做設計。

```
case  $變數名稱 in       <==關鍵字為 case，還有變數前有錢字號
  "第一個變數內容")      <==每個變數內容建議用雙引號括起來，關鍵字則為小括號 )
    程式段
    ;;                  <==每個類別結尾使用兩個連續的分號來處理！
  "第二個變數內容")
    程式段
    ;;
  *)                    <==最後一個變數內容都會用 * 來代表所有其他值
    不包含第一個變數內容與第二個變數內容的其他程式執行段
    exit 1
    ;;
esac                    <==最終的 case 結尾！『反過來寫』思考一下！
```

請使用上述的語法，搭配僅能輸入 20, 100, 1000 三個數值來撰寫 mypi3.sh 腳本：

```
[student@localhost ~]$ vim bin/mypi3.sh
#!/bin/bash
# Program:
#       User input a scale number to calculate pi number.
# History:
# 2015/07/16    VBird   First release
PATH=/bin:/sbin:/usr/bin:/usr/sbin:/usr/local/bin:/usr/local/sbin:~/bin
export PATH
echo -e "This program will calculate pi value. \n"
echo -e "You should input a float number to calculate pi value.\n"
read -p "The scale number (20,100,1000) ? " num

case ${num} in
"20")
        echo "Your input is 20"
        ;;
"100")
        echo "Your input is 100"
```

```
        ;;
"1000")
        echo "Your input is 1000"
        ;;
*)
        echo "You MUST input 20|100|1000"
        echo "I stop here"
        exit 0
        ;;
esac

echo -e "Starting calculate pi value.  Be patient."
time echo "scale=${num}; 4*a(1)" | bc -lq

[student@localhost ~]$ chmod a+x mypi3.sh
[student@localhost ~]$ mypi3.sh
This program will calculate pi value.

You should input a float number to calculate pi value.

The scale number (20,100,1000) ? 30
You MUST input 20|100|1000
I stop here

[student@localhost ~]$ mypi3.sh
This program will calculate pi value.

You should input a float number to calculate pi value.

The scale number (20,100,1000) ? 100
Your input is 100
Starting calculate pi value.  Be patient.
3.141592653589793238462643383279502884197169399375105820974944592307\
8164062862089986280348253421170676

real    0m0.003s
user    0m0.003s
sys     0m0.000s
```

透過 case ... esac 的方法，修改 mypi2.sh 變成 mypi4.sh，以外帶參數的方式，讓 mypi4.sh 只能支援 20|100|1000 的數值，若使用者外帶參數不是這三個，則顯示『Usage: mypi4.sh 20|100|1000』的螢幕提示，否則就直接計算 pi 值並輸出結果。

9.3 課後練習操作

前置動作：請使用 unit09 的硬碟進入作業環境，並請先以 root 身分執行 vbird_book_setup_ip 指令設定好你的學號與 IP 之後，再開始底下的作業練習。

請使用 root 的身份進行如下實作的任務。直接在系統上面操作，操作成功即可，上傳結果的程式會主動找到你的實作結果。

1. 分析『本日』登錄檔資訊的相關設定，重點在實作與練習正規表示法：(將答案寫入 /root/ans09.txt 中)
   a. 先解析一下 /var/log/messages 的內容中，每條訊息的最前面紀錄的日期，如何使用 date 搭配選項來輸出一樣的字串？(你或許需要知道搭配語系輸出)
   b. 設定一個變數名稱為 logday，讓 logday 的內容為剛剛查詢到的日期格式。
   c. 如何透過 grep 搭配 ${logday} 等方式，將 /var/log/messages 的資訊中，跟今天有關的日期取出來到螢幕上查閱？(注意，日期要出現在行首喔！)
   d. 承上，上述的輸出結果中，我不想要關鍵字 dbus-daemon 與 dbus[數字] 的內容又該如何處理？
   e. 我想要透過一串指令，直接將 /etc/selinux/config 檔案內，行首出現『SELINUX=???』的那一行(一整行喔)資料，強制替換成『SELINUX=enforcing』，且直接修改該檔案，該如何處理？

f. 我要把 /etc/hosts 內容全部轉成大寫字元後，轉存到 /dev/shm/upperhosts 檔案，指令該如何處理？

2. 建立一隻名為 /usr/local/bin/myprocess 的腳本，腳本內容主要為：
   a. 第一行一定要宣告 shell 為 bash 才行。
   b. 主要僅執行『/bin/ps -Ao pid,user,cpu,tty,args』。
   c. 這隻腳本必須要讓所有人都可以執行才行！
3. 寫一隻名為 /usr/local/bin/mydate.sh 的腳本，執行後可以輸出如下的資料：
   a. 第一行一定要宣告 shell 才對！
   b. 以 西元年/月/日 顯示出目前的日期。
   c. 以 小時:分鐘:秒鐘 顯示出目前的時間。
   d. 輸出從 1970/01/01 到目前累計的秒數。
   e. 列出這個月的月曆，且依據台灣的習慣，輸出時，以星期一為一週的開始。
   f. 這隻腳本必須要讓所有人都可以執行才行！
4. 寫一隻 /usr/local/bin/listcmd.sh 的腳本，該腳本執行後，會告知底下相關的事宜：
   a. 腳本的執行方式為『listcmd.sh passwd』，其中 passwd 可以使用任何檔名來取代。
   b. 第一行一定要宣告 shell。
   c. 先顯示出這個腳本的目的 (中英文均可，例如：This shell script will list your command's full path name and permissions.)。
   d. 判斷是否有外帶參數，若沒有外帶參數，請 (1)螢幕顯示『Usage: ${0} cmd_name』，(2)並以回傳值 2 離開程式。
   e. 使用『which ${1} 2> /dev/null』的結果，判斷該字串是否為指令。

f. 若該字串為指令，則依序輸出：
   - 輸出指令的完整路徑。
   - 用 ls -l 列出這個指令的完整權限。
   - 利用 getfacl 列出這個指令的完整權限。
   - 離開 shell script，並回傳 0 的數值。

g. 若該字串不為指令，則使用 locate 後面加 /${1}$ 的正規表示法 (locate 要支援正規表示法，必須要輸入特定的選項 請自行 man locate 查到正確的選項支援)，然後依據 locate 之後的回傳值處理後續工作 。
   - 若回傳值 (為 0) 顯示該字串其實具有相同的檔名，則使用 ls -ld 將檔名全部列出，然後以回傳值 0 離開程式。
   - 若回傳值 (不為 0) 顯示該字串並不為檔名，則顯示找不到這個檔名，然後以回傳值 10 離開程式。

5. 寫一隻名為 /usr/local/bin/myheha 的腳本，這隻腳本的執行結果會這樣：

   a. 腳本內第一行一定要宣告 shell 為 bash。
   b. 當執行 myheha hehe 時，螢幕會輸出『I am haha』。
   c. 當執行 myheha haha 時，螢幕會輸出『You are hehe』。
   d. 當外帶參數不是 hehe 也不是 haha 時，螢幕會輸出『Usage: myheha hehe|haha』。

6. 寫一隻判斷生日的腳本，名稱為 /usr/local/bin/yourbday.sh，內容為：

   a. 腳本內第一行一定要宣告 shell 為 bash。
   b. 指令執行的方式為『yourbday.sh YYYY-MM-DD』。
   c. 當使用者沒有輸入外帶參數時，螢幕顯示『Usage: yourbday.sh YYYY-MM-DD』，並且離開程式。
   d. 以正規表示法的方式來查詢生日的格式是否正常，若不正常，重新顯示上面的訊息，並且離開程式。
   e. 以 date --date="YYYY-MM-DD" +%s 的回傳值確認時間格式是否正確？若不正確請顯示『invalid date』後，離開程式。

f. 分別取得生日與現在的累積秒數，根據兩者的差異，同時假設一年 365.25 天，然後：

- 如果生日比現在的總累積秒數還要大，代表來自未來，請輸出『You are not a real human..』，之後離開程式。
- 如果所有問題都排除了，那請搭配 bc 來顯示出你的歲數，歲數計算到小數點第二位，例如『You are 22.35 years old』的樣式。

7. 有一隻腳本名為：/usr/local/sbin/examcheck，當執行時，應該要出現如下的畫面，但是程式開發人員寫錯了某些地方，請你將應該有問題的程式碼訂正，使得腳本得以展示如下的結果：

   a. 執行 examcheck ok 時，顯示『Yes! You are right!』。

   b. 執行 examcheck false 時，顯示『So sad... your answer is wrong..』。

   c. 執行 examcheck otherword 時，顯示『Usage: examcheck ok|false』。(otherword 為任意字元，隨便不是 ok 與 false 的其他字元之意)

作業結果傳輸：請以 root 的身分執行 vbird_book_check_unit 指令上傳作業結果。正常執行完畢的結果應會出現【XXXXXX;aa:bb:cc:dd:ee:ff;unitNN】字樣。若需要查閱自己上傳資料的時間，請在作業系統上面使用：http://192.168.251.250 檢查相對應的課程檔案。

作答區

使用者管理與 ACL 權限設定

帳號管理是一門大學問，使用者可以回想一下之前玩過的 useradd, userdel, usermod 等指令的功能，同時再回想一下之前的權限概念，就能夠知道使用者帳號管理的行為有多重要了！這一堂課還會針對同一個檔案給予個別帳號或個別群組的權限功能，啟用的是所謂的 ACL 的概念！都是非常重要的管理行為！

10.1 Linux 帳號管理

在管理權限時，操作者可以藉由 id 這個指令查詢使用者所加入的次要群組支援，藉以了解使用者對於某個檔案的權限。而主要的檔案記錄其實是使用者的 UID 與 GID。

10.1.1 Linux 帳號之 UID 與 GID

系統記錄使用者 UID 與 GID 的檔案主要在：

- 記錄 UID ：/etc/passwd
- 記錄 GID ：/etc/passwd 與 /etc/group

針對 UID 的部份，在 CentOS 7.x 以後，系統管理員、系統帳號與一般帳號的 UID 範圍為：

id 範圍	該 ID 使用者特性
0 (系統管理員)	當 UID 是 0 時，代表這個帳號是『系統管理員』
1~999 (系統帳號)	保留給系統使用的 ID，其實**除了 0 之外，其他的 UID 權限與特性並沒有不一樣**。預設 1000 以下的數字讓給系統作為保留帳號只是一個習慣。根據系統帳號的由來，通常這類帳號又約略被區分為兩種： ● 1~200：由 distributions 自行建立的系統帳號 ● 201~999：若使用者有系統帳號需求時，可以使用的帳號 UID
1000~60000 (可登入帳號)	給一般使用者用的。事實上，目前的 linux 核心 (3.10.x 版)已經可以支援到 4294967295 (2^32-1) 這麼大的 UID 號碼

Linux 的帳號資料記錄在 /etc/passwd 當中，這個檔案的內容中，以冒號 (:) 為區隔，共有七個欄位，每個欄位的意義為：

1. 帳號名稱：就是登入的帳號名稱。
2. 密碼：已經挪到 /etc/shadow 中，因此在此都是 x。
3. UID：如上說明的 UID 資訊。
4. GID：為使用者『初始群組』的 ID。

5. 使用者資訊說明欄。
6. 家目錄所在處。
7. 預設登入時所取得的 shell 名稱。

更多的說明可以參考 man 5 passwd 的內容。早期使用者加密過的密碼記錄在 /etc/passwd 第二個欄位，但這個檔案的權限是任何人均可讀取，因此，有心人士可以查閱到加密過的密碼，再以暴力破解法就可能可以獲取所有人的密碼。因此，密碼欄位已經移動到另一個檔案去，這就是 /etc/shadow 的由來。/etc/shadow 以冒號 (:) 分隔成 9 欄位，各欄位功能為：

1. 帳號名稱。
2. 密碼：目前大多使用 SHA 的加密格式來取代舊的 md5，因為密碼的長度較長，比較不容易被破解。
3. 最近更動密碼的日期：主要以 1970/01/01 累積來的總日數。
4. 密碼不可被更動的天數：修改好密碼後，幾天內不能變更之意，0 代表沒限制。
5. 密碼需要重新變更的天數：修改好密碼後，幾天內一定要變更的意思，0 代表沒限制。
6. 密碼需要變更期限前的警告天數：第 3 與第 5 欄位相加後的幾天內，當使用者登入系統時，會警告該修改密碼了。
7. 密碼過期後的帳號寬限時間(密碼失效日)：密碼有效日期為『更新日期(第 3 欄位)』+『重新變更日期(第 5 欄位)』，過了該期限後使用者依舊沒有更新密碼，那該密碼就算過期了。(參考底下例題的說明)
8. 帳號失效日期：亦使用 1970/01/01 累加的總日數，這個欄位表示，此帳號在此欄位規定的日期之後，將無法再使用。
9. 系統保留尚未使用。

使用者的密碼加密機制是可變的，從早期的 md5 到新的 sha512 改善了密碼的資料長度，對於暴力破解法來說，解密的時間會比較長。至於目前系統的加密機制可使用底下的方式查閱：

```
[root@localhost ~]# authconfig --test | grep password
 shadow passwords are enabled
 password hashing algorithm is sha512

[root@localhost ~]# cat /etc/sysconfig/authconfig | grep -i passwd
PASSWDALGORITHM=sha512
USEPASSWDQC=no
```

使用者的初始群組 (原生家庭) 記載在 /etc/passwd 檔案的第四個欄位，不過該 GID 對應到人類認識的群組名稱就得到 /etc/group 當中查詢。這個檔案的內容同樣使用冒號 (:) 分隔成四個欄位，內容為：

1. 群組名稱。
2. 群組密碼：目前很少使用。
3. GID。
4. 加入此群組的帳號，使用逗號 (,) 分隔每個帳號。

這三個檔案中心以 /etc/passwd 為主，連結到 /etc/group 與 /etc/shadow 的示意圖如下：

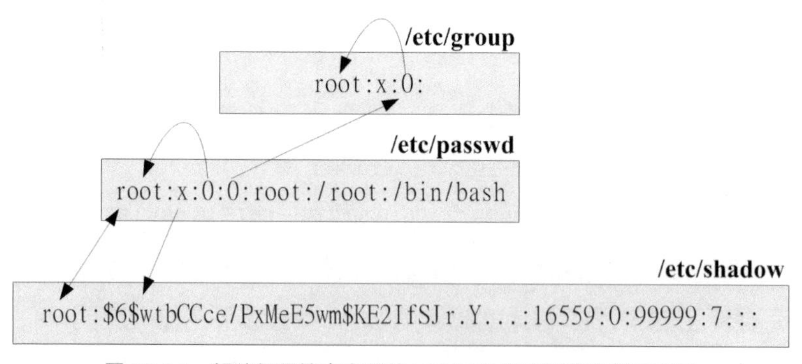

圖 10.1.1　帳號相關檔案之間的 UID/GID 與密碼相關性示意圖

1. 密碼的過期狀態分析：

   a. 建立一個名為 check 的帳號，密碼設定為 check123。

   b. 請使用『chage -d 0 check』讓這個帳號的密碼建置日期強迫歸零，亦即強迫該帳號密碼過期。

   c. 當密碼過期後，check 這個帳號登入系統會有什麼應該要進行的任務？

2. 查詢 find 的選項，嘗試找出系統中『不屬於任何人』的檔案檔名。(不見得存在)

3. 有一個 /etc/shadow 內的資料如下，嘗試回答下列問題：

   student:$6$3iq4VYrt$Hg62ID...RVbE/:16849:5:180:7:::

   a. 這個帳號的密碼最近一次被修改的日期為何？(查詢 date 的 example 用法)

   b. 這個帳號的密碼在哪一個日期以前不可以被修改？

   c. 這個帳號的密碼在哪一個日期以內最好能夠被修改？

   d. 這個帳號是否會失效？

10.1.2 帳號與群組管理

從上述資料我們可以知道，Linux 的帳號資訊大概都記錄在 /etc/passwd, /etc/shadow, /etc/group 當中，那如果我們要新建帳號時，系統會怎麼做呢？先測試建置帳號：

```
[root@local ~]# useradd testuser1
[root@local ~]# passwd testuser1
Changing password for user testuser1.
New password:
Retype new password:
passwd: all authentication tokens updated successfully.
```

讓我們觀察一下 testuser 這個帳號的相關資料，先看一下使用者的 UID 與 GID：

```
[root@local ~]# id testuser1
uid=1002(testuser1) gid=1002(testuser1) groups=1002(testuser1)

[root@local ~]# grep testuser1 /etc/passwd /etc/group /etc/shadow
/etc/passwd:testuser1:x:1002:1002::/home/testuser1:/bin/bash
```

```
/etc/group:testuser1:x:1002:
/etc/shadow:testuser1:$6$bgAJnRxx$1vgO1OGAMg1aoHSzm/cR.GcW..:16924:0:99999:7:::
```

上述 shadow 的資料可以簡易的使用如下的指令來查詢：

```
[root@localhost ~]# chage -l testuser1
Last password change                                    : May 03, 2016
Password expires                                        : never
Password inactive                                       : never
Account expires                                         : never
Minimum number of days between password change          : 0
Maximum number of days between password change          : 99999
Number of days of warning before password expires       : 7
```

一般來說，新建帳號時，系統會：

- 『拿既有的最大的 UID + 1 作為新的 UID』提供給新用戶。
- 在 /home 建立與帳號同名的目錄作為使用者家目錄。
- 給予 bash 這個 shell。
- 然後 CentOS 也會建立一個與帳號同名的群組給該帳號。
- 建立密碼時，會依據預設值給予該帳號一些限制資料。

至於新建使用者時，上述的動作參考資料其實是參考 /etc/default/useradd 檔案而來，該檔案內容如下：

```
[root@localhost ~]# cat /etc/default/useradd
# useradd defaults file
GROUP=100                <==若為公開群組，使用 GID 100 的群組名稱
HOME=/home               <==預設使用者家目錄位置
INACTIVE=-1              <==密碼是否失效，預設不會失效！
EXPIRE=                  <==帳號是否需要失效 (shadow 第 8 欄位)
SHELL=/bin/bash          <==預設使用的 shell
SKEL=/etc/skel           <==預設使用者家目錄的參考依據
CREATE_MAIL_SPOOL=yes    <==是否要建立使用者郵件信箱
```

除了 /etc/default/useradd 之外，其他像是密碼欄位的預設值，則寫入在 /etc/login.defs 這個檔案中，這個檔案的內容如下：

```
[root@localhost ~]# grep -v '#' /etc/login.defs | grep -v '^$'
MAIL_DIR        /var/spool/mail   <==使用者預設郵件信箱放置目錄

PASS_MAX_DAYS   99999      <==/etc/shadow 內的第 5 欄，多久需變更密碼日數
PASS_MIN_DAYS   0          <==/etc/shadow 內的第 4 欄，多久不可重新設定密碼日數
PASS_MIN_LEN    5          <==密碼最短的字元長度，已被 pam 模組取代，失去效用！
PASS_WARN_AGE   7          <==/etc/shadow 內的第 6 欄，過期前會警告的日數

UID_MIN          1000      <==使用者最小的 UID，意即小於 1000 的 UID 為系統保留
UID_MAX         60000      <==使用者能夠用的最大 UID
SYS_UID_MIN       201      <==保留給使用者自行設定的系統帳號最小值 UID
SYS_UID_MAX       999      <==保留給使用者自行設定的系統帳號最大值 UID
GID_MIN          1000      <==使用者自訂群組的最小 GID，小於 1000 為系統保留
GID_MAX         60000      <==使用者自訂群組的最大 GID
SYS_GID_MIN       201      <==保留給使用者自行設定的系統帳號最小值 GID
SYS_GID_MAX       999      <==保留給使用者自行設定的系統帳號最大值 GID

CREATE_HOME     yes        <==在不加 -M 及 -m 時，是否主動建立使用者家目錄？
UMASK           077        <==使用者家目錄建立的 umask，因此權限會是 700
USERGROUPS_ENAB yes        <==使用 userdel 刪除時，是否會刪除初始群組
ENCRYPT_METHOD SHA512      <==密碼加密的機制使用的是 sha512 這一個機制！
```

一般來說，除非有特殊的需求，例如需要建立的是雲端集中帳號管理，所以需要修改上述的設定檔資料 (/etc/default/useradd, /etc/login.defs)，否則盡量使用自訂的手動修改使用者相關參數，不要隨意更動上述的檔案內容。

嘗試使用 passwd 這個指令完成如下的任務：

1. 使用 passwd 這個指令觀察 testuser1 的密碼狀態。
2. 設定密碼存活時間從 99999 改為 180 天。
3. 設定警告期限從 7 天改為 14 天。
4. 暫時將這個帳號的密碼鎖定，讓這個帳號無法登入系統。

嘗試使用 chage 以及 usermod 完成如下任務：(不要使用 passwd 喔！)

1. 使用 chage 這個指令觀察 testuser1 的密碼狀態。
2. 使用 chage 設定密碼存活時間從 180 改為 365 天。
3. 使用 chage 設定警告期限從 14 天改為 30 天。
4. 使用 usermod 將這個帳號的密碼放行，讓這個帳號可以登入系統。

若需要刪除帳號，使用 userdel 即可。不過需要加上 -r 的選項較佳！如果忘記加上 -r 的選項時，你應該要這樣做：

```
[root@localhost ~]# userdel testuser1
[root@localhost ~]# ll -d /home/testuser1 /var/spool/mail/testuser1
drwx------. 3 1002 1002 74 May  3 18:26 /home/testuser1
-rw-rw----. 1 1002 mail  0 May  3 18:26 /var/spool/mail/testuser1
[root@localhost ~]# find / -nouser
/home/testuser1
/home/testuser1/.mozilla
/home/testuser1/.mozilla/extensions
/home/testuser1/.mozilla/plugins
/home/testuser1/.bash_logout
/home/testuser1/.bash_profile
/home/testuser1/.bashrc
/var/spool/mail/testuser1
```

如上所示，系統會有一堆暫存資料需要刪除，因此管理員可能需要使用 rm -rf /home/testuser1 /var/spool/mail/testuser1 來刪除掉這些沒主人的檔案。

10.1.3 bash shell script 的迴圈控制

我們知道 id 可以找出使用者 UID 與 GID，但是 id 只能接一個參數而已，若需要 /etc/passwd 內所有帳號的 UID 與 GID 列表呢？除了使用管線命令的 xargs 之外，我們可以使用 shell script 的迴圈控制來處理。Bash shell script 的 for 迴圈基本語法如下：

```
for 變數名 in 內容1 內容2 內容3 ...
do
    執行的指令碼
done
```

變數名稱會在 do..done 當中被取用，然後第一次執行迴圈為『變數名=內容 1』，第二次為『變數名=內容 2』，以此類推！依據上面的基本語法，我們可以透過管線命令取出 /etc/passwd 內的第 1 個欄位的帳號資料後，丟進迴圈處理。如下所示：

```
[root@localhost ~]# mkdir bin ; cd bin
[root@localhost bin]# vim allid.sh
#!/bin/bash
# This script will show all users id
# VBird 2016/05/03
users=$( cut -d ':' -f 1 /etc/passwd)
for username in ${users}
do
        id ${username}
done

[root@localhost bin]# chmod a+x allid.sh
[root@localhost bin]# allid.sh
uid=0(root) gid=0(root) groups=0(root)
uid=1(bin) gid=1(bin) groups=1(bin)
uid=2(daemon) gid=2(daemon) groups=2(daemon)
.......
```

bash shell script 的迴圈控制主要是根據 for ... do ... done 來處理，所以也稱為 for 迴圈。上述的腳本中：

1. 先使用 cut 取得系統所有帳號的資料，並帶入 users 這個變數中。
2. 之後以 for 迴圈定義出名為 username 的變數，這個變數一次取出一個 ${users} 內的帳號資料。
3. 在 do ... done 動作中間，每次使用 id ${username} 進行 id 指令的行為。

使用下列的功能建置名為 account.sh 的指令來大量建置帳號：

1. 建立一個名為 users.txt 的檔案，內容填寫三行，每行一個帳號名稱。(假設帳號為 linuxuser1~linuxuser3)
2. 在 account.sh 當中，依序處理如下的行為：
   a. 建立名為 users 的變數，這個變數的內容為取出 users.txt 的內容。
   b. 建立 for 迴圈，建立名為 username 的變數，此變數取用 ${users} 的內容。
   c. 在迴圈內，針對每個用戶進行 (1)建立帳號 (2)使用 passwd --stdin 建立同帳號名稱的密碼 (3)使用 chage -d 0 ${username} 強制使用者第一次登入時需要修改自己的密碼。

10.1.4 預設權限 umask

使用者在新建資料時，預設的權限會是如何規範？一般來說，依據帳號的差異而會給予這樣的設定：

- 如果用戶為 root 時，預設目錄權限為 755 而預設檔案為 644。
- 如果用戶為一般帳號時，預設目錄權限為 775 而預設檔案為 664。

這樣的權限設計是考量一般用戶可能會有同群組互相操作『同群組共享目錄』的可能之故。但其實該預設權限是可以修改的，其主要的設定為 umask 所管理。

```
[student@localhost ~]$ umask
0002

[root@localhost ~]# umask
0022
```

分別使用 root 與 student 查閱 umask 時，其輸出的結果並不相同。最簡單的思考方向，umask 為拿掉不想要給予的預設權限。而四組分數中，第一個為特殊權限分數，不用理會，後續三個分數 (root 為 022 而 student 為 002) 即為一般權限設定的三種身份權限。

嘗試說明為何 root 在新建資料時，預設權限會是 755(目錄) 與 644(檔案)？

如果 linuxuser1 在新建目錄時，希望同群組的用戶可以一同完整操作檔案，但是其他人則沒有任何權限，該如何處理 umask 呢？簡單的處理流程為：

```
[root@localhost ~]# su - linuxuser1
[linuxuser1@localhost ~]$ umask 007
[linuxuser1@localhost ~]$ mkdir newdir
[linuxuser1@localhost ~]$ touch newfile
[linuxuser1@localhost ~]$ ll -d new*
drwxrwx---. 2 linuxuser1 linuxuser1 6 May  3 23:54 newdir
-rw-rw----. 1 linuxuser1 linuxuser1 0 May  3 23:54 newfil
```

若需要這樣的設定永遠存在，就寫入 ~/.bashrc 當中即可。

10.1.5 帳號管理實務

任務一：關於新建用戶的家目錄與 bash 操作環境設定，未來所有系統新建的用戶，在其家目錄中：

- 必須要建立名為 bin 的子目錄。
- 在 .bashrc 之內，必須要讓 HISTSIZE 達到 10000 的記錄。
- 建立 cp, rm, mv 的 alias，讓這三個指令預設要加上 -i 的選項。

解決方案很簡單，因為只是修改未來新用戶的資料而已，因此只要修訂 /etc/skel 即可處理完畢！

```
[root@localhost ~]# cd /etc/skel
[root@localhost skel]# mkdir bin
```

```
[root@localhost skel]# vim .bashrc
# User specific aliases and functions
HISTSIZE=10000
HISTFILESIZE=10000
alias cp="cp -i"
alias mv="mv -i"
alias rm="rm -i"

[root@localhost skel]# useradd testuser2
[root@localhost skel]# ll /home/testuser2; tail -n 4 /home/testuser2/.bashrc
drwxr-xr-x. 2 testuser2 testuser2 6 May  3 19:56 bin
HISTFILESIZE=10000
alias cp="cp -i"
alias mv="mv -i"
alias rm="rm -i"

[root@localhost skel]# userdel -r testuser2
```

建置完畢後我們使用 useradd 建立一個名為 testuser2 的帳號來查看一下是否有問題，若沒有問題就可以刪除該帳號了！

任務二：建立 mailuser1 ~ mailuser5 共五個帳號，這五個帳號需求：

- 這五個帳號為純 email 帳號，不許這五個帳號使用本機登入取得 shell，也不許透過網路取得可互動的 shell。
- 使用 openssl rand -base64 6 取得 8 位數密碼，將密碼設定給 mailuser[1-5]。
- 最終輸出 mailuserpw.txt 的檔案，內容就是這五個帳號與對應的密碼。

上述第一點主要是 shell 改成不可互動的 shell 即可，預設建議使用 /sbin/nologin 較佳。由於建置帳號的資料太多，因此建議使用 shell script 來處理較佳！

```
[root@localhost ~]# cd bin
[root@localhost bin]# vim mailuser.sh
#!/bin/bash
# This program will create mail users
# VBird 2016/05/03
```

```
for user in $(seq 1 5)
do
        username="mailuser${user}"
        userpass=$(openssl rand -base64 6)
        useradd -s /sbin/nologin ${username}
        echo ${userpass} | passwd --stdin ${username}
        echo "${username} ${userpass}" >> mailuserpw.txt
done

[root@localhost bin]# sh mailuser.sh
[root@localhost bin]# cat mailuserpw.txt
mailuser1 M8pk6GEt
mailuser2 HznQI88d
mailuser3 zKpg4eg/
mailuser4 aakuwjo/
mailuser5 VrJtokaT

[root@localhost bin]# grep mailuser /etc/passwd
mailuser1:x:1006:1006::/home/mailuser1:/sbin/nologin
mailuser2:x:1007:1007::/home/mailuser2:/sbin/nologin
mailuser3:x:1008:1008::/home/mailuser3:/sbin/nologin
mailuser4:x:1009:1009::/home/mailuser4:/sbin/nologin
mailuser5:x:1010:1010::/home/mailuser5:/sbin/nologin
```

上述即可建立好專門給 mail user 專用的帳號了！而且這些帳號還無法登入系統操作 bash，這樣系統較為安全！

任務三：由於軟體的特殊需求，我們需要建立如下的帳號：

- UID 為 399 的名為 sysuser1 的帳號。
- 這個帳號的初始群組為 users。
- 這個帳號的密碼為 centos。

其實不難，只要兩個指令即可結束！

```
[root@localhost ~]# useradd -u 399 -g users sysuser1
[root@localhost ~]# echo centos | passwd --stdin sysuser1
[root@localhost ~]# id sysuser1
uid=399(sysuser1) gid=100(users) groups=100(users)
```

建議讀者們最終一定要自己檢查看看是否正確才好！所以上述我們使用了 id 這個指令來查詢是否正確！

任務四：同一專案人員的共享目錄資源情況：

- 我的使用者 pro1, pro2, pro3 是同一個專案計畫的開發人員。
- 我想要讓這三個用戶在同一個目錄底下工作，但這三個用戶還是擁有自己的家目錄與。
- 基本的私有群組。
- 假設我要讓這個專案計畫在 /srv/projecta 目錄下開發。

問題不難，讀者應該會想到，之前處理權限資料時，就曾經玩過『共享目錄』的資訊，這裡即是重新複習一次！

```
[root@localhost ~]# groupadd project
[root@localhost ~]# useradd -G project pro1
[root@localhost ~]# useradd -G project pro2
[root@localhost ~]# useradd -G project pro3
[root@localhost ~]# echo password | passwd --stdin pro1
[root@localhost ~]# echo password | passwd --stdin pro2
[root@localhost ~]# echo password | passwd --stdin pro3
[root@localhost ~]# mkdir /srv/projecta
[root@localhost ~]# chgrp project /srv/projecta
[root@localhost ~]# chmod 2770 /srv/projecta
[root@localhost ~]# ll -d /srv/projecta
drwxrws---. 2 root project 6 May  3 21:43 /srv/projecta
```

最終三個用戶都加入 project 這個群組，而這個群組的用戶均可在 /srv/projecta 目錄裡進行任何工作！

10.2 多人共管系統的環境：用 sudo

由於系統的工作比較複雜，經常有不同的用戶會共同管理一部系統，這在社群的實務運作上經常發現。因為管理系統時需要管理員 (root) 的權限，本章之前讀者可以透過 su 來切換用戶，但如此一來就得要提供所有的用戶 root 的密碼，對於系統的運作來說，可能會有些許的問題。例如某位用戶切換成 root 密碼後，不小心改了 root 的密碼，而且自己也忘記了改回來，則未來大家都不知道如何操作系統了。

相對於 su 需要瞭解新切換的使用者密碼 (常常是需要 root 的密碼)，sudo 的執行則僅需要自己的密碼即可！甚至可以設定不需要密碼即可執行 sudo ！由於 sudo 可以讓你以其他用戶的身份執行指令 (通常是使用 root 的身份來執行指令)，因此並非所有人都能夠執行 sudo，而是僅有規範到 /etc/sudoers 內的用戶才能夠執行 sudo 這個指令。

只有信任用戶才能夠操作 sudo 這個指令，因此一開始還是需要使用 root 的權限來管理 sudo 的使用權才行。雖然 sudo 的設定檔為 /etc/sudoers，不過建議使用 visudo 來編輯較佳，因為 visudo 可以進行設定檔的語法檢驗功能。

```
[root@localhost ~]# visudo
## Allow root to run any commands anywhere
root                    ALL=(ALL)               ALL
使用者帳號    登入者的來源主機=(可切換的身份) 可下達的指令
```

大約在 98 行附近，讀者會看到上面的 root 開頭那行。由於僅有 root 這一行，亦即一開始僅有 root 可以執行 sudo 的意思。

1. 如何讓 student 這個帳號可以執行 sudo 來轉換身份成為 root 進行系統管理？
2. 利用 student 身份操作 sudo，進行 grep student /etc/shadow 的行為。
3. 讓 student 操作 su - 時，輸入的是自己的密碼而非 root 密碼。

除了單一個人的設定之外，在 /etc/sudoers 若有底下這一行，亦代表加入 wheel 群組的用戶也能夠操作 sudo 之意。

```
[root@localhost ~]# visudo
## Allows people in group wheel to run all commands
%wheel  ALL=(ALL)       ALL
```

1. 測試一下 linuxuser1 能否操作 sudo 指令達成 tail /etc/shadow 任務？
2. 將 linuxuser1 加入 wheel 群組內。
3. 再重新測試第 1 點任務。

10.3 主機的細部權限規劃：ACL 的使用

如果 10.1 小節最後的一個練習中，/srv/projecta 需要讓 student 這個帳號登入去『查看』資料而已，不能變更現有的權限設定，此時該如何設計呢？這時就可以考慮 ACL (Access Control List, 存取控制列表) 的使用了！

10.3.1 什麼是 ACL 與如何支援啟動 ACL

ACL 是 Access Control List 的縮寫，主要的目的是在提供傳統的 owner,group,others 的 read,write,execute 權限之外的細部權限設定。ACL 可以針對單一使用者，單一檔案或目錄來進行 r,w,x 的權限規範，對於需要特殊權限的使用狀況非常有幫助。

ACL 主要可以針對幾個項目來加以控制：

- 使用者 (user)：可以針對使用者來設定權限。
- 群組 (group)：針對群組為對象來設定其權限。
- 預設屬性 (mask)：還可以針對在該目錄下在建立新檔案/目錄時，規範新資料的預設權限。

ACL 必須要配合檔案系統的掛載啟動才能生效，一般均將 acl 參數寫入 /etc/fstab 的第四欄位中。不過由於 ACL 幾乎為目前 Linux 標準支援的檔案系統參數，因此讀者僅須查詢核心是否啟動 ACL 即可，已無須將 acl 參數寫入掛載設定中。

```
[root@localhost ~]# dmesg | grep -i acl
[    0.609488] systemd[1]: systemd 219 running in system mode. (+PAM +AUDIT
```

```
 +SELINUX +IMA -APPARMOR +SMACK +SYSVINIT +UTMP +LIBCRYPTSETUP +GCRYPT +GNUTLS
 +ACL +XZ -LZ4 -SECCOMP +BLKID +ELFUTILS +KMOD +IDN)
[    1.763620] SGI XFS with ACLs, security attributes, no debug enabled
```

(請注意，因為 xfs 預設已經啟動 ACL，且掛載參數不支援 acl，故使用 ext4 檔案系統解釋。)

- 建立一個新的大約有 500M 容量的 ext4 檔案系統，開機後預設掛載到 /data/ext4 目錄內。
- 同時強迫這個 ext4 檔案系統加上 ACL 的參數掛載。
- 測試完畢後，請刪除此檔案系統喔！

10.3.2 ACL 的設定技巧

ACL 針對單一用戶的設定練習中，我們以『讓 student 可以讀取 /srv/projecta』為範本來介紹。

```
[root@localhost ~]# ll -d /srv/projecta
drwxrws---. 2 root project 6 May  3 21:43 /srv/projecta

[root@localhost ~]# setfacl -m u:student:rx /srv/projecta
[root@localhost ~]# ll -d /srv/projecta
drwxrws---+ 2 root project 6 May  3 21:43 /srv/projecta

[root@localhost ~]# getfacl /srv/projecta
# file: srv/projecta
# owner: root
# group: project
# flags: -s-
user::rwx            <==預設的擁有者權限
user:student:r-x     <==針對 student 的權限
group::rwx           <==預設的群組權限
mask::rwx            <==預設的 mask 權限
other::---
```

如上所示，setfacl -m 為設定的指令與選項，而設定的項目則主要有：

- 針對個人：u:帳號名稱:rwx-
- 針對群組：g:群組名稱:rwx-

至於 getfacl 則是查閱 ACL 設定的指令。輸出結果與上述的設定項目類似，只是當帳號或群組名稱沒有寫的時候，代表為檔案擁有者的帳號與群組之意。因此就能夠得到上述的結果。

至於 getfacl 輸出的結果中，有個 mask 的項目，10.1.4 所述，umask 為拿掉的權限，在 getfacl 當中，mask 則是可給予的權限之意。預設 mask 會全部都給予～如果我們將 mask 拿掉只剩下 x 時，會發生的問題如下：

```
[root@localhost ~]# setfacl -m m::x /srv/projecta
[root@localhost ~]# getfacl /srv/projecta
# file: srv/projecta
# owner: root
# group: project
# flags: -s-
user::rwx
user:student:r-x                #effective:--x
group::rwx                      #effective:--x
mask::--x
other::---
```

由於 mask 的關係，因此 student 這個帳號雖然給予 rx 的權限，但是實際上可以取得的權限則僅有 x 而已 (觀察 effective 的輸出項目)。此外，如果要取消掉這個設定值時，可以使用如下的方式處理。

```
[root@localhost ~]# setfacl -m m::rwx /srv/projecta
[root@localhost ~]# getfacl /srv/projecta
```

亦即重新設定進去即可。那如果使用 pro1 這個帳號實際在 /srv/projecta 操作時，會出現的權限狀態情況如下：

```
[root@localhost ~]# su - pro1
[pro1@localhost ~]$ cd /srv/projecta
[pro1@localhost projecta]$ mkdir newdir
[pro1@localhost projecta]$ touch newfile
```

```
[pro1@localhost projecta]$ ll -d new*
drwxrwsr-x. 2 pro1 project 6 May  4 00:37 newdir
-rw-rw-r--. 1 pro1 project 0 May  4 00:37 newfile
```

讀者們可以發現在 /srv/projecta 目錄內的新檔案並沒有預設的 ACL 設定值，因此 student 的權限很可能被修改掉而無法保持 rx 的權限設定。此時，我們可以額外指定『預設的 ACL 權限』資訊，如下設定：

```
[root@localhost ~]# setfacl -m d:u:student:rx /srv/projecta
[root@localhost ~]# getfacl /srv/projecta
# file: srv/projecta
# owner: root
# group: project
# flags: -s-
user::rwx
user:student:r-x
group::rwx
mask::rwx
other::---
default:user::rwx
default:user:student:r-x
default:group::rwx
default:mask::rwx
default:other::---
```

若讀者發現設定錯誤，想要將某一條 ACL 的權限設定取消時，例如將 student 的規則取消，則可以使用如下的方式來處理：

```
[root@localhost ~]# setfacl -x u:student /srv/projecta
```

取消設定比較單純，不過要注意取消的情況得要使用 -x 這個選項，而非 -m 的選項。此外，由於取消設定是不需要處理權限的，因此取消時，僅需要處理『u:帳號』或『g:群組』這樣就好了！那如果要將該檔案的所有 ACL 設定都取消時，可以使用底下的方式：

```
[root@localhost ~]# setfacl -b /srv/projecta
[root@localhost ~]# ll -d /srv/projecta/
drwxrws---. 3 root project 33 May  4 00:37 /srv/projecta/
```

讀者可以發現到，權限位置最末位的 + 號不見了，因為已經完整的取消的緣故。

1. 有兩個群組需要建立，一個是老師的 myteacher 一個是學生的 mystudent，兩個群組建立時，請使用系統帳號的群組 GID 號碼範圍。
2. 兩個群組各有三個人，分別是 myteacher1 ~ myteacher3 以及 mystudent1 ~ mystudent3，請使用預設的情況建立好這六個帳號，同時注意，六個人都需要有個別的次要群組支援。
3. 六個人的密碼均是 password 喔！

1. mystudent1 ~ mystudent3 需要有共享目錄，該目錄名稱 /srv/myshare，同時，除了 mystudent 具有完整的權限之外，其他人不可有任何權限。
2. 由於 myteacher 的群組是老師，老師們需要進入 /srv/myshare 查閱學生的進度，但是不可干擾學生的作業，因此應該要給予 rx 的權限才對。
3. 但由於 myteacher3 並不是這個班級的老師，因此這個老師帳號不可以進入該目錄。

10.4 課後練習操作

前置動作：請使用 unit10 的硬碟進入作業環境，並請先以 root 身分執行 vbird_book_setup_ip 指令設定好你的學號與 IP 之後，再開始底下的作業練習。

請使用 root 的身份進行如下實作的任務。直接在系統上面操作，操作成功即可，上傳結果的程式會主動找到你的實作結果。另外，**因為題目是有連續性的，請依照順序完成題目，盡量不要跳著做。**

1. 請回答底下問答題，答案請寫入 /root/ans10.txt 當中：
   a. 一般我們在建立 linux 帳號時，哪三個檔案會記錄這個帳號的 UID, GID, 支援群組, 密碼等資訊？
   b. 一般帳號被建立後(假設帳號名稱為 myusername)，基本上會有哪一個目錄與哪一個檔案會被建立？
   c. 若設定 umask 033 後，新建的檔案與目錄權限各為幾分？
   d. 在 /etc /var 與 /usr 裡面，各有一個不屬於任何人的檔案，請將檔案的完整檔名找出來，並寫下來。
2. 建立一個名為 /root/myaccount.sh 的大量建立帳號的腳本，這個腳本執行後，可以完成底下的事件：
   a. 會建立一個名為 mygroup 的群組。
   b. 會依據預設環境建立 30 個帳號，帳號名稱為 myuser01 ~ myuser30 共 30 個帳號，且這些帳號會支援 mygroup 為次要群組。
   c. 每個人的密碼會使用【 openssl rand -base64 6 】隨機取得一個 8 個字元的密碼，並且這個密碼會被記錄到 /root/account.password 檔案中，每一行一個，且每一行的格式有點像【myuser01:AABBCCDD】。
3. 有個名為 gooduser 的帳號不小心被刪除了，還好，這個帳號的家目錄還存在。請依據這個提示，重建這個帳號 (記住，UID 與 GID 應該要回復到原本尚未被刪除前的狀態)，且該用戶的密碼設定為 mypassword，同時，這個帳號請重新設定為可以使用 sudo 的！
4. 由於你管理的系統需要有專題群組的夥伴共同使用系統，因此你將這些專題夥伴加入同一個次要群組支援！
   a. 專題群組的名稱設為：myproject。
   b. 專題組員的名稱分別為：mypro1, mypro2, mypro3，且這三個帳號都加入了 myproject 群組的次要支援。
   c. 這三個帳號的密碼均為 MyPassWord。
   d. 這個專題組員可共用 /srv/mydir 目錄，其他人則沒有任何權限。

5. 由於你幫學校老師管理 FTP 伺服器，這個伺服器的使用者不能提供可登入系統的 shell，但是可以使用 FTP 與 email 等網路服務：
    a. 帳號名稱為：ftpuser1, ftpuser2, ftpuser3，這三個帳號可以使用 ftp 網路功能，但是不能在系統前登入 tty 或使用終端機登入系統。
    b. 這三個帳號的密碼均為 MyPassWord。
6. 建立一個名為 mysys1 的系統帳號，且這個系統帳號 (1)不需要家目錄 (2)給予 /sbin/nologin 的 shell (3)也不需要密碼。
7. 修改新建帳號的預設資訊 。
    a. 讓未來新建的用戶，其家目錄預設都會有一個名為 web 的子目錄存在？
    b. 讓新建用戶的 history 預設可以記憶 5000 筆記錄(已存在帳號不受影響)。
    c. 讓新建帳號的 shell 將使用 /sbin/nologin。
8. 特別目錄的權限應用：
    a. 剛剛建立的 /srv/mydir 目錄，在不更改原有的權限設定下 (因為原本就是給 myproject 群組用的)，現在，要讓加入 users 群組的帳號們，也能夠進入該目錄查閱資料 (只能進入與查閱，不能寫入)，該如何處置？
    b. 那個 gooduser 的帳號，其實是老師的帳號，在不更改既有權限的情況下，gooduser 也需要能夠進入該目錄做任何事情，且未來在 /srv/mydir 所新建立的任何檔案(或目錄)資料，gooduser 也能夠進行任何動作。(hint：就是有預設值的意思)

作業結果傳輸：請以 root 的身分執行 vbird_book_check_unit 指令上傳作業結果。正常執行完畢的結果應會出現【XXXXXX;aa:bb:cc:dd:ee:ff;unitNN】字樣。若需要查閱自己上傳資料的時間，請在作業系統上面使用：http://192.168.251.250 檢查相對應的課程檔案。

作答區

作答區

11

基礎設定、備份、檔案壓縮打包與工作排程

帳號與權限的部份瞭解告一段落之後，讀者應該可以針對系統進行一些基礎的設定了，包括網路、日期時間等等。同時，最好也能理解一下系統的備份工作，同時為了減少備份的容量，理解一下檔案的壓縮與打包也是重要的工作。最終，當事情通通要交給系統獨自運作時，讀者對於工作排程的理解也不能少。

11.1 Linux 系統基本設定

在更進一步管理系統前，先來整理一下系統的網路建置、日期與時間的修改、語系等相關的設定，讓系統更符合你的操作行為與環境。

11.1.1 網路設定

網路設定是系統管理員主要負責的項目。一般來說，以伺服器的角度觀之，通常伺服器的網路都是固定的，大多使用手動的方式來設定好網路。如果是以桌機的角度來看，則大多使用自動取得網路參數，亦即所謂的『dhcp』協定來自動處理。如果是台灣地區的一般民眾，可能會有兩個主要的網路參數取得方式，一個是與電話線路結合，例如中華電信的 ADSL 或者光世代的撥接方式，一種則是透過與第四台的纜線結合。

CentOS 7 以後，系統希望讀者使用 Network Manager 這個服務來管理網路，同時提供一個名為 nmcli 的簡易指令，搭配 bash-completion 軟體，可以快速的使用 [tab] 按鍵配合，完成所有的任務。

觀察網路連線界面與網路卡

系統上的所有網路界面都可以透過 ifconfig 這個指令來觀察，不過這個指令在某些系統上並不一定會提供。因此，近來我們建議使用 ip link show 這個指令來查閱！方法如下：

```
[root@localhost ~]# ip link show
1: lo: <LOOPBACK,UP,LOWER_UP> mtu 65536 qdisc noqueue state UNKNOWN mode DEFAULT
    link/loopback 00:00:00:00:00:00 brd 00:00:00:00:00:00
2: eth0: <BROADCAST,MULTICAST,UP,LOWER_UP> mtu 1500 qdisc pfifo_fast state UP
    mode DEFAULT qlen 1000
    link/ether 52:54:00:21:bc:9e brd ff:ff:ff:ff:ff:ff
3: virbr0: <NO-CARRIER,BROADCAST,MULTICAST,UP> mtu 1500 qdisc noqueue state DOWN
    mode DEFAULT
    link/ether 52:54:00:2f:74:a6 brd ff:ff:ff:ff:ff:ff
4: virbr0-nic: <BROADCAST,MULTICAST> mtu 1500 qdisc pfifo_fast master virbr0 state
    DOWN mode DEFAULT qlen 500
    link/ether 52:54:00:2f:74:a6 brd ff:ff:ff:ff:ff:ff
```

上述的 lo, eth0, virbr0, virbr0-nic 等等就是網路介面卡！系統實際上就是透過這些介面卡來連線到網路的。讀者應該要知道，一張介面卡可以同時提供多個網路位址 (IP)，而利用這些介面卡來達成連線的方式就稱為網路連線代號。查詢網路連線代號的方式如下：

```
[root@localhost ~]# nmcli connection show
NAME        UUID                                  TYPE             DEVICE
virbr0-nic  94c93abe-6786-444c-9cdd-1f20961473ca  generic          virbr0-nic
virbr0      ac82c547-0c6c-464f-8e38-d4a5efa90788  bridge           virbr0
eth0        ff0b88ed-7cc6-4803-be7d-e77c74fea95b  802-3-ethernet   eth0
```

讀者們應該要注意的是：

- NAME：即為網路連線代號，接下來我們要處理的任務均是針對此連線代號而來。
- UUID：Linux 的裝置識別碼，在系統當中幾乎是獨一無二的存在。
- TYPE：網路連線的類型，包括乙太網路、無線網路、橋接等等功能。
- DEVICE：即是網路介面卡。

由於讀者們所操作的系統是本教材提供的複製品，對於您的環境來說，可能有些許的差異，因此，建議你應該要刪除 eth0 這個連線代號，然後重建一次 eth0 比較妥當。刪除連線與建立連線的方式如下：

```
[root@localhost ~]# nmcli connection delete eth0
[root@localhost ~]# nmcli connection add con-name eth0 ifname eth0 type ethernet
Connection 'eth0' (ab47810d-2aca-4956-9263-de0952b4eebc) successfully added.

[root@localhost ~]# nmcli connection show
NAME        UUID                                  TYPE             DEVICE
virbr0-nic  94c93abe-6786-444c-9cdd-1f20961473ca  generic          virbr0-nic
virbr0      ac82c547-0c6c-464f-8e38-d4a5efa90788  bridge           virbr0
eth0        ab47810d-2aca-4956-9263-de0952b4eebc  802-3-ethernet   eth0
```

讀者會發現到 eth0 連線代號的 UUID 改變了，同時 DEICE 會搭配到你的網路界面卡，此時系統就幫你建置好 eth0 這個連線代號。

使用 man nmcli 之後，查詢 connection 的關鍵字，找到 add 的項目，寫下底下項目的意義：

1. con-name
2. ifname
3. type

觀察網路連線代號的詳細設定

詳細的網路連線代號內容的觀察，可以這樣做：

```
[root@localhost ~]# nmcli connection show eth0
connection.id:                          eth0
connection.uuid:                        ab47810d-2aca-4956-9263-de0952b4eebc
connection.interface-name:              eth0
connection.type:                        802-3-ethernet
connection.autoconnect:                 yes
.......
ipv4.method:                            auto
ipv4.dns:
ipv4.dns-search:
ipv4.addresses:
ipv4.gateway:                           --
ipv4.routes:
.......
ipv6.method:                            auto
ipv6.dns:
ipv6.dns-search:
ipv6.addresses:
ipv6.gateway:                           --
.......
IP4.ADDRESS[1]:                         172.16.0.83/16
IP4.GATEWAY:                            172.16.200.254
IP4.DNS[1]:                             172.16.200.254
IP4.DOMAIN[1]:                          gocloud.vm
DHCP4.OPTION[1]:                        requested_domain_search = 1
DHCP4.OPTION[2]:                        requested_nis_domain = 1
```

```
DHCP4.OPTION[3]:                              requested_time_offset = 1
.......
IP6.ADDRESS[1]:                               fe80::5054:ff:fe21:bc9e/64
IP6.GATEWAY:
```

一般來說，輸出的資訊有小寫字元與大寫字元，小寫字元大多為『設定值』，大寫字元大多為『現在運作中的狀態資料』。上表僅列出較為重要的資訊，包括有：

- connection.autoconnect [yes|no] ：是否於開機時啟動這個連線，預設通常是 yes。
- ipv4.method [auto|manual] ：自動還是手動設定網路參數。
- ipv4.dns [dns_server_ip] ：填寫 DNS 伺服器的 IP 位址。
- ipv4.addresses [IP/Netmask] ：IP 與 netmask 的集合，中間用斜線 / 來隔開。
- ipv4.gateway [gw_ip] ：gateway 的 IP 位址。

至於大寫字元裡頭，比較常見的重要項目：

- IP4.ADDRESS[1]: 目前運作中的 IPv4 的 IP 位址參數。
- IP4.GATEWAY: 目前運作中的 IPv4 的通訊閘。
- IP4.DNS[1]: 目前運作中的 DNS 伺服器 IP 位址。
- DHCP4.OPTION[XX]: 由 DHCP 伺服器所提供的相關參數。

基本上，如果看到 DHCP4.OPTION 之類的字樣，代表這個網路連線代號主要是透過『自動取得 IP』的方式來處理的。

自動取得 IP 參數的設定

所謂的自動取得 IP 參數，代表使用 DHCP 伺服器來管理網路參數的給予，因此讀者的環境中應該具有 IP 分享器或其他提供 DHCP 功能的設備。由於所有的設定均來自於 DHCP 服務，因此讀者僅須提供 ipv4.method 為自動 (auto) 即可。

```
[root@localhost ~]# nmcli connection modify eth0 ipv4.method auto
[root@localhost ~]# nmcli connection up eth0
Connection successfully activated (D-Bus active path:
/org/freedesktop/NetworkManager/ActiveConnection/4)
```

上表『nmcli connection up eth0』代表使用設定值來重新啟動這個網路連線代號之意。

手動設定 IP 參數

網路環境的設定主要由 ISP 來提供，假設你的系統所在的 ISP 告知你的網路設定如下：

- IP/Netmask: 172.16.50.1/16
- Gateway: 172.16.200.254
- DNS: 172.16.200.254

讀者可以透過底下的方式來處理手動設定 IP 的方式：

```
[root@localhost ~]# nmcli connection modify eth0  \
> connection.autoconnect yes \
> ipv4.method manual \
> ipv4.addresses 172.16.50.1/16 \
> ipv4.gateway 172.16.200.254 \
> ipv4.dns 172.16.200.254

[root@localhost ~]# nmcli connection show eth0
.......
ipv4.method:                            manual
ipv4.dns:                               172.16.200.254
ipv4.dns-search:
ipv4.addresses:                         172.16.50.1/16
ipv4.gateway:                           172.16.200.254
.......
[root@localhost ~]# nmcli connection up eth0
```

確認啟動網路之後，觀察一下最下方的大寫字樣的資料，是否正確顯示出跟你設定值相同的資訊？

```
[root@localhost ~]# nmcli connection show eth0
.......
IP4.ADDRESS[1]:                         172.16.50.1/16
IP4.GATEWAY:                            172.16.200.254
IP4.DNS[1]:                             172.16.200.254
IP6.ADDRESS[1]:                         fe80::5054:ff:fe21:bc9e/64
IP6.GATEWAY:
```

主機名稱設定

一般連線到 Internet 的伺服器應該都有一個主機名稱，主機名稱的觀察方式可以直接使用 hostname 來觀察，如果是設定，則需要編寫 /etc/hostname 這個檔案。但如果手動編輯設定檔，通常都需要透過重新開機 (reboot) 來讓主機名稱生效。為了解決這個 reboot 的問題，centos 提供了名為 hostnamectl 的指令來管理，假設主機名稱為 www.centos 時，可以這樣設定：

```
[root@localhost ~]# hostnamectl set-hostname www.centos
[root@localhost ~]# hostnamectl
   Static hostname: www.centos
         Icon name: computer-vm
           Chassis: vm
        Machine ID: 741c73b552ed495d92a024bc7a9768cc
           Boot ID: 2b1132689ed24361b2dec52309174403
    Virtualization: kvm
  Operating System: CentOS Linux 7 (Core)
       CPE OS Name: cpe:/o:centos:centos:7
            Kernel: Linux 3.10.0-327.el7.x86_64
      Architecture: x86-64
```

這樣立刻設定好主機名稱，且可以不用重新開機。

1. 請依據底下提供的資料來設定好你的網路參數 (應該依據您的教師提供的資料為主)：
   a. IP/netmask: 172.16.60.XX/16 (XX 為你的學號尾數，以全班不重複為主)

   b. gateway: 172.16.200.254
   c. DNS: 168.95.1.1 (此為中華電信慣用的 DNS 伺服器，因此你的環境中須有 Internet)
   d. Hostname: stationXX.centos (XX 為你的學號尾數)

2. 檢查網路參數與網路狀態的方式：
   a. 透過 nmcli connection show 可以查詢到哪些重要的參數？
   b. (1)如何透過 ping 這個指令來檢查你的伺服器與路由器之間的連線情況？同時，(2)回傳的訊息中，出現什麼關鍵字才是順利的連線成功？(3)出現的訊息中，time 的單位與意義為何？
   c. 透過 dig www.google.com 來檢查 DNS 是否順利運作中：(1)有哪幾個 section 需要注意？(2)出現哪一個 section 才算正確的查詢到 IP？(3)哪個項目可以看出查詢的 server IP 位址為何？
   d. 哪個指令可以查看目前本主機的主機名稱？

11.1.2 日期與時間設定

地球上每個地區都有專屬於自己的時區，因此當你帶著 notebook 到不同時區的地點時，可能得要修訂自己的電腦時間才行。修訂的方式可以使用 CentOS7 提供的 timedatectl 指令。

```
[root@localhost ~]# timedatectl
      Local time: Tue 2016-05-10 19:25:38 CST
  Universal time: Tue 2016-05-10 11:25:38 UTC
        RTC time: Tue 2016-05-10 11:25:52
       Time zone: Asia/Taipei (CST, +0800)
     NTP enabled: no
NTP synchronized: no
 RTC in local TZ: no
      DST active: n/a
```

查詢自己系統目前的正確時間，然後透過 timedatectl 指令來設定好目前的時間。

除了自行設定之外，讀者亦可透過網路來進行時間的校正。以崑山科大來說，崑山科大提供了 ntp.ksu.edu.tw 這個 NTP 伺服器，因此網路校時可以簡單的進行：

```
[root@localhost ~]# ntpdate ntp.ksu.edu.tw
10 May 11:28:30 ntpdate[18839]: step time server 120.114.100.1 offset -
28784.726606 sec
[root@localhost ~]# hwclock -w
```

如上表所示，某些特殊的環境下，台灣的時間會快了 8 小時，這是因為虛擬機使用了格林威治時間所致。校正後系統即可正確設定。

透過持續網路校時功能 (用戶端功能)

讀者應該會發現到現今的作業系統大多可以保持正確的時間，再也無須進行手動校時。CentOS 7 提供兩個機制來協助網路校時，一個是透過 chronyd 服務，一個則是透過 ntpd。CentOS 7 預設使用 chronyd 這個服務。若以崑山科大為例，崑山科大提供 ntp.ksu.edu.tw 這個時間伺服器，若以此時間伺服器為主要的更新時間來源，可以這樣做：

```
[root@localhost ~]# vim /etc/chrony.conf
# Use public servers from the pool.ntp.org project.
# Please consider joining the pool (http://www.pool.ntp.org/join.html).
#server 0.centos.pool.ntp.org iburst    <==將預設的伺服器註解
#server 1.centos.pool.ntp.org iburst
#server 2.centos.pool.ntp.org iburst
#server 3.centos.pool.ntp.org iburst
server ntp.ksu.edu.tw iburst    <==加入所需要的伺服器
.....

[root@localhost ~]# systemctl enable  chronyd
[root@localhost ~]# systemctl restart chronyd
[root@localhost ~]# systemctl status  chronyd
```

```
● chronyd.service - NTP client/server
   Loaded: loaded (/usr/lib/systemd/system/chronyd.service; disabled; vendor
preset: enabled)
   Active: active (running) since 一 2017-04-03 02:26:43 EDT; 4s ago
  Process: 2086 ExecStartPost=/usr/libexec/chrony-helper update-daemon
(code=exited, status=0/SUCCESS)
  Process: 2082 ExecStart=/usr/sbin/chronyd $OPTIONS (code=exited,
status=0/SUCCESS)
 Main PID: 2084 (chronyd)
   CGroup: /system.slice/chronyd.service
           └─2084 /usr/sbin/chronyd

 4月 03 02:26:43 localhost systemd[1]: Starting NTP client/server...
 4月 03 02:26:43 localhost chronyd[2084]: chronyd version 2.1.1 starting (+CMDMON
+NTP +REFCLOCK +RTC...
 4月 03 02:26:43 localhost chronyd[2084]: Generated key 1
 4月 03 02:26:43 localhost systemd[1]: Started NTP client/server.
 4月 03 02:26:47 localhost chronyd[2084]: Selected source 120.114.100.1
 4月 03 02:26:47 localhost chronyd[2084]: System clock wrong by 2.322333 seconds,
adjustment started
Hint: Some lines were ellipsized, use -l to show in full.
```

若有需要了解到目前的 NTP 時間狀況，可以使用追蹤 (tracking) 來處理看看：

```
[root@localhost ~]# chronyc tracking
Reference ID    : 120.114.100.1 (ntp.ksu.edu.tw)
Stratum         : 4
Ref time (UTC)  : Mon Apr  3 06:38:52 2017
System time     : 0.000042931 seconds slow of NTP time
Last offset     : -0.000060345 seconds
RMS offset      : 0.000033498 seconds
Frequency       : 19.614 ppm slow
Residual freq   : -0.102 ppm
Skew            : 0.959 ppm
Root delay      : 0.008587 seconds
Root dispersion : 0.054062 seconds
Update interval : 64.2 seconds
Leap status     : Normal
```

如此一來，如果有網路，則此 Linux 系統就能夠持續的更新時間了。

11.1.3 語系設定

登入系統時，取得 bash 之後，會有預設的語系資料，預設讀者的環境應該是 zh_TW.utf8 這個語系。但是圖形界面登入處預設為英文語系，那個環境即為『系統語系』的相關設定。讀者可以使用 locale 來查閱目前的語系，而使用 localectl 來查閱系統的預設語系。

```
[root@localhost ~]# localectl
   System Locale: LANG=en_US.UTF-8
       VC Keymap: us
      X11 Layout: us,cn
     X11 Variant: ,
     X11 Options: grp:ctrl_shift_toggle
```

若想要讓圖形界面的畫面以台灣中文為主，可以使用如下的方式來處置：

```
[root@localhost ~]# localectl set-locale LANG=zh_TW.utf8
[root@localhost ~]# systemctl isolate multi-user.target
[root@localhost ~]# systemctl isolate graphical.target
```

11.1.4 簡易防火牆管理

若要作為伺服器，那麼 Linux 的防火牆管理就顯的重要了。CentOS 7 提供一個名為 firewalld 的防火牆服務，這個防火牆主要透過 firewall-cmd 指令管理，而防火牆的執行分為兩種方式：

- 目前進行中 (acitve) 的環境。
- 永久記錄 (permanent) 的設定資料。

此外，為了方便管理，防火牆將許多不同的應用定義了多種的領域 (zone)，不過，在這裡我們只需要知道公開的領域 (public) 即可。

```
[root@localhost ~]# firewall-cmd --get-default-zone
public

[root@localhost ~]# firewall-cmd --list-all
public (default, active)
  interfaces: eth0
```

```
  sources:
  services: dhcpv6-client ssh
  ports:
  masquerade: no
  forward-ports:
  icmp-blocks:
  rich rules:
```

上面表格顯示預設的防火牆使用 public 這個領域的規則設定，而 public 領域內的資料中，主要應用了：

- 『interfaces: eth0』：主要管理的界面為 eth0 這個介面卡。
- 『services: dhcpv6-client ssh』：可以通過防火牆進出系統的服務有 dhcp 用戶端以及 ssh 這兩個服務。
- 『masquerade: no』：沒有啟動 IP 偽裝功能。

未來如果讀者的伺服器要加上 httpd 這個 WWW 網頁伺服器服務的話，就以如下的方式來加入：

```
[root@localhost ~]# firewall-cmd --add-service=http
success

[root@localhost ~]# firewall-cmd --list-all
public (default, active)
  interfaces: eth0
  sources:
  services: dhcpv6-client http ssh
  ports:
  masquerade: no
  forward-ports:
  icmp-blocks:
  rich rules:
```

但是上述指令僅能在這次開機階段執行，重新開機後，或者是重新載入 firewalld 之後，這條規則就被註銷了。因此，確認規則是正常的之後，應該使用如下的方式增加到設定檔當中才對：

```
[root@localhost ~]# firewall-cmd --add-service=http --permanent
success
```

```
[root@localhost ~]# firewall-cmd --list-all --permanent
```

請自行確認輸出的結果含有 http 才行。

請依據底下的方式處理好你的防火牆：

1. 先使用 --get-services 查詢 firewall-cmd 所認識的所有的服務有哪些。
2. 刪除原有放行的服務，僅剩下放行 http, https, ftp, tftp 等服務到目前的防火牆規則中。
3. 先查詢 man firewalld.richlanguage 相關的規則與 example。
4. 只要來自 172.16.100.254 的要求，均予以放行。
5. 只要來自 172.16.0.0/16 的 ssh 連線要求，均予以放行。
6. 將上述結果寫入永久設定檔中。

11.2 檔案的壓縮與打包

許多時刻讀者應該會進行檔案系統的壓縮與打包，讓系統的備份資料或者是減少資料的使用空間。同時，程式設計師在網路提供資料時，為了降低頻寬使用率，更好的壓縮比會是資料壓縮的考量選項之一。

11.2.1 檔案的壓縮指令

在 Linux 環境下，常見的壓縮指令有：gzip, bzip2, xz 三種，這三個指令主要的目的為壓縮單一檔案而已。但預設的情況下，被壓縮的檔案會遺失而僅存在被壓縮完成之後的壓縮檔，除非使用 -c 的選項搭配資料流重導向，方可原始檔案與壓縮檔案同時存在。

測試不同壓縮指令的壓縮比

1. 前往 /dev/shm 建立 zip 目錄，並成為工作目錄。
2. 找出 /etc 底下最大容量的檔案 (使用 ll --help 找出相對應的選項)，並將該檔案複製到工作目錄下。
3. 將工作目錄下的檔案複製成為 filename.1, filename.2, filename.3 三個檔案。
4. 分別使用 time 測試 gzip 壓縮 filename.1, bzip2 壓縮 filename.2, xz 壓縮 filename.3 的時間。
5. 觀察一下哪個壓縮指令所花費的時間最長，哪個指令的壓縮比最佳。
6. 最終再以 time 搭配 gzip, bzip2, xz 將剛剛的壓縮檔解開，並查閱哪個指令花費的時間最長。
7. 以 gzip 為例，找出 gzip 的 -c 選項，當 gzip 壓縮 filename.1 時，同時保留原檔案與建立壓縮檔。

11.2.2 檔案的打包指令, tar

因為 gzip, bzip2, xz 主要是針對單一檔案來進行壓縮，對於類似 windows 提供的 winRAR, zip, 7-zip 等可以將多數檔案打包成為一個檔案的用法來說，這些壓縮指令是無法達到的。不過，Linux 環境底下有提供名為 tar 的打包指令，這個指令也可以使用 gzip, bzip2, xz 的函數來打包並壓縮，讀者可以將 tar 想成 7-zip 就是了。

tar 的基本語法有點像這樣：

```
[root@localhost ~]# tar [-z|j|J] -c|-t|-x [-v] [-f tar 支援的檔名] [filename...]
```

使用 tar 後續接的選項，你可以這樣思考：

- [-z|j|J] ：是否需要壓縮支援，三個選項分別是 gzip, bzip2, xz 的支援。
- -c|-t|-x ：實際進行的任務，三個選項分別是打包、查閱資料、解打包。

- -v ：是否要查閱指令執行過程。
- [-f tar 支援的檔名] ：使用 -f 來處理 tar 的檔案。

我們很常進行將 /etc/ 完整備份的任務，假設我們要將 /etc 使用最大壓縮比的 xz 壓縮備份，可以這樣做：

```
[root@localhost ~]# cd /dev/shm/zip
[root@localhost zip]# tar -Jcv -f etc.tar.xz /etc
[root@localhost zip]# ll etc*
-rw-r--r--. 1 root root 5635764  5月 11 11:57 etc.tar.xz
```

一般來說，tar 的副檔名是可以隨意取的，亦即上方的 etc.tar.xz。不過最好搭配 tar 以及壓縮指令的副檔名較佳，因此常見的副檔名為：

- *.tar：單純的 tar 並沒有壓縮。
- *.tar.gz：支援 gzip 壓縮的 tar 檔案。
- *.tar.bz2：支援 bzip2 壓縮的 tar 檔案。
- *.tar.xz：支援 xz 壓縮的 tar 檔案。

若需要查看 etc.tar.xz 的檔案內容，可以使用如下的方式來查看：

```
[root@localhost zip]# tar -Jtv -f etc.tar.xz
.......
-rw-r--r-- root/root        11 2016-05-10 19:06 etc/hostname
-rw-r--r-- root/root       163 2016-02-18 02:54 etc/.updated
-rw-r--r-- root/root     12288 2016-02-18 18:42 etc/aliases.db
```

只要將 -c 改成 -t 即可查閱壓縮檔案的內容，同時讀者也很清楚的看到，檔名的項目『已經移除了根目錄』！因此，解打包 tar 檔案時，預設會在工作目錄解開檔名。若需要在不同的目錄下解開，就需要搭配 -C 的選項才行 (man tar)。

1. 先使用 file 確認 etc.tar.xz 所支援的壓縮指令為何？
2. 分別將 etc.tar.xz 在本目錄與 /tmp 目錄解開。

11.2.3 備份功能

tar 經常被用來作為系統檔案備份的工具，如果不考慮容量，一般建議使用 gzip 支援速度較快，如果不考慮時間，則建議支援 xz 壓縮的方式處理，可以有較小的空間使用率。

以 Linux 作業系統的正規目錄來說，建議備份的目錄應該有底下的這些目錄：

- /etc/ 整個目錄
- /home/ 整個目錄
- /var/spool/mail/
- /var/spoll/{at|cron}/
- /root/
- 如果你自行安裝過其他的軟體，那麼 /usr/local/ 或 /opt 也最好備份一下！

若是針對網路服務方面的資料，那經常備份的有：

- 軟體本身的設定檔案，例如：/etc/ 整個目錄，/usr/local/ 整個目錄。
- 軟體服務提供的資料，以 WWW 及 Mariadb 為例：
  - WWW 資料：/var/www 整個目錄或 /srv/www 整個目錄，及系統的使用者家目錄。
  - Mariadb ：/var/lib/mysql 整個目錄。
- 其他在 Linux 主機上面提供的服務之資料庫檔案！

假設我需要備份的目錄有底下這些：

- /etc
- /home
- /root

- /var/spool/mail/, /var/spool/cron/, /var/spool/at/
- /var/lib/

請撰寫一隻名為 /backups/backup_system.sh 的腳本，來進行備份的工作。腳本內容可以是：

1. 設計一個名為 source 的變數，變數內容以空格隔開所需要備份的目錄。
2. 設計一個名為 target 的變數，該變數為 tar 所建立的檔名，檔名命名規則 backup_system_20xx_xx_xx.tar.gz，其中 20xx_xx_xx 為西元年、月、日的數字，該數字依據你備份當天的日期由 date 自行取得。
3. 開始利用 tar 來備份。

11.3 Linux 工作排程

Linux 系統的工作非常的多，管理員總是希望系統可以自行管理自己，這樣維護系統會比較輕鬆。而自動排程的方式有兩種，分別是：

- 單一執行一次，執行完畢後該工作則被捨棄。
- 一直循環不停的工作。

在預設的情況下，Linux 系統提供的上述兩種工作排程，最小的時間解析度為分鐘，最大的時間解析度為一年內。

11.3.1 單次工作排程：at

單次排程工作必須要啟動 atd 這個『服務』才能夠運作，因此讀者應該先查看系統的 atd 是否有啟動。

```
[root@localhost ~]# systemctl status atd
● atd.service - Job spooling tools
   Loaded: loaded (/usr/lib/systemd/system/atd.service; enabled; vendor preset:
enabled)
   Active: active (running) since 二 2016-05-03 00:01:14 CST; 1 weeks 2 days ago
 Main PID: 1271 (atd)
```

```
  CGroup: /system.slice/atd.service
          └─1271 /usr/sbin/atd -f

5月 03 00:01:14 localhost systemd[1]: Started Job spooling tools.
5月 03 00:01:14 localhost systemd[1]: Starting Job spooling tools...
```

確定有在運作即可。

若上述的判斷結果顯示為沒有啟動，該如何處理？

單次循環工作可使用『at TIME』來處理，那個 TIME 為時間格式。最常見的時間格式為：

```
[student@localhost ~]$ at HH:MM YYYY-MM-DD
[student@localhost ~]$ at now
[student@localhost ~]$ at now + 10 minutes
```

若 student 希望能在今日 11 點，將 ip addr show 的結果輸出到自己家目錄的 myipshow.txt 檔案中，那應該要這樣處理：

```
[student@localhost ~]$ at 11:00
at> ip addr show &> /home/student/myipshow.txt
at> <EOT>   <==這裡按下 [ctrl]+d 結束輸入
job 1 at Thu May 12 11:00:00 2016
```

上表的案例中，我們僅輸入一行指令 (ip addr... 那行)，底下那行不要輸入任何字元，直接按下 [ctrl]+d 的組合按鈕即可出現 <EOT> 字樣，然後就結束 at 的輸入。接下來我們可以查閱 at 的工作佇列狀態：

```
[student@localhost ~]$ atq
1       Thu May 12 11:00:00 2016 a student
```

上表即表示第一項工作為 student 在 5 月 12 日 11:00 要執行的。但是實際的內容就得要以『at -c 1』來查看，那個 1 指的是第一個工作，亦即是 atq 輸出的最前面字元的數字。

假設你的系統因為所在環境的電力維護問題，因此需要在今年底的 12 月 31 日 17:30 關機。而你希望在關機前 30 分鐘通知線上用戶趕快登出 (可用 wall 處理)，該如何處理這項任務？

1. 由於在前 30 分鐘要通知，因此建議在 20XX-12-31 17:00 就執行 at。
2. 使用 wall 來進行通知任務，但 wall 最好用英文不要寫中文 (某些終端機無法順利顯示)。
3. 使用 sleep 的方式來睡眠 30 分鐘。
4. 最後再使用 poweroff 的方式來關機即可。

預設所有人都可以使用 at 這個指令，但如果管理員想要關閉某些用戶的 at 使用權，可以將該用戶寫入 /etc/at.deny 即可。若要管理的較為嚴格，則將可以執行 at 的用戶寫入 /etc/at.allow，則沒有寫入 at.allow 的用戶將無法使用 at。亦即：

- 僅 at.deny 存在時：寫入該檔案內的用戶無法使用 at，其餘用戶可以使用。
- 僅 at.allow 存在時：寫入該檔案內的用戶可以使用 at，其餘用戶不可使用。
- at.deny 與 at.allow 同時存在：以 at.allow 為主。

11.3.2 循環工作排程：crontab

循環型的工作排程需要啟動 crond 這個服務才行，請先確認這個服務的狀態。

```
[root@localhost ~]# systemctl status crond
● crond.service - Command Scheduler
   Loaded: loaded (/usr/lib/systemd/system/crond.service; enabled; vendor preset: enabled)
   Active: active (running) since 二 2016-05-03 00:01:14 CST; 1 weeks 2 days ago
 Main PID: 1273 (crond)
   CGroup: /system.slice/crond.service
```

```
          └1273 /usr/sbin/crond -n

 5月 03 00:01:14 localhost systemd[1]: Started Command Scheduler.
 5月 03 00:01:14 localhost systemd[1]: Starting Command Scheduler...
 5月 03 00:01:14 localhost crond[1273]: (CRON) INFO (RANDOM_DELAY will be scaled
with factor 67% if used.)
 5月 03 00:01:15 localhost crond[1273]: (CRON) INFO (running with inotify support)
```

基本上，cron 的設定可以分為兩種，一種與 at 很類似，直接讓使用者操作指令來設定，一種則是需要修改到系統設定檔，第二種方式只能讓管理員來設定。

所有用戶均可操作的 crontab 指令

所有用戶 (包含 root) 預設都能使用 crontab 這個指令，當執行 corntab -e 之後，系統就會進入到 cron 的設定環境，該環境其實就是使用 vi 函式。設定方式主要有六個欄位，設定口訣為『分 時 日 月 周 指令』，每個欄位中間可用空格或 [tab] 按鈕隔開。至於前面五個欄位的時間參數限制如下：

代表意義	分鐘	小時	日期	月份	週	指令
數字範圍	0-59	0-23	1-31	1-12	0-7	指令最好使用絕對路徑

週的數字為 0 或 7 時，都代表『星期天』的意思！另外，還有一些輔助的字符，大概有底下這些：

特殊字符	代表意義
*(星號)	代表任何時刻都接受的意思！舉例來說，範例一內那個日、月、週都是 *，就代表著『不論何月、何日的禮拜幾的 12:00 都執行後續指令』的意思
,(逗號)	代表分隔時段的意思。舉例來說，如果要下達的工作是 3:00 與 6:00 時，就會是： 0 3,6 * * * command 時間參數還是有五欄，不過第二欄是 3,6，代表 3 與 6 都適用
-(減號)	代表一段時間範圍內，舉例來說，8 點到 12 點之間的每小時的 20 分都進行一項工作： 20 8-12 * * * command 仔細看到第二欄變成 8-12 喔！代表 8,9,10,11,12 都適用的意思

特殊字符	代表意義
/n(斜線)	那個 n 代表數字，亦即是『每隔 n 單位間隔』的意思，例如每五分鐘進行一次，則： */5 * * * * command 用 * 與 /5 來搭配，也可以寫成 0-59/5，相同意思

1. 用 sutdent 的身份，讓 /usr/sbin/ip addr show 的結果，在每天的 11 點時顯示在 /home/student/myipshow.txt 中。

管理員可以操作的系統設定檔

除了 crontab 之外，管理員也可以在底下的位置放置系統管理的設定，包括：

- /etc/crontab
- /etc/cron.d/*

系統管理的部份，建議寫入到 /etc/crontab 檔案中，如果是管理員想要開發個別的軟體，則建議放置於 /etc/cron.d/* 當中。舉例而言，若前一小節談到的 /backups/backup_system.sh 想要每週日定期執行一次時，可以這樣設定：

```
[root@localhost ~]# vim /etc/crontab
0 11 * * 0 root sh /backups/backup_system.sh &> /dev/null
```

與一般用戶的 crontab -e 指令不同，管理員還需要指定『執行該指令的用戶身份』為何較佳。讀者也可以將上述的設定寫入成為一個檔名，然後將該檔案放入 /etc/cron.d 目錄中即可。此外，系統也已經指定了一些特定時間會執行的目錄，使用者也能夠自己撰寫腳本後，將該腳本寫入下列的目錄中即可。

- /etc/cron.hourly：內容為每小時進行一次的工作。
- /etc/cron.daily：內容為每天進行一次的工作。

- /etc/cron.weekly：內容為每周進行一次的工作。
- /etc/cron.monthly：內容為每月進行一次的工作。

除了每週進行一次系統備份外，該腳本我希望每個月還能夠自動執行一次，該如何處理？

1. 先讓該腳本可以具有執行權 (chmod a+x)。
2. 將該腳本複製一份到 /etc/cron.monthly 即可！

11.4 課後練習操作

前置動作：請使用 unit11 的硬碟進入作業環境，並請先以 root 身分執行 vbird_book_setup_ip 指令設定好你的學號與 IP 之後，再開始底下的作業練習。

請使用 root 的身份進行如下實作的任務。直接在系統上面操作，操作成功即可，上傳結果的程式會主動找到你的實作結果。

1. 請回答下列問題，並將答案寫在 /root/ans11.txt 檔案內：
   a. 一般網路檢查是否有通行，會有幾個步驟？每個步驟所需要檢查的項目是什麼？
   b. 一般 Linux 作業系統在 PC 上面會有兩個時間紀錄，分別是哪兩個？
   c. 在 Linux 底下，常見的壓縮指令，依據壓縮比從最好到最差，寫出三個常見的指令。
   d. 例行工作排程的 crontab 使用中，對於一般帳號來說，設定時的六個欄位的口訣為何？
2. 系統的基礎設定-網路的設定部份：
   a. 由於我們的系統是經過 clone 出來的，因此所有的設備恐怕都怪怪的。所以，請先將系統中的 eth0 這個網路連線刪除。

b. 請依據底下的說明，重新建立 eth0 這個網路連線：

- 使用的介面卡為 eth0 這個介面卡。
- 需要開機就自動啟動這個連線。
- 網路參數的設定方式為手動設定，不要使用自動取得喔。
- IP address 為：192.168.251.XXX/24 (XXX 為上課時，老師給予的號碼)。
- Gateway 為：192.168.251.250。
- DNS server IP 為：請依據老師課後說明來設定 (若無規定，請以 168.95.1.1 及 8.8.8.8 這兩個為準)。
- 主機名稱：請設定為 stdXXX.book.vbird (其中 XXX 為上課時，老師給予的號碼)。

務必記得設定完畢後，一定要啟用這個網路連線，否則成績無法上傳喔！

3. 系統的基礎設定-時間、語系等其他設定值：

a. 你系統的時間好像怪怪的，時區與時間好像都錯亂了！請改回台北的標準時區與時間。

b. 不知為何，你的語系好像被修改成簡體中文了。請將它改回繁體中文語系喔！

c. 未來這部主機會作為 WWW/FTP/SSH 伺服器，因此防火牆規則中，請放行 http, ftp, ssh 這幾個服務。請注意，這個規則也需要寫入永久設定檔中。

4. 檔案的壓縮、解壓縮等任務

a. 你的系統中有個檔名 /root/mybackup 的檔案，這個檔案原本是備份系統的資料，但副檔名不小心寫錯了！請將這個檔案修訂成為比較正確的副檔名 (例如 /root/mybackup.txt 之類的模樣)，並且將該檔案在 /srv/testing/ 目錄中解開這個檔案的內容。

b. 我需要備份的目錄有：/etc, /home, /var/spool/mail/, /var/spool/cron/, /var/spool/at/, /var/lib/，請撰寫一隻名為 /root/backup_system.sh 的腳本，來進行備份的工作。腳本內容應該是：

- 第一行一定要宣告 shell 喔！
- 自動判斷 /backups 目錄是否存在，若不存在則 mkdir 建立她，若存在則不進行任何動作。
- 設計一個名為 source 的變數，變數內容以空格隔開所需要備份的目錄。
- 設計一個名為 target 的變數，該變數為 tar 所建立的檔名，檔名命名規則 /backups/mysystem_20xx_xx_xx.tar.gz，其中 20xx_xx_xx 為西元年、月、日的數字，該數字依據你備份當天的日期由 date 自行取得。
- 開始利用 tar 來備份。

請注意，撰寫完畢之後，一定要立刻執行一次該腳本！確認實際有建立 /backups 以及相關的備份資料喔！

5. 請使用網路校時 (chronyd) 的方式，使用貴校 (以崑山來說，就是 ntp.ksu.edu.tw) 作為伺服器，主動更新你的系統時間。(若貴校並無 NTP 伺服器，則以 time.stdtime.gov.tw 作為來源)。
6. 例行工作排程的設定：
   a. 你的系統將在下個月的 20 號 08:00 進行關機的歲修工作，請以『單次』工作排程來設計關機的動作 (poweroff)。
   b. 讓系統每天 3:00am 時，全系統更新一次！相關設定請寫入 /etc/crontab 內 (可以先查詢下一堂課的指令)。
   c. 請使用 gooduser 這個帳號身份，在每天的 15:30 時，下達『/bin/echo 'It is tea time'』的例行任務。若有需要使用 gooduser 登入時，該帳號的密碼為 mypassword。

作業結果傳輸：請以 root 的身分執行 vbird_book_check_unit 指令上傳作業結果。正常執行完畢的結果應會出現【XXXXXX;aa:bb:cc:dd:ee:ff;unitNN】字樣。若需要查閱自己上傳資料的時間，請在作業系統上面使用：http://192.168.251.250 檢查相對應的課程檔案。

作答區

軟體管理與安裝及登錄檔初探

許多時刻，我們都需要軟體的安裝與升級，尤其在資安方面，將軟體保持在越新的狀態，就越能解決零時攻擊的問題。Linux 提供了快速的軟體線上安裝/升級機制，管理員在有網路的情況下，很容易進行軟體的管理。另外，查閱登錄檔也是管理員很重要的工作項目之一。

12.1 Linux 本機軟體管理 rpm

目前主流 Linux distribution 使用的軟體管理機制，大概是底下兩種：

distribution 代表	軟體管理機制	使用指令	線上升級機制(指令)
Red Hat/Fedora	RPM	rpm, rpmbuild	YUM (yum)
Debian/Ubuntu	DPKG	dpkg	APT (apt-get)

CentOS 為 Red Hat 的一支，因此也是使用 RPM 的軟體管理機制。

12.1.1 RPM 管理員簡介

RPM 全名是『RedHat Package Manager』簡稱則為 RPM。顧名思義，當初這個軟體管理的機制是由 Red Hat 這家公司發展出來的。RPM 是以一種資料庫記錄的方式來將你所需要的軟體安裝到你的 Linux 系統的一套管理機制。

它最大的特點就是將你要安裝的軟體先編譯過，並且打包成為 RPM 機制的包裝檔案，透過包裝好的軟體裡頭預設的資料庫記錄，記錄這個軟體要安裝的時候必須具備的相依屬性軟體，當安裝在你的 Linux 主機時，RPM 會先依照軟體裡頭的資料查詢 Linux 主機的相依屬性軟體是否滿足，若滿足則予以安裝，若不滿足則不予安裝。那麼安裝的時候就將該軟體的資訊整個寫入 RPM 的資料庫中，以便未來的查詢、驗證與反安裝！這樣一來的優點是：

- 由於已經編譯完成並且打包完畢，所以軟體傳輸與安裝上很方便 (不需要再重新編譯)。
- 由於軟體的資訊都已經記錄在 Linux 主機的資料庫上，很方便查詢、升級與反安裝。

如果使用者想要自行修改 RPM 內的軟體參數時，就需要通過含有原始碼在內的 SRPM 來處理。

RPM 的軟體命名方式

一般來說，RPM 軟體的命名有其一定的規則，以 rp-pppoe-3.11-5.el7.x86_64.rpm 來說明：

```
rp-pppoe -     3.11         -    5          .el7.x86_64     .rpm
軟體名稱        軟體的版本資訊 釋出的次數   適合的硬體平台   副檔名
```

除了後面適合的硬體平台與副檔名外，主要是以『-』來隔開各個部分，這樣子可以很清楚的發現該軟體的名稱、 版本資訊、打包次數與操作的硬體平台！較為特殊的是『適合的硬體平台』項目。

由於 RPM 可以適用在不同的操作平台上，但是不同的平台設定的參數還是有所差異性！並且，我們可以針對比較高階的 CPU 來進行最佳化參數的設定，這樣才能夠使用高階 CPU 所帶來的硬體加速功能。所以就有所謂的 i386, i586, i686, x86_64 與 noarch 等的檔案名稱出現。

RPM 的優點

由於 RPM 是透過預先編譯並打包成為 RPM 檔案格式後，再加以安裝的一種方式，並且還能夠進行資料庫的記載。所以 RPM 有以下的優點：

- RPM 內含已經編譯過的程式與設定檔等資料，可以讓使用者免除重新編譯的困擾。
- RPM 在被安裝之前，會先檢查系統的硬碟容量、作業系統版本等，可避免檔案被錯誤安裝。
- RPM 檔案本身提供軟體版本資訊、相依屬性軟體名稱、軟體用途說明、軟體所含檔案等資訊，便於瞭解軟體。
- RPM 管理的方式使用資料庫記錄 RPM 檔案的相關參數，便於升級、移除、查詢與驗證。

不過，由於軟體彼此之間可能會有相關性的問題，因此 RPM 有所謂的『軟體相依』的情況，亦即某些底層軟體沒有安裝時，上層軟體安裝會失敗的問題。

RPM 屬性相依的克服方式：YUM 線上升級

既然 RPM 已經內建了軟體相依的狀態，yum 則主動的分析 RPM 軟體的屬性相依問題，並做成列表清單，當管理員想要安裝某個軟體時，yum 機制即可立即根據清單來了解底層軟體是否已經安裝，若未安裝則開始相依屬性克服，將所有需要的軟體一口氣進行安裝的動作。

以 CentOS 為例，CentOS 透過 (1)先將釋出的軟體放置到 YUM 伺服器內，然後(2)分析這些軟體的相依屬性問題，將軟體內的記錄資訊寫下來(header)。然後再將這些資訊分析後記錄成軟體相關性的清單列表。這些列表資料與軟體所在的本機或網路位置可以稱呼為容器或軟體倉庫或軟體庫(repository)。當用戶端有軟體安裝的需求時，用戶端主機會主動的向網路上面的 yum 伺服器的軟體庫網址下載清單列表，然後透過清單列表的資料與本機 RPM 資料庫已存在的軟體資料相比較，就能夠一口氣安裝所有需要的具有相依屬性的軟體了。

1. 目前主流 Linux distribution 大概使用哪兩類的軟體安裝機制？
2. Red Hat 系統使用的線上升級機制為何？
3. 何謂軟體的相依性問題？

12.1.2 RPM 軟體管理程式：rpm

由於有了 yum 這個線上升級機制，因此目前很少會用到 rpm 來進行安裝、升級的任務，使用者可以略過這方面的學習。但是 rpm 有本機軟體查詢以及檔案驗證的功能，對於快速檢查相當有幫助。

RPM 查詢 (query)

RPM 在查詢的時候，其實查詢的地方是在 /var/lib/rpm/ 這個目錄下的資料庫檔案。常見的查詢選項如下：

```
[root@localhost ~]# rpm -qa                                <==已安裝軟體
[root@localhost ~]# rpm -q[licdR] 已安裝的軟體名稱           <==已安裝軟體
[root@localhost ~]# rpm -qf 存在於系統上面的某個檔名          <==已安裝軟體
[root@localhost ~]# rpm -qp[licdR] 未安裝的某個檔案名稱       <==查閱RPM檔案
```

1. 找出你的 Linux 是否有安裝 logrotate 這個軟體？
2. 列出上題當中，屬於該軟體所提供的所有目錄與檔案。
3. 列出 logrotate 這個軟體的相關說明資料。
4. 找出 /bin/sh 是哪個軟體提供的？
5. 如果我誤砍了某個重要檔案，例如 /etc/crontab，偏偏不曉得它屬於哪一個軟體，該怎麼辦？

RPM 驗證 (Verify)

驗證 (Verify) 的功能主要在於提供系統管理員一個有用的管理機制，作用的方式是『使用 /var/lib/rpm 底下的資料庫內容來比對目前 Linux 系統的環境下的所有軟體檔案』也就是說，當你有資料不小心遺失，或者是因為你誤殺了某個軟體的檔案，或者是不小心不知道修改到某一個軟體的檔案內容，就用這個簡單的方法來驗證一下原本的檔案系統即可。

```
[root@localhost ~]# rpm -Va
[root@localhost ~]# rpm -V  已安裝的軟體名稱
[root@localhost ~]# rpm -Vp 某個 RPM 檔案的檔名
[root@localhost ~]# rpm -Vf 在系統上面的某個檔案
```

若有檔案的某些資料被修改，則會出現下列的字樣：

- S ：(file Size differs) 檔案的容量大小是否被改變。
- M ：(Mode differs) 檔案的類型或檔案的屬性 (rwx) 是否被改變？如是否可執行等參數已被改變。
- 5 ：(MD5 sum differs) MD5 這一種指紋碼的內容已經不同。
- D ：(Device major/minor number mis-match) 裝置的主/次代碼已經改變。

- L ：(readLink(2) path mis-match) Link 路徑已被改變。
- U ：(User ownership differs) 檔案的所屬人已被改變。
- G ：(Group ownership differs) 檔案的所屬群組已被改變。
- T ：(mTime differs) 檔案的建立時間已被改變。
- P ：(caPabilities differ) 功能已經被改變。

1. 列出你的 Linux 內的 logrotate 這個軟體是否被更動過。
2. 查詢一下，你的 /etc/crontab 是否有被更動過。
3. 定期在星期天 2:00 進行一次全系統的軟體驗證，並將驗證結果更新到 /root/rpmv.txt 檔案中。

RPM 數位簽章 (Signature)

就像自己的簽名一樣，軟體開發商原廠所推出的軟體也會有一個廠商自己的簽章系統，只是這個簽章被數位化了而已。廠商可以用數位簽章系統產生一個專屬於該軟體的簽章，並將該簽章的公鑰 (public key) 釋出。因此，當你要安裝一個 RPM 檔案時：

- 首先你必須要先安裝原廠釋出的公鑰檔案。
- 實際安裝原廠的 RPM 軟體時，rpm 指令會去讀取 RPM 檔案的簽章資訊，與本機系統內的簽章資訊比對。
- 若簽章相同則予以安裝，若找不到相關的簽章資訊時，則給予警告並且停止安裝。

CentOS 使用的數位簽章系統為 GNU 計畫的 GnuPG (GNU Privacy Guard, GPG)。GPG 可以透過雜湊運算，算出獨一無二的專屬金鑰系統或者是數位簽章系統。而根據上面的說明，我們也會知道首先必須要安裝原廠釋出的 GPG 數位簽章的公鑰檔案！CentOS 的數位簽章位於 /etc/pki/rpm-gpg/RPM-GPG-KEY-CentOS-7，至於安裝與找到金鑰的方式如下：

```
[root@localhost ~]# rpm --import /etc/pki/rpm-gpg/RPM-GPG-KEY-CentOS-7
[root@localhost ~]# rpm -qa | grep pubkey
gpg-pubkey-f4a80eb5-53a7ff4b

[root@localhost ~]# rpm -qi gpg-pubkey-f4a80eb5-53a7ff4b
```

RPM 資料庫重建

有時候正在安裝軟體時，卻發生停電的狀況，或者是某些突發狀況，導致的系統問題等等，接可能會直接/間接的造成 /var/lib/rpm 內的 RPM 資料庫錯亂。此時可以透過底下的方式來重建資料庫：

```
[root@localhost ~]# rpm --rebuilddb    <==重建資料庫
```

12.2 Linux 線上安裝/升級機制：yum

如果讀者的 CentOS 可以連上 Internet 的話，那麼就可以透過 CentOS 官網與相關映射站來取得原版官網的軟體，可以進行各項線上安裝/升級的任務，再也無須使用原版光碟了。

12.2.1 利用 yum 進行查詢、安裝、升級與移除功能

yum 是前台使用的軟體，其實後端 Linux 還是使用 rpm 來進行軟體管理的任務就是了。yum 常見的用法如下：

查詢功能：yum [list|info|search|provides|whatprovides] 參數

如果想要查詢利用 yum 來查詢原版 distribution 所提供的軟體，或已知某軟體的名稱，想知道該軟體的功能，直接使用 yum 搭配參數即可。例如要找出原版的 raid 作為關鍵字的軟體名稱時：

```
[root@localhost ~]# yum search raid
Loaded plugins: fastestmirror, langpacks
Repodata is over 2 weeks old. Install yum-cron? Or run: yum makecache fast
Loading mirror speeds from cached hostfile  <==進行清單下載動作
 * base: ftp.ksu.edu.tw                     <==自動找到的最佳映射站
 * extras: ftp.ksu.edu.tw
 * updates: ftp.ksu.edu.tw
```

```
=============================== N/S matched: raid ================================
dmraid.i686 : dmraid (Device-mapper RAID tool and library)
dmraid.x86_64 : dmraid (Device-mapper RAID tool and library)
dmraid-devel.x86_64 : Development libraries and headers for dmraid.
dmraid-events-logwatch.x86_64 : dmraid logwatch-based email reporting
libstoragemgmt-megaraid-plugin.noarch : Files for LSI MegaRAID support for
libstoragemgmt
dmraid-events.x86_64 : dmevent_tool (Device-mapper event tool) and DSO
iprutils.x86_64 : Utilities for the IBM Power Linux RAID adapters
mdadm.x86_64 : The mdadm program controls Linux md devices (software RAID arrays)

  Name and summary matches only, use "search all" for everything.
```

yum 進行軟體安裝與升級的動作相當簡單，透過下載伺服器的清單列表後，與本機的 rpm 資料庫比對，若發現伺服器存在但本機不存在者，則可以進行安裝，若發現伺服器的軟體版本較新而本機軟體較舊，則可以進行升級。另外，yum 也會自動透過速度比對，找到最近的官網映射站來進行網路下載的任務。如果想要了解上述 dmraid 這個軟體的說明，可以這樣處理：

```
[root@localhost ~]# yum info dmraid
Installed Packages
Name        : dmraid
Arch        : x86_64
Version     : 1.0.0.rc16
Release     : 26.el7
Size        : 341 k
Repo        : installed
From repo   : anaconda
Summary     : dmraid (Device-mapper RAID tool and library)
URL         : http://people.redhat.com/heinzm/sw/dmraid
License     : GPLv2+
Description : DMRAID supports RAID device discovery, RAID set activation,
creation,
            : removal, rebuild and display of properties for ATARAID/DDF1 metadata on
            : Linux >= 2.4 using device-mapper.
```

其實就是 rpm -qi dmraid 的內容展現！而如果想要知道伺服器上面的所有軟體列表清單，則可以使用『yum list』來查閱！這與 rpm -qa 有點類似，只是 rpm -qa 僅列出本機上面的軟體，而 yum list 可以列出伺服器上面的所有軟體名稱！

從前一小節讀者可以了解『rpm -qf /local/file/name』可以透過檔案來找出原本的軟體名稱，那 yum 的相關功能如何達成？例如，哪個軟體提供了 /etc/passwd 呢？可以這樣處理：

```
[root@localhost ~]# yum provides "*/passwd"
setup-2.8.71-6.el7.noarch : A set of system configuration and setup files
Repo        : @anaconda
Matched from:
Filename    : /etc/passwd
```

請使用 yum 進行如下任務，不要使用 rpm 喔！

1. 哪一個軟體提供了 ifconfig 這個指令？
2. 顯示並查閱該軟體的描述 (Description) 嘗試了解該軟體的任務。
3. 列出所有以 qemu 為開頭的軟體名稱。
4. 有個名為 qemu-kvm 的軟體功能為何？

安裝/升級功能：yum [install|update] 軟體

安裝與升級直接字面上的處理為 install/update 即可！

基本的查詢與安裝任務

1. 用 rpm 本機查詢有沒有安裝 pam-devel 這個軟體？
2. 用 yum 查詢是否有這個 pam-devel 的軟體名稱？
3. 用 yum 線上安裝這個 pam-devel 的軟體。
4. 安裝完畢後，透過 rpm 查詢 pam-devel 的所屬檔名有哪些？

基本的升級任務

1. 先使用 yum check-update 嘗試分析目前伺服器上有比本機 Linux 還要新的軟體群。
2. 隨意選擇一個軟體 (例如 sudo) 來進行單一軟體的升級。
3. 進行一次全系統升級。
4. 如果需要每天凌晨 3 點自動背景進行全系統升級，該如何處理？同時須注意到 yum 是否需要加上特別的參數？

基本的移除任務

1. 將剛剛安裝的 pam-devel 移除掉。(請自行 man yum 找出移除的選項)
2. 剛剛已經全系統安裝完畢，請問是否需要重新開機？為什麼？

12.2.2 yum 的設定檔

yum 是透過設定檔的規範去找到安裝/升級伺服器的，因為經常有第三方的協力廠商推出 yum 相容的安裝伺服器，因此了解與設定 yum 設定檔，是有其必要的。

預設的 CentOS 7 的設定檔的檔名為：/etc/yum.repos.d/*.repo，重點在副檔名必須為 .repo 才行。預設的 CentOS 設定檔內容如下：

```
[root@localhost ~]# cat /etc/yum.repos.d/CentOS-Base.repo
[base]
name=CentOS-$releasever - Base
mirrorlist=http://mirrorlist.centos.org/?release=$releasever&arch=$basearch&repo
=os&infra=$infra
#baseurl=http://mirror.centos.org/centos/$releasever/os/$basearch/
gpgcheck=1
gpgkey=file:///etc/pki/rpm-gpg/RPM-GPG-KEY-CentOS-7
```

相關的設定資料說明如下：

- [base]：代表軟體庫的名字！中括號一定要存在，裡面的名稱盡量取與軟體有關的關鍵字。此外，不能有兩個相同的軟體庫名稱，否則 yum 指令會誤判。
- name：與 [] 類似，僅作為完整名稱顯示，通常可設定與 [] 內的文字相同即可。
- mirrorlist=：使用 CentOS 官網記載的映射站分析，透過 yum 主動分析最靠近本機的伺服器來源。
- baseurl=：與 mirrorlist 不同，baseurl 為自行指定固定的 yum 伺服器，第三方協力軟體需要這個設定，管理員自己設定的 yum 伺服器也通常使用 baseurl 來規範來源。
- enabled=1：是否啟動這個軟體庫，預設為啟動，若只想要設定好這個軟體庫，但平時不想使用時，可將這個項目設定為 enabled=0。
- gpgcheck=1：指定是否需要查閱 RPM 檔案內的數位簽章！
- gpgkey=：若指定需要數位簽章 (gpgcheck=1)，則需要在此填寫數位簽章的檔案檔名。

1. 由於 mirrorlist 需要一段時間去測試最快的伺服器，並且偶而會測試錯誤。因此請自行手動找到最近的伺服器，將 mirrorlist 修改成 baseurl 的方式來設定好 [base], [updates], [extras] 三個軟體庫的內容。
2. 修改完成後，由於修改過 yum 設定檔，為了擔心清單快取會有重複或者是其他問題，請 yum clean all 清除所有系統快取的資訊。
3. 再次的 yum update 測試一下是否正確的下載了清單資訊。

若要列出所有的軟體庫，可使用『yum repolist all』的選項來處理：

Red Hat 提供了 EPEL 的計畫，由許多志工提供了很多針對 RHEL/CentOS 打包好的軟體，提供給用戶使用。但這些軟體並非官網提供，因此其軟體庫並沒有在預設的設定檔內，請依據底下的方式來處理 EPEL 的軟體支援：

1. 先上網查詢 EPEL，分析到如下網頁：
   https://dl.fedoraproject.org/pub/epel/7/x86_64/
2. 在 /etc/yum.repos.d/ 新增一名為 epel.repo 的檔案，內容填寫 [epel], name, baseurl, gpgcheck = 0, enabled=0 五個項目即可。
3. 使用 yum repolist all 列出系統上所有的軟體庫，並查看 epel 是否在其中？
4. 手動使用這個軟體庫時，指令列加上 yum --enablerepo epel 之後，填寫需要的動作。例如列出 (list) netcdf 這個軟體。
5. 承上，若需要安裝 netcdf 這個軟體時，該如何下達指令？

12.2.3 yum 的軟體群組功能

除了個別的軟體之外，許多大型專案的軟體群會集合成為一個『軟體群組』。舉例來說，開發者工具經常需要編譯器、環境檢查確認模組等等，這些工具則可以整合成為一個軟體群組。yum 提供許多軟體群組讓管理員快速的安裝好所需要的環境。下面以開發工具為例說明：

```
[root@localhost ~]# LANG=C yum grouplist
Loaded plugins: fastestmirror, langpacks
There is no installed groups file.
Maybe run: yum groups mark convert (see man yum)
Loading mirror speeds from cached hostfile
 * base: ftp.ksu.edu.tw
 * extras: ftp.ksu.edu.tw
 * updates: ftp.ksu.edu.tw
Available Environment Groups:   <==還可以安裝的操作界面
```

```
   Minimal Install
   Compute Node
   Infrastructure Server
   File and Print Server
   Basic Web Server
   Virtualization Host
   Server with GUI
   GNOME Desktop
   KDE Plasma Workspaces
   Development and Creative Workstation
Available Groups:              <==其他的軟體群組！
   Compatibility Libraries
   Console Internet Tools
   Development Tools           <==開發工具！
   Graphical Administration Tools
   Legacy UNIX Compatibility
   Scientific Support
   Security Tools
   Smart Card Support
   System Administration Tools
   System Management
Done

[root@localhost ~]# yum groupinstall "Development Tools"
```

12.3 Linux 登錄檔初探

系統的登錄檔管理相當重要，因為各種系統活動的記錄均會記載於登錄檔中。尤其系統有資安等問題時，登錄檔更是查閱相關資訊的重要依據。

12.3.1 CentOS 7 登錄檔簡易説明

各 Linux distribution 所使用的登錄檔記錄位置大多位於 /var/log，但檔名則不見得相同。CentOS 7 常見的檔名與相關內容對應如下：

- /var/log/cron：記錄由 crond 這個服務所產生的各項資訊，包括使用者 crontab 的結果。

- /var/log/dmesg：記錄系統在開機的時候核心偵測過程所產生的各項資訊。
- /var/log/lastlog：記錄系統上面所有的帳號最近一次登入系統時的相關資訊。
- /var/log/maillog：記錄郵件往來的資訊，包括由 postfix, devecot 服務所產生的系統資訊。
- /var/log/messages：幾乎系統發生的錯誤訊息 (或者是重要的資訊) 都會記錄在這個檔案中；如果系統發生莫名的錯誤時，這個檔案是一定要查閱的登錄檔之一。
- /var/log/secure：只要牽涉到『需要輸入帳號密碼』的軟體，那麼當登入時 (不管登入正確或錯誤) 都會被記錄在此檔案中。

登錄檔所需相關服務 (daemon) 與程式

由於 CentOS7 已經改為 systemd 管理系統，systemd 提供了 systemd-journald 這個服務來管理登錄檔日誌記載，不過還是保留舊有的 rsyslog 服務。然而記載的資料如果過於龐大，那麼記載的檔案本身負荷會比較高，因此還需要一個輪替登錄檔的功能，那就是 logroate 了！

- systemd-journald.service：最主要的訊息收受者，由 systemd 提供的。
- rsyslog.service：主要登錄系統與網路等服務的訊息。
- logrotate：主要在進行登錄檔的輪替功能。

1. 檢查一下上述的三個資料中，哪幾個是服務？哪幾個是執行檔？
2. 並檢查服務項目有沒有啟動？而執行檔又是如何執行的？

登錄檔內容的一般格式

一般來說，系統產生的訊息經過記錄下來的資料中，每條訊息均會記錄底下的幾個重要資料：

- 事件發生的日期與時間。
- 發生此事件的主機名稱。
- 啟動此事件的服務名稱 (如 systemd, CROND 等) 或指令與函式名稱 (如 su, login..) 。
- 該訊息的實際資料內容。

舉例來說，假設讀者剛剛使用 student 的身份切換成為 root 的話，那麼記載登錄資訊的 /var/log/secure 內容可能就會出現如下資料：

```
[root@localhost ~]# cat /var/log/secure
.......
May 17 09:43:16 www   sudo: student : TTY=pts/0 ; PWD=/home/student ; USER=root ;
COMMAND=/bin/su -
May 17 09:43:16 www   su: pam_unix(su-l:session): session opened for user root by
student(uid=0)
|---日期時間--|-主機-|指令|詳細訊息
```

因為使用者使用了 sudo su - 這串指令，因此上述表格內即有 sudo 與 su 兩者的記錄狀態。由這個輸出，管理員可以很輕鬆的查詢到正確的日期與時間，還有哪個使用者操作了什麼指令等等。也由於 /var/log 內的資料大多含有系統資安的記載，因此大多僅有 root 具有查詢的權限。

嘗試說明底下的資訊當中，系統出了什麼問題？

```
May 18 09:57:58 www sudo: pam_unix(sudo:auth): conversation failed
May 18 09:57:58 www sudo: pam_unix(sudo:auth): auth could not identify password
for [student]
May 18 09:58:02 www sudo: student : TTY=pts/0 ; PWD=/home/student ; USER=root ;
COMMAND=/bin/su -
May 18 09:58:02 www su: pam_unix(su-l:session): session opened for user root by
student(uid=0)
```

12.3.2 rsyslog 的設定與運作

CentOS 5 以前使用 syslogd 這個服務，在 CentOS 6 以後則使用 rsyslogd 這個服務了。這個服務的設定檔在 /etc/rsyslog.conf，設定內容主要是針對『(1)什麼服務 (2)的什麼等級訊息 (3)需要被記錄在哪裡(裝置或檔案)』，例如下表的範例：

```
服務名稱[.=!]訊息等級          訊息記錄的檔名或裝置或主機
mail.info                      /var/log/maillog_info
```

服務名稱

rsyslogd 主要還是透過 Linux 核心提供的 syslog 相關規範來設定資料的分類，Linux 的 syslog 本身有規範一些服務訊息，你可以透過這些服務來儲存系統的訊息。Linux 核心的 syslog 認識的服務類型主要有底下這些：(可使用 man 3 syslog 查詢相關的資訊，或查詢 syslog.h 這個檔案來了解！)

相對序號	服務類別	說明
0	kern(kernel)	就是核心 (kernel) 產生的訊息，大多是硬體偵測以及核心功能的啟用
1	user	在使用者層級所產生的資訊
2	mail	只要與郵件收發有關的訊息記錄都屬於這個
3	daemon	主要是系統的服務所產生的資訊，例如 systemd 就是這個有關的訊息
4	auth	主要與認證/授權有關的機制，例如 login, ssh, su 等需要帳號/密碼的服務
5	syslog	由 syslog 相關協定產生的資訊，就是 rsyslogd 本身產生的資訊
6	lpr	亦即是列印相關的訊息
7	news	與新聞群組伺服器有關的東西
8	uucp	全名為 Unix to Unix Copy Protocol，用於 unix 系統間的程序資料交換
9	cron	就是例行性工作排程 cron/at 等產生訊息記錄的地方
10	authpriv	與 auth 類似，但記錄較多帳號私人的資訊，包括 pam 模組的運作等

相對序號	服務類別	說明
11	ftp	與 FTP 通訊協定有關的訊息輸出
16~23	local0 ~ local7	保留給本機用戶使用的一些登錄檔訊息，較常與終端機互動

開發服務軟體的程式開發者，呼叫了 Linux 系統內的 syslog 函式，就可以將訊息加以定義了！以下圖為例：

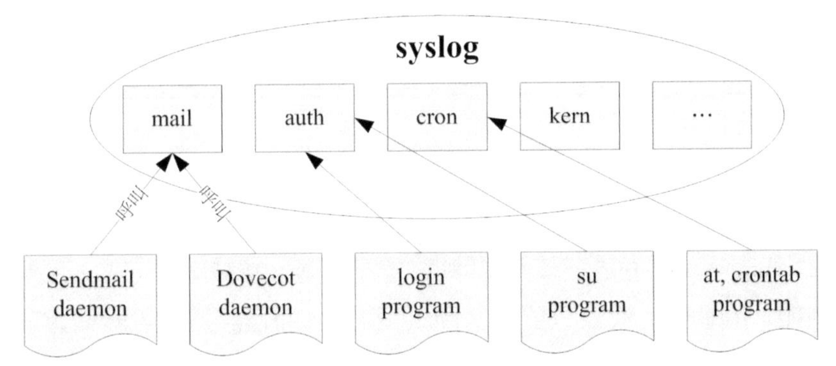

圖 12.3.1 syslog 所制訂的服務名稱與軟體呼叫的方式

訊息等級

同一個服務所產生的訊息也是有差別的，有啟動時僅通知系統而已的一般訊息 (information)，有出現還不至於影響到正常運作的警告訊息 (warn)，還有系統硬體發生嚴重錯誤時，所產生的重大問題訊息 (error 等等)；訊息到底有多少種嚴重的等級呢？基本上，Linux 核心的 syslog 將訊息分為七個主要的等級，根據 syslog.h 的定義，訊息名稱與數值的對應如下：

等級數值	等級名稱	說明
7	debug	用來 debug (除錯) 時產生的訊息資料
6	info	僅是一些基本的訊息說明而已
5	notice	雖然是正常資訊，但比 info 還需要被注意到的一些資訊內容
4	warning (warn)	警示的訊息，可能有問題，但是還不至於影響到某個 daemon 運作的資訊；基本上，info, notice, warn 這三個訊息都是在告知一些基本資訊而已，應該還不至於造成一些系統運作困擾

等級數值	等級名稱	說明
3	err (error)	一些重大的錯誤訊息，例如設定檔的某些設定值造成該服務服法啟動的資訊說明，通常藉由 err 的錯誤告知，應該可以瞭解到該服務無法啟動的問題呢
2	crit	比 error 還要嚴重的錯誤資訊，這個 crit 是臨界點 (critical) 的縮寫，這個錯誤已經很嚴重了喔
1	alert	警告警告，已經很有問題的等級，比 crit 還要嚴重
0	emerg (panic)	疼痛等級，意指系統已經幾乎要當機的狀態！很嚴重的錯誤資訊了。通常大概只有硬體出問題，導致整個核心無法順利運作，就會出現這樣的等級的訊息吧

特別留意一下在訊息等級之前還有 [.=!] 的連結符號喔！它代表的意思是這樣的：

- . ：代表『比後面還要嚴重的等級 (含該等級) 都被記錄下來』的意思，例如：mail.info 代表只要是 mail 的資訊，而且該資訊等級嚴重於 info (含 info 本身)時，就會被記錄下來的意思。
- .=：代表所需要的等級就是後面接的等級而已，其他的不要！
- .!：代表不等於，亦即是除了該等級外的其他等級都記錄。

CentOS 7 預設的 rsyslog.conf 內容

預設的 rsyslog.conf 內容如下：

```
[root@localhost ~]# grep -v '#' /etc/rsyslog.conf | grep -v '^$'
$WorkDirectory /var/lib/rsyslog
$ActionFileDefaultTemplate RSYSLOG_TraditionalFileFormat
$IncludeConfig /etc/rsyslog.d/*.conf
$OmitLocalLogging on
$IMJournalStateFile imjournal.state
*.info;mail.none;authpriv.none;cron.none                /var/log/messages
authpriv.*                                              /var/log/secure
mail.*                                                  -/var/log/maillog
cron.*                                                  /var/log/cron
*.emerg                                                 :omusrmsg:*
uucp,news.crit                                          /var/log/spooler
local7.*                                                /var/log/boot.log
```

上表前 5 行主要是用在 rsyslog 環境運作的設定，後面 7 行才是訊息等級記錄設定。該 7 行的設定項目為：

1. *.info;mail.none;authpriv.none;cron.none：由於 mail, authpriv, cron 等類別產生的訊息較多，且已經寫入底下的數個檔案中，因此在 /var/log/messages 裡面就不記錄這些項目。除此之外的其他訊息都寫入 /var/log/messages 中。
2. authpriv.*：認證方面的訊息均寫入 /var/log/secure 檔案。
3. mail.*：郵件方面的訊息則均寫入 /var/log/maillog 檔案。
4. cron.*：例行性工作排程均寫入 /var/log/cron 檔案。
5. *.emerg：當產生最嚴重的錯誤等級時，將該等級的訊息以 wall 的方式廣播給所有在系統登入的帳號得知。
6. uucp,news.crit：當新聞群組方面的資訊有嚴重錯誤時就寫入 /var/log/spooler 檔案中。
7. local7.*：將本機開機時應該顯示到螢幕的訊息寫入到 /var/log/boot.log 檔案中。

至於 mail.* 後面的 -/var/log/maillog 為何多了減號？由於郵件所產生的訊息比較多，因此我們希望郵件產生的訊息先儲存在速度較快的記憶體中 (buffer)，等到資料量夠大了才一次性的將所有資料都填入磁碟內，這樣將有助於登錄檔的存取性能。只不過由於訊息是暫存在記憶體內，因此若不正常關機導致登錄資訊未回填到登錄檔中，可能會造成部分資料的遺失。

1. 設計一個名為 /var/log/admin.log 的登錄檔，將系統的所有登錄資訊通通塞入這個檔案內。

登錄檔伺服器的設定

如果單位內有 10 部伺服器，若每部伺服器的登錄資訊都需要管理員個別登入每部系統來存取，將會導致大量的人力支援耗費。此時可以指定單位內某部 Linux 成為登錄伺服器，假設為 A 伺服器，再將其他伺服器的登錄資訊轉向到 A 伺服器，則管理員僅須分析 A 伺服器，即可了解單位內所有伺服器的登錄資訊了。

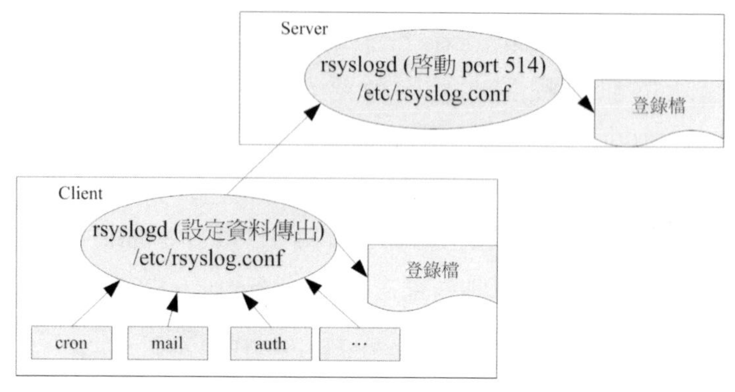

圖 12.3.2　登錄檔伺服器的架構

Server 端的設定只需要讓 rsyslogd 啟動 port 514 即可。不過有兩種啟動的方式，分別是啟動 TCP 與 UDP 兩種封包格式。假設 Server/Client 都在內部網路，因此我們使用速度較快的 UDP 封包來處理：

請將你的 Linux 規範成為登錄伺服器：

1. 先設定 rsyslog.conf，啟動 port 514 在 UDP 封包上：

```
[root@localhost ~]# vim /etc/rsyslog.conf
$ModLoad imudp                  <==大概在 15, 16 行，將這兩個設定註解取消
$UDPServerRun 514
```

2. 重新啟動服務，並且觀察 port 是否正確啟動了？

```
[root@localhost ~]# systemctl restart rsyslog
[root@localhost ~]# netstat -tlunp | grep rsyslog
udp        0      0 0.0.0.0:514         0.0.0.0:*           6701/rsyslogd
udp6       0      0 :::514              :::*                6701/rsyslogd
```

3. 將防火牆設定中，port 514 解開。

```
[root@localhost ~]# firewall-cmd --add-port=514/udp
[root@localhost ~]# firewall-cmd --list-all
public (default, active)
  interfaces: eth0
```

```
  sources:
  services: ftp http https tftp
  ports: 514/udp
  masquerade: no
  forward-ports:
  icmp-blocks:
  rich rules:
        rule family="ipv4" source address="172.16.100.254" accept
        rule family="ipv4" source address="172.16.0.0/16" service name="ssh"
accept
[root@localhost ~]# firewall-cmd --add-port=514/udp --permanent
```

兩兩同學成對，查詢對方的 IP 後，將自己的訊息複製一份到對方的 rsyslog 當中。

1. 先設定 rsyslog.conf 的內容，加入底下這行：

```
[root@localhost ~]# vim /etc/rsyslog.conf
*.*  @172.16.50.100:514
```

2. 重新啟動 rsyslog.conf，再請對方查閱一下自己的 /var/log/messages 是否有收集到對方的登錄資訊。

```
[root@localhost ~]# systemctl restart rsyslog
```

12.3.3 systemd-journald.service 簡介

rsyslog 僅是一隻服務，因此許多開機過程中產生的資訊都發生在啟動 rsyslog 之前，因此核心得要額外切出一些服務來記載資訊，這稍微困擾些。現在系統使用 systemd 來管理，systemd 提供了 systemd-journald 來協助記載登錄檔～因此在開機過程中的所有資訊，包括啟動服務與服務若啟動失敗的情況等等，都可以直接被記錄到 systemd-journald 當中。

不過 systemd-journald 由於是使用於記憶體的登錄檔記錄方式，因此重新開機過後，開機前的登錄檔資訊當然就不會被記載了。為此，CentOS 7

還是建議啟動 rsyslogd 來協助分類記錄！也就是說，systemd-journald 用來管理與查詢這次開機後的登錄資訊，而 rsyslogd 可以用來記錄以前及現在的所以資料到磁碟檔案中，方便未來進行查詢！

使用 journalctl 列出登錄檔

systemd-journald 服務所產生的任何資訊，都可以透過 journalctl 這個指令來呼叫出來：

```
[root@localhost ~]# journalctl [-nrpf] [--since TIME] [--until TIME] _optional
```

要注意 TIME 可以是英文代表 (yesterday,today..) 或者是詳細的年月日 (2016-05-18 00:00:00) 等等。至於常見的 _optional 則有：

- _SYSTEMD_UNIT=unit.service ：只輸出 unit.service 的資訊而已。
- _COMM=bash ：只輸出與 bash 有關的資訊。
- _PID=pid ：只輸出 PID 號碼的資訊。
- _UID=uid ：只輸出 UID 為 uid 的資訊。
- SYSLOG_FACILITY=[0-23] ：使用 syslog.h 規範的服務相對序號來呼叫出正確的資料！

1. 不加任何參數與選項，列出所有的日誌資料。
2. (1)先用 date 找出日期格式 YYYY-MM-DD 的日期，並以該日期的資訊顯示 log，以及(2)僅今天及(3)僅昨天的日誌資料內容。
3. 只找出 crond.service 的資料，同時只列出最新的 10 筆即可。
4. 找出 su, login 執行的登錄檔，同時只列出最新的 10 筆即可。

12.3.4 透過 logwatch 分析

如果系統能夠自動的分析登錄檔，之後做成類似報表的資料提供給管理員進行分析，則管理員會更加輕鬆。CentOS 提供了 logwatch 這個分析軟體來提供管理員進一步分析登錄檔，管理員僅須安裝此軟體，系統即刻將 logwatch 排進行程，未來管理員直接觀察 mail 即可。

1. 使用 rpm 檢查是否已經安裝了 logwatch。
2. 使用 yum 立刻安裝 logwatch 這套軟體。
3. 使用 rpm -ql 的方式，查詢 logwatch 的所有檔案，並找出與 cron 有關的設定檔名。
4. 承上，找到上述檔案後觀察內容，並將執行的方法『立刻』執行一遍。
5. 使用 root 的身份輸入 mail 查詢輸出的資訊。

12.4 課後練習操作

前置動作：請使用 unit12 的硬碟進入作業環境，並請先以 root 身分執行 vbird_book_setup_ip 指令設定好你的學號與 IP 之後，再開始底下的作業練習。

請使用 root 的身份進行如下實作的任務。直接在系統上面操作，操作成功即可，上傳結果的程式會主動找到你的實作結果。另外，由於底下的題目有部分需要實作後提供答案，故開始實作前，請先回答 ans12.txt 內的問題再繼續往下處理。

1. 請回答下列問題，並將答案寫在 /root/ans12.txt 檔案內：
   a. 請查出 /etc/sudoers 這個檔案屬於哪一個軟體？(1)寫下查詢的指令與 (2)寫下查詢的結果。
   b. 承上，上面查到的這個軟體中，該軟體內有哪些檔案被修改過？(1)寫下查詢的指令與 (2)寫下查詢的結果。
   c. (從本題以後，請完成網路設定後再繼續實作與回答下列問題) 承上，上面查到的軟體中，如果因為有問題，所以需要重新安裝，可以使用怎麼樣的指令直接線上重新安裝？請寫下安裝的指令。

d. 有個檔名為 misc_conv.3.gz，這個檔案屬於哪個軟體？(1)寫下查詢的指令與 (2)寫下查詢的結果。

e. root 曾經在某個時段利用 sudo 做過【 cat /etc/shadow 】這個指令，請依據登錄檔的查詢結果，(1)將查詢到的登錄資訊轉存到這個檔案的這個段落來 (2)root 執行的時間點是什麼時候 (日/月/時/分) 。

2. 系統的基礎設定-網路的設定部份：

a. 由於我們的系統是經過 clone 出來的，因此所有的設備恐怕都怪怪的。所以，請先將系統中的 eth0 這個網路連線刪除。

b. 請依據底下的說明，重新建立 eth0 這個網路連線：

- 使用的介面卡為 eth0 這個介面卡。
- 需要開機就自動啟動這個連線。
- 網路參數的設定方式為手動設定，不要使用自動取得。
- IP address 為：192.168.251.XXX/24 (XXX 為上課時，老師給予的號碼) 。
- Gateway 為：192.168.251.250。
- DNS server IP 為：請依據老師課後說明來設定 (若無規定，請以 168.95.1.1 及 8.8.8.8 這兩個為準) 。
- 主機名稱：請設定為 stdXXX.book.vbird (其中 XXX 為上課時，老師給予的號碼) 。

務必記得設定完畢後，一定要啟用這個網路連線，否則成績無法上傳喔！

3. 使用網路安裝相關軟體。

a. 請以貴校的 FTP 或 http 為主，設定好你的 CentOS server 的 YUM 設定檔。以崑山來說，可使用 http://ftp.ksu.edu.tw/ 來查詢所需要的三個軟體倉庫。

b. 請使用 yum 這個指令的相關功能，找到有關【 epel 】的關鍵字軟體，並且安裝該軟體。

c. 請設定每天凌晨 3 點自動背景進行全系統升級。

d. 這部主機需要有個科技用的軟體 netcdf-fortran，請安裝這套軟體。

e. 這部主機需要作為未來開發軟體之用，因此需要安裝一個開發用的軟體群組，請安裝它。

4. 登錄檔處理。

 a. 請透過相關動作，讓你的全部登錄資訊 (info 以上等級) 寫入 /var/log/full.log 檔案內。

 b. 請讓所有的登錄資訊在進行 log rotate 時，必須要有壓縮。

 c. 請安裝 logwatch，以便未來登錄檔的查詢之用。

作業結果傳輸：請以 root 的身分執行 vbird_book_check_unit 指令上傳作業結果。正常執行完畢的結果應會出現【XXXXXX;aa:bb:cc:dd:ee:ff;unitNN】字樣。若需要查閱自己上傳資料的時間，請在作業系統上面使用：http://192.168.251.250 檢查相對應的課程檔案。

作答區

服務管理與開機流程管理

之前的課程介紹過 process 與 program 的差別，也談過 PID 資訊的觀察，以及包括 job control 等與程序相關的資料。本節課會繼續介紹 process 管理所需要具備的 signal 資訊。另外，管理員是需要管理服務的，每個服務都是需要被啟動的 process。最終會介紹開機流程到底是如何運作。

13.1 服務管理

服務就是一個被啟動的程序，這個程序可以常駐於記憶體當中提供網路連線、例行工作排程等任務，就可稱為服務。

13.1.1 程序的管理透過 kill 與 signal

一個程式被執行觸發之後會變成在記憶體當中的一個活動的單位，那就是程序 (process)。之前的課程介紹過 PID 與程序的觀察，本小節會繼續介紹 PID 的管理方面的任務。

管理員可以透過給某程序一個訊號 (signal) 去告知該程序你想要讓它作什麼。主要的程序訊號可以使用 kill -l 或 man 7 signal 查詢，底下擷取較常見的訊號代號與對應內容：

代號	名稱	內容
1	SIGHUP	啟動被終止的程序，可讓該 PID 重新讀取自己的設定檔，類似重新啟動
2	SIGINT	相當於用鍵盤輸入 [ctrl]-c 來中斷一個程序的進行
9	SIGKILL	代表強制中斷一個程序的進行，如果該程序進行到一半，那麼尚未完成的部分可能會有『半產品』產生，類似 vim 會有 .filename.swp 保留下來
15	SIGTERM	以正常的結束程序來終止該程序。由於是正常的終止，所以後續的動作會將它完成。不過，如果該程序已經發生問題，就是無法使用正常的方法終止時，輸入這個 signal 也是沒有用的
19	SIGSTOP	相當於用鍵盤輸入 [ctrl]-z 來暫停一個程序的進行

至於傳輸 signal 則是透過 kill 這個指令。舉例來說，若管理員想要直接讓前一堂課介紹的 rsyslogd 這個程序重讀其設定檔，而不透過服務管理的正常機制時，可以嘗試如下處理方式：

```
[root@localhost ~]# pstree -p | grep rsyslog
           |-rsyslogd(6701)-+-{rsyslogd}(6708)
           |                |-{rsyslogd}(6709)
           |                `-{rsyslogd}(6710)
```

```
[root@localhost ~]# kill -1 6701
[root@localhost ~]# tail /var/log/messages
.......
May 24 14:57:37 www rsyslogd: [origin software="rsyslogd" swVersion="7.4.7"
  x-pid="6701" x-info="http://www.rsyslog.com"] rsyslogd was HUPed
```

讀者可以發現在登錄檔出現了 rsyslogd 被要求重新讀取設定檔的記錄 (HUPed)！而除了 PID 之外，管理員也能夠使用指令名稱來給予 signal，直接透過 killall 即可。如下管理方式：

```
[root@localhost ~]# killall -1 rsyslogd
```

1. 使用 ps 這個指令，列出系統全部程序的『pid, nice 值, pri 值, command』資訊。
2. 找出系統內程序執行檔名為 sshd 的 PID。
3. 將上述的 PID 給予 signal 1 的方式為何？
4. 觀察一下 /var/log/secure 的內容是否正確的輸出相關的程序行為？
5. 如何將系統上所有的 bash 程序通通刪除？

13.1.2 systemd 簡介

從 CentOS 7.x 以後，Red Hat 系列的 distribution 放棄沿用多年的 System V 開機啟動服務的流程，改用 systemd 這個啟動服務管理機制～採用 systemd 的原因如下：

- 平行處理所有服務，加速開機流程。
- 一經要求就回應的 on-demand 啟動方式。(因為 systemd 為單一程序且常駐於記憶體)
- 服務相依性的自我檢查。

- 依 daemon 功能分類。
- 將多個 daemons 集合成為一個群組。

但是 systemd 也有許多存在的問題：

- 全部的 systemd 都用 systemctl 這個管理程式管理，而 systemctl 支援的語法有限制，不可自訂參數。
- 如果某個服務啟動是管理員自己手動執行啟動，而不是使用 systemctl 去啟動的，那麼 systemd 將無法偵測到該服務。
- systemd 啟動過程中，無法與管理員透過 standard input 傳入訊息！因此，自行撰寫 systemd 的啟動設定時，務必要取消互動機制。

systemd 的設定檔放置目錄

基本上，systemd 將過去所謂的 daemon 執行腳本通通稱為一個服務單位 (unit)，而每種服務單位依據功能來區分時，就分類為不同的類型 (type)。基本的類型有包括系統服務、資料監聽與交換的插槽檔服務 (socket)、儲存系統狀態的快照類型、提供不同類似執行等級分類的操作環境 (target) 等等。至於設定檔都放置在底下的目錄中：

- **/usr/lib/systemd/system/**：每個服務最主要的啟動腳本設定。
- **/run/systemd/system/**：系統執行過程中所產生的服務腳本，這些腳本的優先序要比 /usr/lib/systemd/system/ 高！
- **/etc/systemd/system/**：管理員依據主機系統的需求所建立的執行腳本，執行優先序又比 /run/systemd/system/ 高！

也就是說，到底系統開機會不會執行某些服務其實是看 /etc/systemd/system/ 底下的設定，所以該目錄底下就是一大堆連結檔。而實際執行的 systemd 啟動腳本設定檔，其實都是放置在 /usr/lib/systemd/system/ 底下的！

systemd 的 unit 類型分類說明

/usr/lib/systemd/system/ 內的資料主要使用副檔名來進行分類，底下嘗試找出 cron 與 multi-user 這些服務的資料：

```
[root@localhost ~]# ll /usr/lib/systemd/system/ | grep -E '(multi|cron)'
-rw-r--r--. 1 root root  284  7月 27  2015 crond.service
-rw-r--r--. 1 root root  597 11月 20  2015 multipathd.service
-rw-r--r--. 1 root root  492 11月 20  2015 multi-user.target
drwxr-xr-x. 2 root root 4096  2月 18 02:56 multi-user.target.wants
lrwxrwxrwx. 1 root root   17  2月 18 02:55 runlevel2.target -> multi-user.target
lrwxrwxrwx. 1 root root   17  2月 18 02:55 runlevel3.target -> multi-user.target
lrwxrwxrwx. 1 root root   17  2月 18 02:55 runlevel4.target -> multi-user.target
```

所以我們可以知道 crond 其實算是系統服務 (service)，而 multi-user 要算是執行環境相關的類型 (target type)。根據這些副檔名的類型，我們大概可以找到幾種比較常見的 systemd 的服務類型如下：

副檔名	主要服務功能
.service	一般服務類型 (service unit)：主要是系統服務，包括伺服器本身所需要的本機服務以及網路服務都是！比較經常被使用到的服務大多是這種類型
.socket	內部程序資料交換的插槽服務 (socket unit)：這種類型的服務通常在監控訊息傳遞的插槽檔，當有透過此插槽檔傳遞訊息來說要連結服務時，就依據當時的狀態將該用戶的要求傳送到對應的 daemon，若 daemon 尚未啟動，則啟動該 daemon 後再傳送用戶的要求 使用 socket 類型的服務一般是比較不會被用到的服務，因此在開機時通常會稍微延遲啟動的時間。一般用於本機服務比較多，例如我們的圖形界面很多的軟體都是透過 socket 來進行本機程序資料交換的行為
.target	執行環境類型 (target unit)：其實是一群 unit 的集合，例如上面表格中談到的 multi-user.target 其實就是一堆服務的集合～也就是說，選擇執行 multi-user.target 就是執行一堆其他 .service 或/及 .socket 之類的服務就是了

其中又以 .service 的系統服務類型最常見。

1. 透過 ps 找出 systemd 這個執行檔的完整路徑。
2. 上述的指令是由哪一個軟體所提供？
3. 該軟體提供的全部檔名如何查詢？

13.1.3 systemctl 管理服務的啟動與關閉

一般來說，服務的啟動有兩個階段，一個是『開機的時候設定要不要啟動這個服務』，以及『現在要不要啟動這個服務』兩個階段。這兩個階段都可以使用 systemctl 指令來管理。systemctl 的基本語法為：

```
[root@localhost ~]# systemctl [command] [unit]
```

上表所謂的 command 主要有：

- start：立刻啟動後面接的 unit。
- stop：立刻關閉後面接的 unit。
- restart：立刻關閉後啟動後面接的 unit，亦即執行 stop 再 start 的意思。
- reload：不關閉後面接的 unit 的情況下，重新載入設定檔，讓設定生效。
- enable：設定下次開機時，後面接的 unit 會被啟動。
- disable：設定下次開機時，後面接的 unit 不會被啟動。
- status：目前後面接的這個 unit 的狀態，會列出有沒有正在執行、開機預設執行否、登錄等資訊等！

1. 查詢系統有沒有 chronyd 這個指令？
2. 使用 rpm 查詢該指令屬於哪個軟體？
3. 使用 rpm 查詢該軟體的功能為何？
4. 請觀察 chronyd 這個服務目前是啟動或關閉？開機時會不會啟動這個服務？
5. 請將 chronyd 關閉，且下次開機還是會關閉。
6. 再次觀察 chronyd 這個服務。
7. 觀察登錄檔有沒有記錄 chronyd 這個服務的相關資料？

13.1.4 systemctl 列表系統服務

預設的情況下，systemctl 可以列出目前系統已經啟動的服務群，如下列表：

```
[root@localhost ~]# systemctl
UNIT                          LOAD   ACTIVE SUB       DESCRIPTION
.......
chronyd.service               loaded active running   NTP client/server
crond.service                 loaded active running   Command Scheduler
swap.target                   loaded active active    Swap
sysinit.target                loaded active active    System Initialization
timers.target                 loaded active active    Timers
systemd-tmpfiles-clean.timer  loaded active waiting   Daily Cleanup of Temporary
Directories

LOAD   = Reflects whether the unit definition was properly loaded.
ACTIVE = The high-level unit activation state, i.e. generalization of SUB.
SUB    = The low-level unit activation state, values depend on unit type.

153 loaded units listed. Pass --all to see loaded but inactive units, too.
To show all installed unit files use 'systemctl list-unit-files'.
```

列表當中，LOAD/ACTIVE/DESCRIPTION 等意義為：

- UNIT：項目的名稱，包括各個 unit 的類別 (看副檔名) 。
- LOAD：開機時是否會被載入，預設 systemctl 顯示的是有載入的項目而已喔！
- ACTIVE：目前的狀態，須與後續的 SUB 搭配！就是我們用 systemctl status 觀察時，active 的項目！
- DESCRIPTION：服務的詳細描述。

如上表顯示 chronyd 為 service 的類別，下次開機會啟動 (load)，而現在的狀態是運作中 (active running)。最底下兩行顯示共有 153 的 unit 顯示在上面，如果想要列出系統上還沒有被列出的服務群，可以加上 --all 來繼續觀察。此外，我們也能夠僅針對 service 的類別來觀察，如下所示：

```
[root@localhost ~]# systemctl list-units --type=service --all
```

如果想要觀察更詳細的每個啟動的資料，可以透過底下的方式來處理：

```
[root@localhost ~]# systemctl list-unit-files
UNIT FILE                                    STATE
proc-sys-fs-binfmt_misc.automount            static
dev-hugepages.mount                          static
.......
mdadm-last-resort@.timer                     static
systemd-readahead-done.timer                 static
systemd-tmpfiles-clean.timer                 static
unbound-anchor.timer                         disabled

368 unit files listed.
```

1. 找出系統中以 ksm 為開頭的所有的服務名稱，並觀察其狀態。
2. 將該服務設定為『開機不啟動』且『目前立刻關閉』的情況。

13.1.5 systemctl 取得與切換預設操作界面

Linux 預設的操作畫面可以是純文字也能夠是文字加上圖形界面。早期的 systemV 系統稱文字界面為 runlevel 3 而圖形界面為 runlevel 5。systemd 提供多種的操作界面，主要是透過『target』這種 unit 來作為規範。讀者可以使用如下的指令來觀察所有的 target：

```
[root@localhost ~]# systemctl list-units --type=target --all
```

在 CentOS 7 底下常見的操作界面 (target unit) 有底下幾種：

- multi-user.target：純文字模式。
- graphical.target：文字加上圖形界面，其實就是 multi-user.target 再加圖形操作。
- rescue.target：在無法使用 root 登入的情況下，systemd 在開機時會多加一個額外的暫時系統，與你原本的系統無關。這時你可以取得 root 的權限來維護你的系統。

- emergency.target：緊急處理系統的錯誤，還是需要使用 root 登入的情況，在無法使用 rescue.target 時，可以嘗試使用這種模式！
- shutdown.target：就是關機的流程。
- getty.target：可以設定你需要幾個 tty 之類的，如果想要降低 tty 的項目，可以修改這個東西的設定檔！

而上述的操作模式中，預設的是 multi-user 與 graphical 這兩種。其實這些模式彼此之間還是有相依性的，讀者可以使用如下的方式查出來 graphical 執行前，有哪些 target 需要被執行：

```
[root@localhost ~]# systemctl list-dependencies graphical.target
graphical.target
● ├.......
● └multi-user.target
●   ├.......
●   ├basic.target
●   │ ├.......
●   │ ├sockets.target
●   │ │ └.......
●   │ ├sysinit.target
●   │ │ ├.......
●   │ │ ├local-fs.target
●   │ │ │ └.......
●   │ │ └swap.target
●   │ │   └.......
●   │ └timers.target
●   │   └.......
●   ├getty.target
●   │ └.......
●   ├nfs-client.target
●   │ └.......
●   └remote-fs.target
●     └nfs-client.target
●       └.......
```

上述的表格已經精簡化過，僅保留了 unit=target 的項目，從裡面讀者也能夠發現到要執行 graphical 之前，還得需要其他的 target 才行。若須取得目前的操作界面，可以使用如下的方式來處理：

```
[root@localhost ~]# systemctl get-default
graphical.target
```

若需要設定預設的操作界面，例如將原本的圖形界面改為文字界面的操作方式時，可以使用如下的方式來處理：

```
[root@localhost ~]# systemctl set-default multi-user.target
Removed symlink /etc/systemd/system/default.target.
Created symlink from /etc/systemd/system/default.target to
        /usr/lib/systemd/system/multi-user.target.

[root@localhost ~]# systemctl get-default
multi-user.target
```

如此即可將文字界面設定為預設的操作環境。上述的作法是開機時才進行的預設操作環境界面，若需要即時將圖形界面改為文字界面，或者反過來處理時，可以使用如下的方式來處置：

```
[root@localhost ~]# systemctl isolate multi-user.target
```

1. 使用 netstat -tlunp 查看一下系統的網路監聽埠口。
2. 請在本機目前的狀態下，將操作界面模式更改為 rescue.target 這個救援模式。
3. 使用 netstat -tlunp 查看一下系統的網路監聽埠口是否有變少？
4. 將環境改為原本的操作界面。

13.1.6 網路服務管理初探

如果是網路服務，一般都會啟動監聽界面在 TCP 或 UDP 的封包埠口上。取得目前監聽的埠口可以使用如下的方式：

```
[root@localhost ~]# netstat -tlunp
Active Internet connections (only servers)
Proto Recv-Q Send-Q Local Address         Foreign Address    State     PID/Program name
tcp        0      0 192.168.122.1:53      0.0.0.0:*          LISTEN    1452/dnsmasq
tcp        0      0 0.0.0.0:22            0.0.0.0:*          LISTEN    29941/sshd
tcp        0      0 127.0.0.1:631         0.0.0.0:*          LISTEN    29938/cupsd
tcp        0      0 127.0.0.1:25          0.0.0.0:*          LISTEN    30092/master
tcp6       0      0 :::22                 :::*               LISTEN    29941/sshd
tcp6       0      0 ::1:631               :::*               LISTEN    29938/cupsd
tcp6       0      0 ::1:25                :::*               LISTEN    30092/master
udp        0      0 0.0.0.0:53273         0.0.0.0:*                    29287/avahi-
udp        0      0 192.168.122.1:53      0.0.0.0:*                    1452/dnsmasq
udp        0      0 0.0.0.0:67            0.0.0.0:*                    1452/dnsmasq
udp        0      0 0.0.0.0:5353          0.0.0.0:*                    29287/avahi-
udp        0      0 0.0.0.0:514           0.0.0.0:*                    29256/rsyslogd
udp6       0      0 :::514                :::*                         29256/rsyslogd
```

重點在 Local Address 那一行，會顯示該服務是啟動在本機的哪一個 IP 界面的哪一個埠口上，如此管理員即可了解啟動該埠口的服務是哪一個。若無須該網路服務，則可以將該程序關閉。以上述表格來說，如果需要關閉 avahi-daemon 以及 cupsd 時，可以使用如下的方式取得服務名稱：

```
[root@localhost ~]# systemctl list-unit-files | grep -E '(avahi|cups)'
cups.path                    enabled
avahi-daemon.service         enabled
cups-browsed.service         disabled
cups.service                 enabled
avahi-daemon.socket          enabled
cups.socket                  enabled
```

若需要將其關閉，則應該使用如下的方式，將『目前』與『預設』的服務啟動都關閉才行：

```
[root@localhost ~]# systemctl stop avahi-daemon.service avahi-daemon.socket
[root@localhost ~]# systemctl stop cups.path cups.service cups.socket
```

```
[root@localhost ~]# systemctl disable avahi-daemon.service avahi-daemon.socket
[root@localhost ~]# systemctl disable cups.path cups.service cups.socket
[root@localhost ~]# netstat -tlunp
```

讀者將可發現到 avahi-daemon 以及 cupsd 的服務已經被關閉。而若需要啟動某個網路服務，則需要了解到該服務是由哪一個軟體所啟動的，該軟體需要先安裝後才可以啟動該服務。

1. WWW 網路服務是由 httpd 這個軟體所提供的，請先安裝該軟體。
2. 查詢是否有 httpd 的服務存在了？
3. 啟動該服務，同時設定為預設啟動該服務。
4. 查詢埠口是否順利啟動 port 80。
5. 使用瀏覽器查詢本機 WWW 服務是否正確啟動了。
6. 將 port 80 的防火牆放行。

13.2 開機流程管理

系統如果出錯，可能需要進入救援模式才能夠處理相關的任務。但如何進入救援模式？這就需要從開機流程分析來下手。

13.2.1 Linux 系統在 systemd 底下的開機流程

一般正常的情況下，Linux 的開機流程會是如下所示：

1. 載入 BIOS 的硬體資訊與進行自我測試，並依據設定取得第一個可開機的裝置。
2. 讀取並執行第一個開機裝置內 MBR 的 boot Loader (亦即是 grub2, spfdisk 等程式) 。
3. 依據 boot loader 的設定載入 Kernel，Kernel 會開始偵測硬體與載入驅動程式。

- 載入 kernel file 與 initramfs 檔案在記憶體內解壓縮。
- initramfs 會在記憶體模擬出系統根目錄，提供 kernel 相關的驅動程式模組。
- 核心裝置驅動程式完整的驅動硬體。

4. 在硬體驅動成功後，Kernel 會主動呼叫 systemd 程式，並以 default.target 流程開機。
   - systemd 執行 sysinit.target 初始化系統及 basic.target 準備作業系統。
   - systemd 啟動 multi-user.target 下的本機與伺服器服務。
   - systemd 執行 multi-user.target 下的 /etc/rc.d/rc.local 檔案。
   - systemd 執行 multi-user.target 下的 getty.target 及登入服務。
   - systemd 執行 graphical 需要的服務。

如上，讀者們可以發現核心檔案驅動系統完成後，接下來就是 systemd 的任務，也就是前一小節所探討的內容。但核心檔案在哪裡？以及如何設定不同的核心檔案開機，那就是開機管理程式的任務了。

1. 使用 systemctl list-units --all 的功能，找出 local 關鍵字。
2. 使用 systemctl list-unit-files 的功能，找出 local 關鍵字。
3. 使用 systemctl show xxx.service 的功能，找出上述軟體的執行檔。
4. 查閱 /etc/rc.d/rc.local 的權限，同時加上 x 的權限。
5. 重新載入 systemd，讓上述修訂生效。
6. 使用 systemctl list-units --all 的功能，找出 local 關鍵字，是否為 active 呢？

13.2.2 核心與核心模組

系統的核心大多放置於 /boot/vmlinuz* 開頭的檔案中，而 initramfs 則放置於 /boot/initramfs*。至於核心的模組則放置於 /lib/modules/$(uname -r)/ 目錄內。

目前系統上面已經載入的模組，可以使用底下的方式來觀察：

```
[root@localhost ~]# lsmod
[root@localhost ~]# lsmod | grep xfs
```

找到名為 xfs 的模組後，若想了解該模組的功能，可以使用如下的方式查詢：

```
[root@localhost ~]# modinfo xfs
filename:       /lib/modules/3.10.0-327.el7.x86_64/kernel/fs/xfs/xfs.ko
license:        GPL
description:    SGI XFS with ACLs, security attributes, no debug enabled
author:         Silicon Graphics, Inc.
alias:          fs-xfs
rhelversion:    7.2
srcversion:     978077FBDF054363971A9EE
depends:        libcrc32c
intree:         Y
vermagic:       3.10.0-327.el7.x86_64 SMP mod_unload modversions
signer:         CentOS Linux kernel signing key
sig_key:        79:AD:88:6A:11:3C:A0:22:35:26:33:6C:0F:82:5B:8A:94:29:6A:B3
sig_hashalgo:   sha256
```

若想要載入某個模組，就使用 modprobe 來載入，卸載則使用 modprobe -r 來卸載即可。

1. 在核心模組的目錄下，使用 find 找出系統有沒有 fat 關鍵字的模組？
2. 是否已經有載入 fat 相關的模組了？若無，請載入該模組，再次檢查是否載入成功。
3. 再次檢查有無 cifs 模組，若無，請載入，並查詢該模組的功能為何？
4. 卸載 cifs 模組。
5. 在核心模組的目錄下，有沒有 ntfs 的關鍵字？
6. 在 yum 的使用上，啟用 epel 軟體庫，搜尋 ntfs 這個關鍵字軟體。
7. 嘗試安裝上述找到的軟體名稱。

使用 /etc/sysctl.conf 處理核心參數

某些情況下，你會需要更動核心參數。而預設的核心參數位於 /proc/sys/ 底下。一般不建議使用者直接使用手動修改方式處理 /proc 內的檔案 (因為下次開機就不會持續提供)，應使用修改 /etc/sysctl.conf 來處理。舉例而言，若你的 server 不想要回應 ping 的封包，則可以如此測試：

```
[root@localhost ~]# ping -c 2 localhost
PING localhost (127.0.0.1) 56(84) bytes of data.
64 bytes from localhost (127.0.0.1): icmp_seq=1 ttl=64 time=0.050 ms
64 bytes from localhost (127.0.0.1): icmp_seq=2 ttl=64 time=0.049 ms

--- localhost ping statistics ---
2 packets transmitted, 2 received, 0% packet loss, time 1000ms
rtt min/avg/max/mdev = 0.049/0.049/0.050/0.007 ms

[root@localhost ~]# echo 1 > /proc/sys/net/ipv4/icmp_echo_ignore_all
[root@localhost ~]# ping -c 2 localhost
PING localhost (127.0.0.1) 56(84) bytes of data.
--- localhost ping statistics ---
2 packets transmitted, 0 received, 100% packet loss, time 999ms

[root@localhost ~]# echo 0 > /proc/sys/net/ipv4/icmp_echo_ignore_all
```

讀者可以發現 icmp 確實不會回應 ping 的要求了。而這個設定值如果一定要每次開機都生效，可以寫入 sysctl.conf 內，寫法為：

```
[root@localhost ~]# vim /etc/sysctl.conf
net.ipv4.icmp_echo_ignore_all = 1

[root@localhost ~]# sysctl -p
[root@localhost ~]# cat /proc/sys/net/ipv4/icmp_echo_ignore_all
1
```

如此則可以每次都生效了。不過，這個功能對於內部環境的測試還是很重要的，因此還是請修訂回來比較妥當。

1. 請將 icmp_echo_ignore_all 改為預設的不要啟動 (0) 。
2. 讓系統預設啟動 IP 轉遞 (IP forward) 的功能。

13.2.3 grub2 設定檔初探

核心的載入與設定是由開機管理程式來處理的，而 CentOS 7 預設的開機管理程式為 grub2 這一個軟體。該軟體的優點包括有：

- 認識與支援較多的檔案系統，並且可以使用 grub2 的主程式直接在檔案系統中搜尋核心檔名。
- 開機的時候，可以『自行編輯與修改開機設定項目』，類似 bash 的指令模式。
- 可以動態搜尋設定檔，而不需要在修改設定檔後重新安裝 grub2。亦即是我們只要修改完 /boot/grub2/grub.cfg 裡頭的設定後，下次開機就生效了！

磁碟在 grub2 內的代號定義

開機時，資料得從磁碟讀出，因此磁碟、分割槽的代號資訊得先要了解釐清才行。grub2 對磁碟的代號定義如下：

```
(hd0,1)         # 一般的預設語法，由 grub2 自動判斷分割格式
(hd0,msdos1)    # 此磁碟的分割為傳統的 MBR 模式
(hd0,gpt1)      # 此磁碟的分割為 GPT 模式
```

- **硬碟代號以小括號 ( ) 包起來。**
- **硬碟以 hd 表示，後面會接一組數字。**
- **以『搜尋順序』做為硬碟的編號！(這個重要！)**
- **第一個搜尋到的硬碟為 0 號，第二個為 1 號，以此類推。**
- **每顆硬碟的第一個 partition 代號為 1，依序類推。**

所以說，整個硬碟代號為：

硬碟搜尋順序	在 Grub2 當中的代號
第一顆(MBR)	(hd0) (hd0,msdos1) (hd0,msdos2) (hd0,msdos3)....
第二顆(GPT)	(hd1) (hd1,gpt1) (hd1,gpt2) (hd1,gpt3)....
第三顆	(hd2) (hd2,1) (hd2,2) (hd2,3)....

/boot/grub2/grub.cfg 設定檔的理解

基本上，開機時 grub2 會去讀取的設定檔就是 grub.cfg 這個檔案，但是這個檔案是由系統程式分析建立的，不建議讀者們手動修改。因此底下讀者先觀察該檔案內容即可，先不要修訂。

```
[root@localhost ~]# cat /boot/grub2/grub.cfg
### BEGIN /etc/grub.d/00_header ###
set pager=1

if [ -s $prefix/grubenv ]; then
  load_env
fi
.......
if [ x$feature_timeout_style = xy ] ; then
  set timeout_style=menu
  set timeout=5
# Fallback normal timeout code in case the timeout_style feature is
# unavailable.
else
  set timeout=5
fi
### END /etc/grub.d/00_header ###

### BEGIN /etc/grub.d/00_tuned ###
set tuned_params=""
### END /etc/grub.d/00_tuned ###

### BEGIN /etc/grub.d/01_users ###
if [ -f ${prefix}/user.cfg ]; then
  source ${prefix}/user.cfg
  if [ -n ${GRUB2_PASSWORD} ]; then
    set superusers="root"
```

```
    export superusers
    password_pbkdf2 root ${GRUB2_PASSWORD}
  fi
fi
### END /etc/grub.d/01_users ###

### BEGIN /etc/grub.d/10_linux ###
menuentry 'CentOS Linux (3.10.0-327.el7.x86_64) 7 (Core)' --class centos --class
gnu-linux --class gnu --class os --unrestricted $menuentry_id_option
  'gnulinux-3.10.0-327.el7.x86_64-advanced-fb871e94-6242-48c9-82ee-3c2df02a070e' {
        load_video
        set gfxpayload=keep
        insmod gzio
        insmod part_gpt
        insmod xfs
        set root='hd0,gpt2'
        if [ x$feature_platform_search_hint = xy ]; then
          search --no-floppy --fs-uuid --set=root --hint='hd0,gpt2'  .....
        else
          search --no-floppy --fs-uuid --set=root a026bf1c-3028-4962-88e3-cd92c6a2a877
        fi
        linux16 /vmlinuz-3.10.0-327.el7.x86_64 root=/dev/mapper/centos-root ro
           rd.lvm.lv=centos/root rd.lvm.lv=centos/swap rhgb quiet LANG=en_US.UTF-8
        initrd16 /initramfs-3.10.0-327.el7.x86_64.img
}
.......
### END /etc/grub.d/10_linux ###
.......

### BEGIN /etc/grub.d/40_custom ###
# This file provides an easy way to add custom menu entries.  Simply type the
# menu entries you want to add after this comment.  Be careful not to change
# the 'exec tail' line above.
### END /etc/grub.d/40_custom ###
```

上表中 menuentry 後面接的就是選單的標題與實際的內容了。而該內容比較重要的項目有：

- set root='hd0,gpt2'：這 root 是指定 grub2 設定檔所在的那個裝置。如果你下達 df 這個指令，會發現到 /boot 這個目錄是掛載於 /dev/vda2 這個裝置上，因此設定資訊就是在 /dev/vda2 亦即 grub2 的 (hd0,2)。也因為我們用的是 gpt 的分割格式，因此系統就用 (hd0,gpt2) 來顯示。

- linux16 /vmlinuz-3.10.0-327.el7.x86_64 root=/dev/mapper/centos-root ....：這一行指的是核心檔案在哪裡？因為我們的核心在 /boot/vmlinuz.... 上面，而 /boot 是在 /dev/vda2 上面，因此檔名為 (/dev/vda2)/vmlinuz-...，由於上一個 set root 已經指定了 (hd0,gpt2) 了，因此這裡就簡寫為 /vmlinuz-... 囉。後面參數接的 root 就是 Linux 根目錄所在了。
- initrd16 /initramfs-3.10.0-327.el7.x86_64.img：指的當然就是 initramfs 檔案的所在，檔名的設計與 linux16 相同。

13.2.4 grub2 設定檔維護

基本上，修改 grub2 設定檔你可以在如下的位置進行：

- /etc/default/grub：主要修改環境設定。
- /etc/grub.d/：可以設定其他選單。

主要環境設定內容為：

```
[root@www ~]# cat /etc/default/grub
GRUB_TIMEOUT=5                           # 指定預設倒數讀秒的秒數
GRUB_DEFAULT=saved                       # 指定預設由哪一個選單來開機，預設開機選單之意
GRUB_DISABLE_SUBMENU=true                # 是否要隱藏次選單，通常是藏起來的好！
GRUB_TERMINAL_OUTPUT="console"           # 指定資料輸出的終端機格式，預設是透過文字終端機
GRUB_CMDLINE_LINUX="rd.lvm.lv=centos/root rd.lvm.lv=centos/swap rhgb quiet"
                                         # 就是在 menuentry 括號內的 linux16 項目後續的核心參數
GRUB_DISABLE_RECOVERY="true"             # 取消救援選單的製作
```

若有修改上述檔案，則需要使用 grub2-mkconfig -o /boot/grub2/grub.cfg 來進行修訂。現在假設：

- 開機選單等待 40 秒鐘。
- 預設用第一個選單開機。
- 選單請顯示出來不要隱藏。
- 核心外帶『elevator=deadline』的參數值。

那應該要如何處理 grub.cfg 呢？基本上，你應該要修訂 /etc/default/grub 的內容如下：

```
[root@localhost ~]# vim /etc/default/grub
GRUB_TIMEOUT=40
GRUB_DISTRIBUTOR="$(sed 's, release .*$,,g' /etc/system-release)"
GRUB_DEFAULT=0
GRUB_TIMEOUT_STYLE=menu
GRUB_DISABLE_SUBMENU=true
GRUB_TERMINAL_OUTPUT="console"
GRUB_CMDLINE_LINUX="rd.lvm.lv=centos/root rd.lvm.lv=centos/swap rhgb quiet
elevator=deadline"
GRUB_DISABLE_RECOVERY="true"
```

修改完畢之後再來則是進行輸出修訂的任務：

```
[root@localhost ~]# grub2-mkconfig -o /boot/grub2/grub.cfg
Generating grub configuration file ...
Found linux image: /boot/vmlinuz-3.10.0-327.el7.x86_64
Found initrd image: /boot/initramfs-3.10.0-327.el7.x86_64.img
Found linux image: /boot/vmlinuz-0-rescue-741c73b552ed495d92a024bc7a9768cc
Found initrd image: /boot/initramfs-0-rescue-741c73b552ed495d92a024bc7a9768cc.img
done
```

若想要知道是否完整的變更了，請 vim /boot/grub2/grub.cfg 查閱相關設定值是否變更即可。

選單建置的腳本 /etc/grub.d/*

grub2-mkconfig 執行之後會去分析 /etc/grub.d/* 裡面的檔案，然後執行該檔案來建置 grub.cfg。至於 /etc/grub.d/ 目錄底下會有這些檔案存在：

- 00_header：主要在建立初始的顯示項目，包括需要載入的模組分析、螢幕終端機的格式、倒數秒數、選單是否需要隱藏等等，大部分在 /etc/default/grub 裡面所設定的變數，大概都會在這個腳本當中被利用來重建 grub.cfg。
- 10_linux：根據分析 /boot 底下的檔案，嘗試找到正確的 linux 核心與讀取這個核心需要的檔案系統模組與參數等，都在這個腳本運作後找到並設定到 grub.cfg 當中。因為這個腳本會將所有在 /boot 底下的每一個核心檔案都對應到一個選單，因此核心檔案數量越多，你的開機選單項目就越多了。如果未來你不想要舊的核心出現在選單上，那可以透過移除舊核心來處理即可。

- 30_os-prober：這個腳本預設會到系統上找其他的 partition 裡面可能含有的作業系統，然後將該作業系統做成選單來處理就是了。如果你不想要讓其他的作業系統被偵測到並拿來開機，那可以在 /etc/default/grub 裡面加上『GRUB_DISABLE_OS_PROBER=true』取消這個檔案的運作。
- 40_custom：如果你還有其他想要自己手動加上去的選單項目，或者是其他的需求，那麼建議在這裡補充即可！

所以，一般來說，我們會更動到的就是僅有 40_custom 這個檔案即可。那這個檔案內容也大多在放置管理員自己想要加進來的選單項目就是了。好了，那問題來了，我們知道 menuentry 就是一個選單，那後續的項目有哪些東西呢？簡單的說，就是這個 menuentry 有幾種常見的設定？亦即是 menuentry 的功能啦！常見的有這幾樣：

- 直接指定核心開機

  基本上如果是 Linux 的核心要直接被用來開機，那麼你應該要透過 grub2-mkconfig 去抓 10_linux 這個腳本直接製作即可，因此這個部份你不太需要記憶！因為在 grub.cfg 當中就已經是系統能夠捉到的正確的核心開機選單了！不過如果你有比較特別的參數需要進行呢？這時候你可以這樣作：(1)先到 grub.cfg 當中取得你要製作的那個核心的選單項目，然後將它複製到 40_custom 當中 (2)再到 40_custom 當中依據你的需求修改即可。

  這麼說或許你很納悶，我們來做個實際練習好了：

如果你想要使用第一個原有的 menuentry 取出來後，增加一個選單，該選單可以強制 systemd 使用 graphical.target 來啟動 Linux 系統，讓該選單一定可以使用圖形界面而不用理會 default.target 的連結，該如何設計？

答

當核心外帶參數中，有個『systemd.unit=???』的外帶參數可以指定特定的 target 開機！因此我們先到 grub.cfg 當中，去複製第一個 menuentry，然後進行如下的設定：

```
[root@study ~]# vim /etc/grub.d/40_custom
menuentry 'My graphical CentOS, with Linux 3.10.0-229.el7.x86_64' --class rhel
fedora --class gnu-linux --class gnu --class os --unrestricted --id 'mygraphical' {
        load_video
        set gfxpayload=keep
        insmod gzio
        insmod part_gpt
        insmod xfs
        set root='hd0,gpt2'
        if [ x$feature_platform_search_hint = xy ]; then
          search --no-floppy --fs-uuid --set=root --hint='hd0,gpt2'  94ac5f77-...
        else
          search --no-floppy --fs-uuid --set=root 94ac5f77-cb8a-495e-a65b-...
        fi
        linux16 /vmlinuz-3.10.0-229.el7.x86_64 root=/dev/mapper/centos-root ro
                rd.lvm.lv=centos/root rd.lvm.lv=centos/swap crashkernel=auto
                rhgb quiet elevator=deadline systemd.unit=graphical.target
        initrd16 /initramfs-3.10.0-229.el7.x86_64.img
}
# 請注意，上面的資料都是從 grub.cfg 裡面複製過來的，增加的項目僅有特殊字體的部份而已！
# 同時考量畫面寬度，該項目稍微被變動過，請依據您的環境來設定喔！

[root@study ~]# grub2-mkconfig -o /boot/grub2/grub.cfg
```

當你再次 reboot 時，系統就會多出一個選單給你選擇了！而且選擇該選單之後，你的系統就可以直接進入圖形界面 (如果有安裝相關的 X window 軟體時)，而不必考量 default.target 是啥東西了！瞭解乎？

- 透過 chainloader 的方式移交 loader 控制權

  所謂的 chain loader (開機管理程式的鏈結) 僅是在將控制權交給下一個 boot loader 而已，所以 grub2 並不需要認識與找出 kernel 的檔名，**『它只是將 boot 的控制權交給下一個 boot sector 或 MBR 內的**

boot loader 而已』，所以通常它也不需要去查驗下一個 boot loader 的檔案系統！

一般來說，chain loader 的設定只要兩個就夠了，一個是預計要前往的 boot sector 所在的分割槽代號，另一個則是設定 chainloader 在那個分割槽的 boot sector (第一個磁區) 上！假設我的 Windows 分割槽在 /dev/sda1，且我又只有一顆硬碟，那麼要 grub 將控制權交給 windows 的 loader 只要這樣就夠了：

```
menuentry "Windows" {
        insmod chain        # 你得要先載入 chainloader 的模組對吧？
        insmod ntfs         # 建議加入 windows 所在的檔案系統模組較佳！
        set root=(hd0,1)    # 是在哪一個分割槽～最重要的項目！
        chainloader +1      # 請去 boot sector 將 loader 軟體讀出來的意思！
}
```

透過這個項目我們就可以讓 grub2 交出控制權了！

假設你的測試系統上面使用 MBR 分割槽，並且出現如下的資料：

```
[root@study ~]# fdisk -l /dev/vda
   Device Boot      Start         End      Blocks   Id  System
/dev/vda1            2048    10487807     5242880   83  Linux
/dev/vda2   *    10487808   178259967    83886080    7  HPFS/NTFS/exFAT
/dev/vda3       178259968   241174527    31457280   83  Linux
```

其中 /dev/vda2 使用是 windows 7 的作業系統。現在我需要增加兩個開機選項，一個是取得 windows 7 的開機選單，一個是回到 MBR 的預設環境，應該如何處理呢？

答

windows 7 在 /dev/vda2 亦即是 hd0,msdos2 這個地方，而 MBR 則是 hd0 即可，不需要加上分割槽啊！因此整個設定會變這樣：

```
[root@study ~]# vim /etc/grub.d/40_custom
menuentry 'Go to Windows 7' --id 'win7' {
        insmod chain
```

```
        insmod ntfs
        set root=(hd0,msdos2)
        chainloader +1
}
menuentry 'Go to MBR' --id 'mbr' {
        insmod chain
        set root=(hd0)
        chainloader +1
}

[root@study ~]# grub2-mkconfig -o /boot/grub2/grub.cfg
```

另外，如果每次都想要讓 windows 變成預設的開機選項，那麼在 /etc/default/grub 當中設定好『GRUB_DEFAULT=win7』然後再次 grub2-mkconfig 這樣即可啦！不要去算 menuentry 的順序喔！透過 --id 內容來處理即可！

13.2.5 開機檔案的救援問題

一般來說，如果是檔案系統錯誤，或者是某些開機過程中的問題，我們可以透過開機時進入 grub2 的互動界面中，在 linux16 的欄位，加入 rd.break 或者是 init=/bin/bash 等方式來處理即可。但是，如果是 grub2 本身就有問題，或者是根本就是核心錯誤，或者是 initramfs 出錯時，那就無法透過上述的方式來處理了。

在 CentOS 7 的操作經驗中，在升級核心時，偶而會有 initramfs 製作錯誤的情況導致新核心無法開機的問題。此時，若你已經沒有保留舊的核心，此時就無法順利開機了。

要處理這個問題，最常見的就是透過『原版光碟開機，然後使用救援模式 (rescue) 來自動偵測硬碟系統，再透過 chroot 的動作，同時使用 dracut 來重建 initramfs』即可。

1. 調整 BIOS 變成光碟開機 (或 USB 開機)，同時放入原版光碟，之後開機。

2. 進入光碟安裝模式後，選擇『Troubleshooting』的項目，再選擇『Rescue a CentOS Linux system』環境。
   - 此時系統會自動偵測硬碟，然後載入適當的模組，之後應該會找到我們的硬碟。
   - 當出現 1)Continue, 2)Read-only mount, 3)Skip to shell, 4)Quit(reboot) 時，按下 1 即可！
   - 若一切都順利，光碟環境會提供『chroot /mnt/sysimage』指令，作為切換成原本系統的手動。
3. 進入 shell 環境後，輸入『df』應該會看到原本系統資料通通掛載在 /mnt/sysimage 底下，因此請使用『chroot /mnt/sysimage』指令來進入原本的系統。
4. 使用底下的指令來找到 initramfs 的檔名：

```
sh4.2# grep init /boot/grub2/grub.cfg
        initrd16 /initramfs-3.10.0-514.el7.x86_64.img
        initrd16 /initramfs-0-rescue-741c73b552ed495d92a024bc7a9768cc.img
```

   上面那個 initramfs-3.10.0-514.el7.x86_64.img 就是等等我們需要建立的檔名了！
5. 透過 dracut 來進行 initramfs 的重建，重建的方法也很簡單！最重要的是取得核心的版本。從上面的查詢來看，我們的核心版本應該是 3.10.0-514.el7.x86_64，所以建置的方式為：

```
sh4.2# dracut -v /boot/initramfs-3.10.0-514.el7.x86_64.img 3.10.0-
514.el7.x86_64
sh4.2# touch /.autorelabel
sh4.2# exit
sh4.2# reboot
```

   當然，你也可以選擇其他的核心，來開機，不過我們這裡就使用預設核心即可。這樣應該就可以救援你的系統了！這個光碟救援的步驟最好能夠多操作幾次，偶而它會是你的救命符！

13.3 課後練習操作

前置動作：請使用 unit13 的硬碟進入作業環境，並請先以 root 身分執行 vbird_book_setup_ip 指令設定好你的學號與 IP 之後，再開始底下的作業練習。

請使用 root 的身份進行如下實作的任務。直接在系統上面操作，操作成功即可，上傳結果的程式會主動找到你的實作結果。

1. 系統救援：
   - 你目前這個系統上，由於某些緣故，initramfs 檔案已經失效，所以應該是無法順利開機成功。
   - 請進入系統救援的模式，並依據系統既有的核心版本，將 initramfs 重建
   - 注意，重建時，應考慮 grub2 的原本設定檔，以找到正確的檔名，方可順利成功開機。
   - 不要忘記了，如果順利開機成功，請記得執行 vbird_book_setup_ip 設定好學號與 IP。
2. 請回答下列問題，並將答案寫在 /root/ans13.txt 檔案內：
   a. 管理系統的 process 時，通常是使用給予訊號 (signal) 的方式。而手動給予 Signal 的指令常見有哪兩個？
   b. 承上，常見的 signal 有 1, 9, 15, 19，各代表什麼意思？
   c. 在 CentOS 7 系統上，所有的 systemd 服務腳本 (無論有沒有 enable) 放在哪個目錄內？
   d. 承上，但是系統【預設開機會載入】的腳本，又是放在哪個目錄內？
   e. systemd 會將服務進行分類，主要分為 X.service, X.socket, X.target，請問這幾個類型分別代表什麼意思？
   f. 在此課堂上，啟動系統預設的網路服務，可以使用哪五個口訣來處理？每個口訣對應的指令為何？

3. Systemd 的操作與核心功能
   a. 透過網路服務監聽埠口觀察的指令查出系統有多少服務在啟動？無論如何，請將服務關閉到只剩下 port 22 與 port 25 兩個。在底下有其他服務啟動後，自然會有多的埠口，不過在這個題目前，只能有這兩個埠口的存在。
   b. 讓這部 Linux 主機，預設會啟動在純文字模式下，亦即開機時，預設不會有圖形介面。
   c. 讓系統預設啟動 IP 轉遞 (IP forward) 的功能。
   d. 系統開機之後，會自動寄出一封 email 給 root，說明系統開機了。指令可以是『echo "reboot new" | mail -s 'reboot message' root』，請注意，這個動作必須是系統『自動於開機完成後就動作』，而不需要使用者或管理員登入喔！
4. 預設服務的啟動
   a. 請依據課堂上的服務啟動口訣，啟動 WWW 服務。並假設你知道 WWW 的首頁目錄位於 /var/www/html/ 以及首頁檔名為 index.html。請在 index.html 內以 vim 新建兩行，分別是學號與姓名。
   b. 請依據課堂上的服務啟動口訣，啟動 FTP 服務。並假設你知道 FTP 的首頁目錄在 /var/ftp，你要讓 /etc/fstab 提供給用戶端以 ftp://your.server.ip/pub/fstab 的網址下載，該如何複製 /etc/fstab 到正確的位置去？
5. grub2 相關應用
   a. 修改開機時的預設值，讓選單等待達到 30 秒。
   b. 讓開機時，核心加入 noapic 及 noacpi 兩個預設參數。
   c. 增加一個選單，選單名稱為【 Go go MBR 】，透過 chainloader 的方式，讓這個選單出現在開機時的選擇畫面中 (但是，預設值還是正常的 Linux 開機選單) 。

d. 以預設的正常 Linux 開機選單為依據範本，再建立一個名為【Graphical Linux】的選單，這個選單會強制進入圖形介面，而不是預設的文字介面。(hint: systemd.unit=???)

作業結果傳輸：請以 root 的身分執行 vbird_book_check_unit 指令上傳作業結果。正常執行完畢的結果應會出現【XXXXXX;aa:bb:cc:dd:ee:ff;unitNN】字樣。若需要查閱自己上傳資料的時間，請在作業系統上面使用：http://192.168.251.250 檢查相對應的課程檔案。

作答區

作答區

進階檔案系統管理

基礎的檔案系統管理中，通常一個 partition 只能作為一個 filesystem。但實際上，我們可以透過 RAID 的技術以及 LVM 的技術將不同的 partition/disk 整合成為一個大的檔案系統，而這些檔案系統又能具有硬體容錯的功能在，對於關注儲存設備物理安全性的管理員來說，這些技術相當的重要！

14.1 軟體磁碟陣列 (Software RAID)

陣列 (RAID) 的目的主要在『加大容量』、『磁碟容錯』、『加快效能』等方面，而根據你著重的面向就得要使用不同的磁碟陣列等級了。

14.1.1 什麼是 RAID

磁碟陣列全名是『Redundant Arrays of Independent Disks, RAID』，英翻中的意思為：獨立容錯式磁碟陣列，舊稱為容錯式廉價磁碟陣列，反正就稱為磁碟陣列即可！RAID 可以透過一個技術(軟體或硬體)，將多個較小的磁碟整合成為一個較大的磁碟裝置；而這個較大的磁碟功能可不止是儲存而已，它還具有資料保護的功能。整個 RAID 由於選擇的等級 (level) 不同，而使得整合後的磁碟具有不同的功能，基本常見的 level 有這幾種：

- RAID-0 (等量模式, stripe, 效能最佳)：兩顆以上的磁碟組成 RAID-0 時，當有 100MB 的資料要寫入，則會將該資料以固定的 chunk 拆解後，分散寫入到兩顆磁碟，因此每顆磁碟只要負責 50MB 的容量讀寫而已。如果有 8 顆組成時，則每顆僅須寫入 12.5MB，速度會更快。此種磁碟陣列效能最佳，容量為所有磁碟的總和，但是不具容錯功能。
- RAID-1 (映射模式, mirror, 完整備份)：大多為 2 的倍數所組成的磁碟陣列等級。若有兩顆磁碟組成 RAID-1 時，當有 100MB 的資料要寫入，每顆均會寫入 100MB，兩顆寫入的資料一模一樣 (磁碟映射 mirror 功能)，因此被稱為最完整備份的磁碟陣列等級。但因為每顆磁碟均須寫入完整的資料，因此寫入效能不會有明顯的提昇，但讀取的效能會有進步。同時容錯能力最佳，但總體容量會少一半。
- RAID 1+0：此種模式至少需要 4 顆磁碟組成，先兩兩組成 RAID1，因此會有兩組 RAID1，再將兩組 RAID1 組成最後一組 RAID0，整體資料有點像底下的圖示：

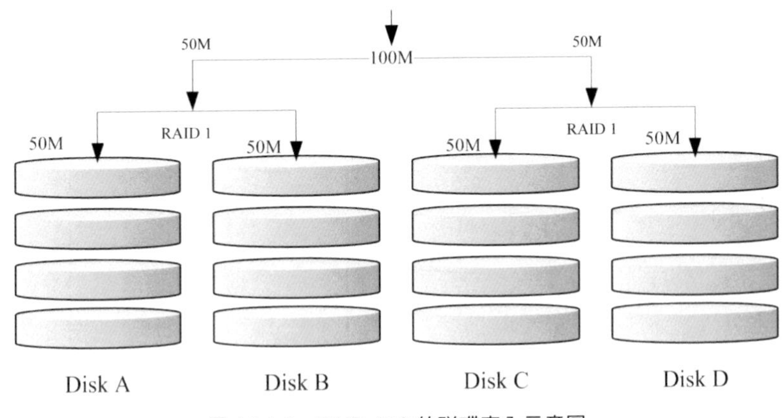

圖 14.1.1 RAID-1+0 的磁碟寫入示意圖

因此效能會有提昇，同時具備容錯，雖然容量會少一半。

- RAID 5, RAID 6 (效能與資料備份的均衡考量)：RAID 5 至少需要 3 顆磁碟組成，在每一層的 chunk 當中，選擇一個進行備份，將備份的資料平均分散在每顆磁碟上，因此任何一顆磁碟損毀時，都能夠重建出原本的磁碟資料，原理圖示有點像底下這樣：

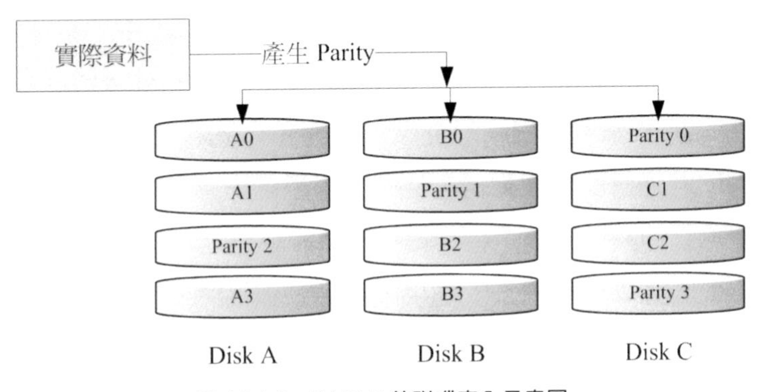

圖 14.1.2 RAID-5 的磁碟寫入示意圖

因為有一顆容量會用在備份上，因此總體容量少一顆，而為了計算備份的同位檢查碼 (partity)，因此效能較難評估，原則上，效能比起單顆磁碟還是會稍微提昇。不過還是具備有容錯功能，在越多顆磁碟組成時，比 RAID-1 要節省很多的容量。不過為了擔心單顆備份還是不太足夠，因此有 RAID 6 可以使用兩個 partity 來備份，因此會佔用兩顆容量就是了。

嘗試完成底下的表格：

項目	RAID0	RAID1	RAID10	RAID5	RAID6
最少磁碟數	2				
最大容錯磁碟數(1)	無	n-1			
資料安全性(1)	完全沒有				
理論寫入效能(2)	n	1	n/2	<n-1	<n-2
理論讀出效能(2)	n	n	n	<n-1	<n-2
可用容量(3)	n	1			
一般應用	強調效能但資料不重要的環境	資料與備份	伺服器、雲系統常用	資料與備份	資料與備份

而達成磁碟陣列功能的，主要有硬體 RAID 與軟體 RAID。

- 硬體磁碟陣列：中高階硬體 RAID 為獨立的 RAID 晶片，內含 CPU 運算功能，可以運算類似 RAID 5/6 的 parity 資料，據以寫入磁碟當中。越高階的 RAID 還具有更多的快取 (cache memory)，可以加速讀/寫的性能。由於是硬體磁碟陣列組成的『大容量磁碟』，因此 Linux 會將它視為一顆獨立的物理磁碟，檔名通常就是 /dev/sd[abcd..]。
- 軟體磁碟陣列：由作業系統提供模擬，透過 CPU 與 mdadm 軟體模擬出中高階磁碟陣列卡的功能，以達到磁碟陣列所需要的效能、容錯、容量增大的功能。因為是作業系統模擬的，因此檔名會是 /dev/md[0123..]。這種作法很常見於 NAS 檔案伺服器環境中。

根據上述的內容，簡易說明磁碟陣列對於伺服器的重要性在哪裡？

14.1.2 Software RAID 的使用

Software RAID 主要透過 mdadm 這個軟體的協助，因此需要先確認 mdadm 是否安裝妥當。而 mdadm 的指令也相當簡單，範例如下：

建立磁碟陣列

```
[root@localhost ~]# mdadm --create /dev/md[0-9] --auto=yes --level=[015] \
> --chunk=NK --raid-devices=N --spare-devices=N /dev/sdx

--create          ：為建立 RAID 的選項；
--auto=yes        ：決定建立後面接的軟體磁碟陣列裝置，亦即 /dev/md0, /dev/md1...
--level=[015]     ：設定這組磁碟陣列的等級。支援很多，不過建議只要用 0, 1, 5 即可
--chunk=Nk        ：決定這個裝置的 chunk 大小，也可以當成 stripe，一般是 64K 或 512K。
--raid-devices=N  ：使用幾個磁碟 (partition) 作為磁碟陣列的裝置
--spare-devices=N ：使用幾個磁碟作為備用 (spare) 裝置
```

現在利用上述的動作，以底下的設定來規範磁碟陣列：

- 利用 4 個 partition 組成 RAID 5。
- 每個 partition 約為 300MB 大小，需確定每個 partition 一樣大較佳。
- 利用 1 個 partition 設定為 spare disk。
- 這個 spare disk 的大小與其他 RAID 所需 partition 一樣大！
- chunk 設定為 256K 這麼大即可！
- 將此 RAID 5 裝置掛載到 /srv/raid 目錄下。

請特別注意，因為使用了磁碟陣列，因此在進行 mkfs 時，務必參考磁碟陣列優化的參數。以 mkfs.xfs 為例，請參考 su 以及 sw 的參數意義。此案例中，su 應為 256k，而 sw 應該是 (4-1) =3。

觀察磁碟陣列

磁碟陣列建置妥當後，應該觀察一下運作的狀況比較妥當。主要的觀察方式為：

```
[root@localhost ~]# mdadm --detail
[root@localhost ~]# cat /proc/mdstat
```

需要注意到是否有磁碟在損毀的狀況才行。

磁碟陣列的救援功能

假設 (1)磁碟陣列有某顆磁碟損毀了，或 (2)磁碟使用壽命也差不多，預計要整批換掉時，使用抽換的方式一顆一顆替換，如此則不用重新建立磁碟陣列。

在此情況下，管理員應該要將磁碟陣列設定為損毀，然後將之抽離後，換插新的硬碟才可以。基本的指令需求如下：

```
[root@localhost ~]# mdadm --manage /dev/md[0-9] [--add 裝置] [--remove 裝置] [--
fail 裝置]

--add     ：會將後面的裝置加入到這個 md 中！
--remove ：會將後面的裝置由這個 md 中移除
--fail    ：會將後面的裝置設定成為出錯的狀態
```

1. 先觀察剛剛建立的磁碟陣列是否正常運作，同時觀察檔案系統是否正常 (/srv/raid 是否可讀寫) 。
2. 將某顆運作中的磁碟 (例如 /dev/vda7) 設定為錯誤 (--fail)，再觀察磁碟陣列與檔案系統。
3. 將錯誤的磁碟抽離 (--remove) 之後，假設修理完畢，再加入該磁碟陣列 (--add)，然後再次觀察磁碟陣列與檔案系統。

14.2 邏輯捲軸管理員 (Logical Volume Manager)

雖然 RAID 可以將檔案系統容量增加，也有效能增加與容錯的機制，但是就是沒有辦法在既有的檔案系統架構下，直接將容量放大的機制。此時，可以彈性放大與縮小的 LVM 輔助，就很有幫助了。不過 LVM 主要是在彈性的管理檔案系統，不在於效能與容錯上。因此，若需要容錯與效能，可以將 LVM 放置到 RAID 裝置上即可。

14.2.1 LVM 基礎：PV, PE, VG, LV 的意義

LVM 的全名是 Logical Volume Manager，中文可以翻譯作邏輯捲軸管理員。之所以稱為『捲軸』可能是因為可以將 filesystem 像捲軸一樣伸長或縮短之故！LVM 的作法是將幾個實體的 partitions (或 disk) 透過軟體組合成為一塊看起來是獨立的大磁碟 (VG)，然後將這塊大磁碟再經過分割成為可使用分割槽 (LV)，最終就能夠掛載使用了。

- Physical Volume, PV, 實體捲軸：作為 LVM 最基礎的物理捲軸，可以是 partition 也可以是整顆 disk。
- Volume Group, VG, 捲軸群組：將許多的 PV 整合成為一個捲軸群組 (VG)，這就是所謂的最大的主要大磁碟。讀者應該知道磁碟的最小儲存單位為 sector，目前主流 sector 為 512bytes 或 4K。而 LVM 也有最小儲存單位，那就是 Physical Extent (PE)，所有的資料都是透過 PE 在 VG 當中進行交換的。
- Physical Extent, PE, 實體範圍區塊：PE 是整個 LVM 最小的儲存區塊，系統的檔案資料都是藉由寫入 PE 來處理的。簡單的說，這個 PE 就有點像檔案系統裡面的 block。PE 預設需要是 2 的次方量，且最小為 4M 才行。
- Logical Volume, LV, 邏輯捲軸：最終將 VG 再切割出類似 partition 的 LV 即是可使用的裝置了。LV 是藉由『分配數個 PE 所組成的裝置』，因此 LV 的容量與 PE 的容量大小有關。

上述談到的資料，可使用下圖來解釋彼此的關係：

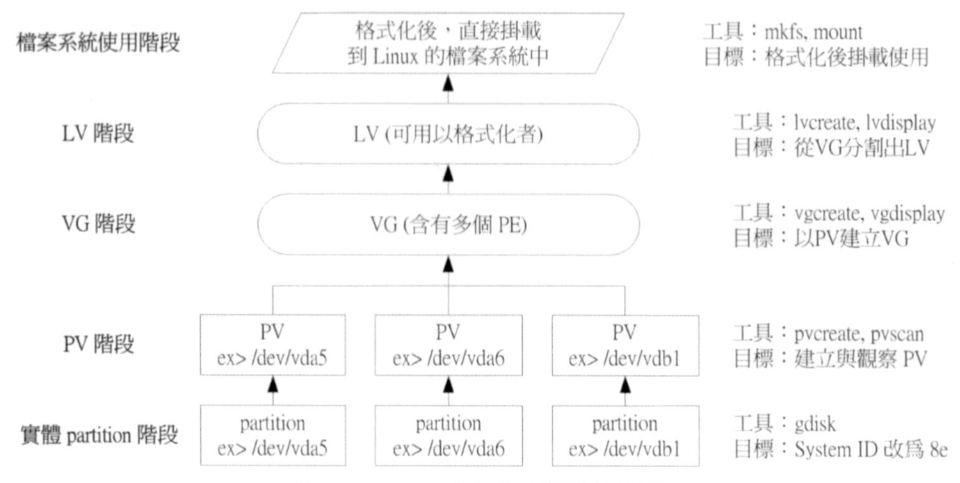

圖 14.2.1　LVM 各元件的實現流程圖示

使用 gdisk 或 fdisk 指令查詢一下，若需要將 partition 指定為 LVM 時，其 system ID (檔案系統識別碼) 應該指定為什麼？

14.2.2　LVM 實作流程

如前一小節所述，管理員若想要處理 LVM 的功能，應該從 partition --> PV --> VG --> LV --> filesystem 的角度來處理。請讀者以底下的設定來實作出一組 LVM 來使用：

- 使用 4 個 partition，每個 partition 的容量均為 300MB 左右，且 system ID 需要為 8e。
- 全部的 partition 整合成為一個 VG，VG 名稱設定為 myvg ；且 PE 的大小為 16MB。
- 建立一個名為 mylv 的 LV，容量大約設定為 500MB 左右。
- 最終這個 LV 格式化為 xfs 的檔案系統，且掛載在 /srv/lvm 中。

先使用 gdisk 或 fdisk 分割出本案例所需要的 4 個分割，假設分割完成的磁碟檔名為 /dev/vda{9,10,11,12} 四個。接下來即可使用 LVM 提供的指令來處理後續工作。一般來說，LVM 的三個階段 (PV/VG/LV) 均可分為『建立』、『掃描』與『詳細查閱』等步驟，其相關指令可以彙整如下表：

任務	PV 階段	VG 階段	LV 階段	filesystem (XFS / EXT4)	
搜尋(scan)	pvscan	vgscan	lvscan	lsblk, blkid	
建立(create)	pvcreate	vgcreate	lvcreate	mkfs.xfs	mkfs.ext4
列出(display)	pvdisplay	vgdisplay	lvdisplay	df, mount	
增加(extend)		vgextend	lvextend (lvresize)	xfs_growfs	resize2fs
減少(reduce)		vgreduce	lvreduce (lvresize)	不支援	resize2fs
刪除(remove)	pvremove	vgremove	lvremove	umount, 重新格式化	
改變容量 (resize)			lvresize	xfs_growfs	resize2fs
改變屬性 (attribute)	pvchange	vgchange	lvchange	/etc/fstab, remount	

PV 階段

所有的 partition 或 disk 均需要做成 LVM 最底層的實體捲軸，直接使用 pvcreate /device/name 即可。實作完成後，記得使用 pvscan 查閱是否成功。

```
[root@localhost ~]# pvcreate /dev/vda{9,10,11,12}
[root@localhost ~]# pvscan
  PV /dev/vda3    VG centos    lvm2 [20.00 GiB / 5.00 GiB free]
  PV /dev/vda12                lvm2 [300.00 MiB]
  PV /dev/vda11                lvm2 [300.00 MiB]
  PV /dev/vda10                lvm2 [300.00 MiB]
  PV /dev/vda9                 lvm2 [300.00 MiB]
  Total: 5 [21.17 GiB] / in use: 1 [20.00 GiB] / in no VG: 4 [1.17 GiB]
```

VG 階段

VG 比較需要注意的有三個項目：

- VG 內的 PE 數值需要是 2 的倍數，如果沒有設定，預設會是 4MB。
- VG 需要給名字。
- 需要指定哪幾個 PV 加入這個 VG 中。

根據上述的資料，使用 vgcreate --help 可以找到相對應的選項與參數，於是使用如下的指令來完成 VG 的任務：

```
[root@localhost ~]# vgcreate -s 16M myvg /dev/vda{9,10,11,12}
[root@localhost ~]# vgdisplay myvg
  --- Volume group ---
  VG Name               myvg
  System ID
  Format                lvm2
  Metadata Areas        4
  Metadata Sequence No  1
  VG Access             read/write
  VG Status             resizable
  MAX LV                0
  Cur LV                0
  Open LV               0
  Max PV                0
  Cur PV                4
  Act PV                4
  VG Size               1.12 GiB
  PE Size               16.00 MiB
  Total PE              72
  Alloc PE / Size       0 / 0
  Free  PE / Size       72 / 1.12 GiB
  VG UUID               SYirFy-Tnin-zd58-CDMK-HWWm-0hVS-dMKFkB
```

LV 階段

LV 為實際被使用在檔案系統內的裝置，建置時需要考量的項目大概有：

- 使用哪一個 VG 來進行 LV 的建置。
- 使用多大的容量或多少個 PE 來建置。
- 亦需要有 LV 的名字。

同樣使用 lvcreate --help 查閱，之後可以得到如下的選項與參數之設定：

```
[root@localhost ~]# lvcreate -n mylv -L 500M myvg
  Rounding up size to full physical extent 512.00 MiB
  Logical volume "mylv" created.
```

```
[root@localhost ~]# lvdisplay /dev/myvg/mylv
  --- Logical volume ---
  LV Path                /dev/myvg/mylv
  LV Name                mylv
  VG Name                myvg
  LV UUID                swQ33g-yEMi-frFh-iFyF-tRFS-jqbZ-VSLAw8
  LV Write Access        read/write
  LV Creation host, time www.centos, 2016-06-02 11:57:54 +0800
  LV Status              available
  # open                 0
  LV Size                512.00 MiB
  Current LE             32
  Segments               2
  Allocation             inherit
  Read ahead sectors     auto
  - currently set to     8192
  Block device           253:3
```

由於實際建立的 LV 大小是由 PE 的數量來決定，因為本案例中使用 16MB 的 PE，因此不會剛好等於 500MB，故 LV 自動選擇接近 500MB 的數值來建立，因此上表中會得到使用 512MB 的容量。

另外，最終實際可用的 LV 裝置名稱為 /dev/myvg/mylv，而因為 LVM 又是由 device mapper 的服務所管理的，因此最終的名稱也會指向到 /dev/mapper/myvg-mylv 當中。無論如何，讀者僅需要記憶 /dev/myvg/mylv 這種格式的裝置檔名即可。

1. 請將上述的 /dev/myvg/mylv 實際格式化為 xfs 檔案系統，且此 fileysytem 可以開機後自動掛載於 /srv/lvm 目錄下。
2. 再建立一個名為 /dev/myvg/mylvm2 的 LV 裝置，容量約為 300MB 左右，格式化為 ext4 檔案系統，開機後自動掛載於 /srv/lvm2 目錄下。

14.2.3 彈性化處理 LVM 檔案系統

LVM 最重要的任務就是進行裝置的容量放大與縮小，不過，前提是在該裝置下的檔案系統能夠支援放大與縮小才行。目前在 CentOS 7 上面主要的兩款檔案系統中，ext4 可以放大與縮小，但是 xfs 檔案系統則僅能放大而已。因此使用上需要特別注意。

將 myvg 所有剩餘容量分配給 /dev/myvg/mylvm2

從上面的案例中，讀者可以知道 myvg 這個 VG 的總容量 1.1G 當中，有 500M 給 /dev/myvg/mylv 而 300M 給 /dev/myvg/mylvm2，因此剩下大約 300MB 左右，讀者可以使用『vgdisplay myvg』來查詢剩餘的容量。若需要將檔案系統放大，則需要進行：

- 先將 mylvm2 放大。
- 再將上面的檔案系統放大。

上述兩個步驟的順序不可錯亂。將 mylvm2 放大的方式為：

```
[root@localhost ~]# vgdisplay myvg
  --- Volume group ---
  VG Name               myvg
  System ID
  Format                lvm2
  Metadata Areas        4
  Metadata Sequence No  3
  VG Access             read/write
  VG Status             resizable
  MAX LV                0
  Cur LV                2
  Open LV               2
  Max PV                0
  Cur PV                4
  Act PV                4
  VG Size               1.12 GiB
  PE Size               16.00 MiB
  Total PE              72
  Alloc PE / Size       51 / 816.00 MiB
  Free  PE / Size       21 / 336.00 MiB
  VG UUID               SYirFy-Tnin-zd58-CDMK-HWWm-0hVS-dMKFkB
```

```
[root@localhost ~]# lvscan
  ACTIVE            '/dev/myvg/mylv' [512.00 MiB] inherit
  ACTIVE            '/dev/myvg/mylvm2' [304.00 MiB] inherit
  ACTIVE            '/dev/centos/root' [10.00 GiB] inherit
  ACTIVE            '/dev/centos/home' [3.00 GiB] inherit
  ACTIVE            '/dev/centos/swap' [2.00 GiB] inherit
```

如上所示，讀者可以發現剩餘 21 個 PE，而目前 mylvm2 擁有 304MB 的容量。因此，我們可以使用：

- 不考慮原本的，額外加上 21 個 PE 在 mylvm2 上面，或；
- 原有的 304MB + 336MB 最終給予 640MB 的容量。

這兩種方式都可以！主要都是透過 lvresize 這個指令來達成。要額外增加時，使用『lvresize -l +21 ...』的方式，若要給予固定的容量，則使用『lvresize -L 640M ...』的方式，底下為額外增加容量的範例。

```
[root@localhost ~]# lvresize -l +21 /dev/myvg/mylvm2
  Size of logical volume myvg/mylvm2 changed from 304.00 MiB (19 extents)
       to 640.00 MiB (40 extents).
  Logical volume mylvm2 successfully resized.

[root@localhost ~]# lvscan
  ACTIVE            '/dev/myvg/mylv' [512.00 MiB] inherit
  ACTIVE            '/dev/myvg/mylvm2' [640.00 MiB] inherit
  ACTIVE            '/dev/centos/root' [10.00 GiB] inherit
  ACTIVE            '/dev/centos/home' [3.00 GiB] inherit
  ACTIVE            '/dev/centos/swap' [2.00 GiB] inherit
```

完成了 LV 容量的增加，再來將檔案系統放大。EXT 家族的檔案系統透過 resize2fs 這個指令來完成檔案系統的放大與縮小。

```
[root@localhost ~]# df /srv/lvm2
檔案系統                      1K-區段   已用    可用 已用% 掛載點
/dev/mapper/myvg-mylvm2  293267  2062 271545    1% /srv/lvm2

[root@localhost ~]# resize2fs /dev/myvg/mylvm2
esize2fs 1.42.9 (28-Dec-2013)
Filesystem at /dev/myvg/mylvm2 is mounted on /srv/lvm2; on-line resizing required
```

```
old_desc_blocks = 3, new_desc_blocks = 5
The filesystem on /dev/myvg/mylvm2 is now 655360 blocks long.

[root@localhost ~]# df /srv/lvm2
檔案系統                   1K-區段  已用    可用 已用% 掛載點
/dev/mapper/myvg-mylvm2  626473  2300 590753    1% /srv/lvm2
```

VG 的容量不足，可增加額外磁碟的方式

假設讀者因為某些特殊需求，所以需要將 /dev/myvg/mylv 檔案系統放大一倍，亦即再加 500MB 時，該如何處理？此時 myvg 已經沒有剩餘容量了。此時可以透過額外給予磁碟的方式來增加。此案例也是最常見到的情況，亦即在原有的檔案系統當中已無容量可用，所以管理員需要額外加入新購置的磁碟的手段。假設管理員已經透過 gdisk /dev/vda 新增一個 /dev/vda13 的 500MB 分割槽，此時可以這樣做：

```
[root@localhost ~]# lsblk
NAME              MAJ:MIN RM   SIZE RO TYPE  MOUNTPOINT
vda               252:0    0    40G  0 disk
├─vda9            252:9    0   300M  0 part
│ └─myvg-mylv     253:2    0   512M  0 lvm   /srv/lvm
├─vda10           252:10   0   300M  0 part
│ ├─myvg-mylv     253:2    0   512M  0 lvm   /srv/lvm
│ └─myvg-mylvm2   253:4    0   640M  0 lvm   /srv/lvm2
├─vda11           252:11   0   300M  0 part
│ └─myvg-mylvm2   253:4    0   640M  0 lvm   /srv/lvm2
├─vda12           252:12   0   300M  0 part
│ └─myvg-mylvm2   253:4    0   640M  0 lvm   /srv/lvm2
└─vda13           252:13   0   500M  0 part <==剛剛管理員新增的部份

[root@localhost ~]# pvcreate /dev/vda13
  Physical volume "/dev/vda13" successfully created

[root@localhost ~]# vgextend myvg /dev/vda13
  Volume group "myvg" successfully extended

[root@localhost ~]# vgdisplay myvg
  --- Volume group ---
  VG Name               myvg
  System ID
```

```
Format                lvm2
Metadata Areas        5
Metadata Sequence No  5
VG Access             read/write
VG Status             resizable
MAX LV                0
Cur LV                2
Open LV               2
Max PV                0
Cur PV                5
Act PV                5
VG Size               1.61 GiB
PE Size               16.00 MiB
Total PE              103
Alloc PE / Size       72 / 1.12 GiB
Free  PE / Size       31 / 496.00 MiB
VG UUID               SYirFy-Tnin-zd58-CDMK-HWWm-0hVS-dMKFkB
```

此時系統即可多出將近 500MB 的容量給 myvg。

1. 請將所有剩餘的容量分配給 /dev/myvg/mylv。
2. 透過 xfs_growfs 來放大 /dev/myvg/mylv 這個檔案系統。(請自行 man xfs_growfs)
3. 你目前的系統中，根目錄所在 filesystem 能否放大加入額外的 2GB 容量？若可以，請實作，若不行，請說明原因。

14.3 Software RAID 與 LVM 綜合管理

RAID 主要的目的在效能與容錯 (容量只是附加的)，而 LVM 重點在彈性管理檔案系統 (最好不要考量 LVM 內建的容錯機制)。若需要兩者的優點，則可以在 RAID 上面建置 LVM。但以目前管理員的測試機而言，建議先關閉原有的測試流程，然後再重新建立為宜。

14.3.1 關閉與取消 software RAID 與 LVM 的方式

在本書中，我們並沒有給予 RAID 的設定檔，因此刪除掉分割槽後，系統應該會自動捨棄 software RAID (/dev/md0)。不過，如果沒有將每個分割槽的檔頭資料刪除，那未來重新開機時，mdadm 還是會嘗試抓取 /dev/md0，這將造成些許困擾。因此，建議刪除掉 software RAID 的手段如下：

1. 先將 /etc/fstab 當中，關於 /dev/md0 的紀錄刪除或註解。
2. 將 /dev/md0 完整的卸載。
3. 使用 mdadm --stop /dev/md0 將 md0 停止使用。
4. 使用 dd if=/dev/zero of=/dev/vda4 bs=1M count=10 強制刪除掉每個 partition 前面的 software RAID 標記。
5. 重複前一個步驟，將其他的 /dev/vda{5,6,7,8} 通通刪除標記。

LVM 的管理是很嚴格的，因此管理員不可在 LVM 活動中的情況下刪除掉任何一個屬於 LVM 的 partition/disk 才對。例如目前 /dev/vda{9,10,11,12,13} 屬於 myvg 這個 VG，因此如果 myvg 沒有停止，那麼管理員不應該也盡量避免更動到上述的分割槽。若需要停止與回收這個 VG 的分割槽，應該要這樣處理。

1. 先將 /etc/fstab 當中與 myvg 有關的項目刪除或註解。
2. 將 myvg 有關的檔案系統卸載 (本案例中為 /srv/lvm 與 /srv/lvm2) 。
3. 使用 vgchange -a n myvg 將此 VG 停用。
4. 使用 lvscan 確認一下 myvg 所屬的所有 LV 是否已經停用 (inactive) 。
5. 使用 vgremove myvg 移除掉 myvg 這個 VG 的所有內容。
6. 使用 pvremove /dev/vda{9,10,11,12,13} 移除這些 PV。
7. 最終使用 pvscan 偵測是否順利移除。

1. 請透過上述的方案，將 /dev/md0 以及 myvg 含所屬的 PV 刪除掉。
2. 將所屬的 /dev/vda{4...13} 使用 gdisk 刪除掉，等待下個章節使用。

14.3.2 在 Software RAID 上面建置 LVM

假設管理員所管理的伺服器系統擁有 5 顆磁碟組成的 RAID 5，且擁有一顆 spare disk (容量個別為 300MB)，建置完成之後，在這個 RAID 上面建置好 VG (名稱為 raidvg)，同時將所有容量通通給予一個 LV (名稱為 raidlv)，並將它格式化為 xfs 且掛載到 /srv/raidlvm 目錄中。假設管理員已經建置好 /dev/vda{4,5,6,7,8,9} 的裝置了。

1. 先透過『mdadm --create /dev/md0 --level=5 --chunk=256K --raid-devices=5 --spare-devices=1 /dev/vda{4,5,6,7,8,9}』建立起 /dev/md0。
2. 建置完畢後，務必使用 mdadm --detail /dev/md0 確認陣列活動為正常。
3. 建議將 RAID 設定寫入 /etc/mdadm.conf 當中。
4. 使用 pvcreate /dev/md0 建立 PV。
5. 使用 vgcreate -s 16M raidvg /dev/md0 建立 VG。
6. 使用 lvcreate -l 74 -n raidlv raidvg 建立 LV。
7. 最後使用 mkfs.xfs 以及修改 /etc/fstab 來處理檔案系統即可。

1. 以上述的流程完成本節的測試。

14.4 簡易磁碟配額 (Quota)

Filesystem Quota 可以使用於『公平的』使用檔案系統。雖然現今磁碟容量越來越大，但是在某些特別的情境中，為了管制使用者亂用檔案系統，還是有必要管理一下 quota 用量的。

14.4.1 Quota 的管理與限制

基本上，要能使用 Quota，你需要有底下的支援：

- Linux 核心支援：除非你自己編譯核心，又不小心取消，否則目前預設核心都有支援 Quota 的。
- 啟用檔案系統支援：雖然 EXT 家族與 XFS 檔案系統均支援 Quota，但是你還是得要在掛載時啟用支援才行。

而一般 Quota 針對的管理對象是：

- 可針對使用者 (但不包含 root)。
- 可針對群組。
- EXT 家族僅可針對整個檔案系統，XFS 可以針對某個目錄進行 Quota 管理。

那可以限制的檔案系統資料是：

- 可限制檔案容量，其實就是針對 Filesystem 的 block 做限制。
- 可限制檔案數量，其實就是針對 Filesystem 的 inode 做限制 (一個檔案會佔用 1 個 inode 之故)。

至於限制的數值與資料，又可以分為底下幾個：

- Soft 限制值：僅為軟性限制，可以突破該限制值，但超過 soft 數值後，就會產生『寬限時間 (grace time)』。
- Hard 限制值：就是嚴格限制，一定無法超過此數值。

- Grace time：寬限時間，通常為 7 天或 14 天，只有在用量超過 soft 數值後才會產生，若使用者無任何動作，則 grace time 倒數完畢後，soft 數值會成為 hard 數值，因此檔案系統就會被鎖死。

所謂的『檔案系統鎖死』的意思，指的是使用者將無法新增/刪除檔案系統的任何資料，所以就得要藉由系統管理員來處理了！

由於 Quota 需要檔案系統的支援，因此管理員請務必在 fstab 檔案中增加底下的設定值：

- uquota/usrquota/quota：啟動使用者帳號 quota 管理。
- gquota/grpquota：啟動群組 quota 管理。
- pquota/prjquota：啟用單一目錄管理，但不可與 gquota 共用(本章不實作)。

在 xfs 檔案系統中，由於 quota 是『檔案系統內部紀錄管理』的，不像 EXT 家族是透過外部管理檔案處理，因此設定好參數後，一定要卸載再掛載 (umount --> mount)，不可以使用 remount 來處理。

1. 在測試的系統中，/home 為 xfs 檔案系統，請在設定檔中加入 usrquota, grpquota 的掛載參數。
2. 能否直接卸載 /home 再掛載？為什麼？如何進行卸載再掛載的動作？
3. 如何觀察已經掛載的檔案系統參數？

14.4.2 xfs 檔案系統的 quota 實作

一般來說，Quota 的實作大多就是觀察、設定、報告等項目，底下依序說明：

XFS 檔案系統的 Quota 狀態檢查

xfs 檔案系統的 quota 實作都是透過 xfs_quota 這個指令，這個指令在觀察方面的語法如下：

```
[root@www ~]# xfs_quota -x -c "指令" [掛載點]
選項與參數：
-x  ：專家模式，後續才能夠加入 -c 的指令參數喔！
-c  ：後面加的就是指令，這個小節我們先來談談數據回報的指令
指令：
      print  ：單純的列出目前主機內的檔案系統參數等資料
      df     ：與原本的 df 一樣的功能，可以加上 -b (block) -i (inode) -h (加上單位) 等
      report：列出目前的 quota 項目，有 -ugr (user/group/project) 及 -bi 等資料
      state  ：說明目前支援 quota 的檔案系統的資訊，有沒有起動相關項目等
```

例如列出目前支援 quota 的檔案系統觀察可以使用：

```
[root@localhost ~]# xfs_quota -x -c "print"
Filesystem          Pathname
/                   /dev/mapper/centos-root
/boot               /dev/vda2
/srv/raidlvm        /dev/mapper/raidvg-raidlv
/home               /dev/mapper/centos-home (uquota, gquota)
```

如上，系統列出了有支援 quota 的載點，之後即可觀察 quota 的啟動狀態：

```
[root@localhost ~]# xfs_quota -x -c "state"
User quota state on /home (/dev/mapper/centos-home)
  Accounting: ON
  Enforcement: ON
  Inode: #168 (3 blocks, 3 extents)
Group quota state on /home (/dev/mapper/centos-home)
  Accounting: ON
  Enforcement: ON
  Inode: #50175 (3 blocks, 3 extents)
Project quota state on /home (/dev/mapper/centos-home)
  Accounting: OFF
  Enforcement: OFF
  Inode: #50175 (3 blocks, 3 extents)
Blocks grace time: [7 days 00:00:30]
Inodes grace time: [7 days 00:00:30]
Realtime Blocks grace time: [7 days 00:00:30]
```

XFS 檔案系統的 Quota 帳號/群組使用與設定值報告

若需要詳細的列出在該載點底下的所有帳號的 quota 資料，可以使用 report 這個指令項目：

```
[root@localhost ~]# xfs_quota -x -c "report" /home
User quota on /home (/dev/mapper/centos-home)
                               Blocks
User ID          Used       Soft       Hard    Warn/Grace
---------- --------------------------------------------------
root                0          0          0     00 [--------]
student          4064          0          0     00 [--------]

Group quota on /home (/dev/mapper/centos-home)
                               Blocks
Group ID         Used       Soft       Hard    Warn/Grace
---------- --------------------------------------------------
root                0          0          0     00 [--------]
student          4064          0          0     00 [--------]

[root@localhost ~]# xfs_quota -x -c "report -ubih" /home
User quota on /home (/dev/mapper/centos-home)
                        Blocks                              Inodes
User ID      Used   Soft   Hard Warn/Grace     Used   Soft   Hard Warn/Grace
---------- --------------------------------- ---------------------------------
root            0      0      0  00 [------]      3      0      0  00 [------]
student      4.0M      0      0  00 [------]    133      0      0  00 [------]
```

單純輸入 report 時，系統會列出 user/group 的 block 使用狀態，亦即是帳號/群組的容量使用情況，但預設不會輸出 inode 的使用狀態。若額外需要 inode 的狀態，就可以在 report 後面加上 -i 之類的選項來處理。

XFS 檔案系統的 Quota 帳號/群組實際設定方式

主要針對使用者與群組的 Quota 設定方式如下：

```
[root@study ~]# xfs_quota -x -c "limit [-ug] b[soft|hard]=N i[soft|hard]=N name"
[root@study ~]# xfs_quota -x -c "timer [-ug] [-bir] Ndays"
選項與參數：
limit ：實際限制的項目，可以針對 user/group 來限制，限制的項目有
        bsoft/bhard : block 的 soft/hard 限制值，可以加單位
        isoft/ihard : inode 的 soft/hard 限制值
```

```
        name          : 就是用戶/群組的名稱啊!
timer :用來設定 grace time 的項目喔，也是可以針對 user/group 以及 block/inode 設定
```

假設管理員要針對 student 這個帳號設定：可以使用的 /home 容量實際限制為 2G 但超過 1.8G 就予以警告，簡易的設定方式如下：

```
[root@localhost ~]# xfs_quota -x -c "limit -u bsoft=1800M bhard=2G student" /home
[root@localhost ~]# xfs_quota -x -c "report -ub" /home
User quota on /home (/dev/mapper/centos-home)
                               Blocks
User ID          Used       Soft        Hard    Warn/Grace
---------- --------------------------------------------------
root                0          0           0     00 [--------]
student          4064    1843200     2097152     00 [--------]
```

若需要取消 student 設定值，直接將數值設定為 0 即可！

```
[root@localhost ~]# xfs_quota -x -c "limit -u bsoft=0 bhard=0 student" /home
```

1. 建立一個名為 "quotaman" 的用戶，該用戶的密碼設定為 "myPassWord"。
2. 觀察 quotaman 剛剛建立好帳號後的 quota 數值。
3. 讓 quotaman 的實際容量限制為 200M 而寬限容量限制為 150M 左右，設定完畢請觀察是否正確。
4. 前往 tty2 終端機，並實際以 quotaman 的身份登入，同時執行『dd if=/dev/zero of=test.img bs=1M count=160』這個指令，檢查 quotaman 家目錄是否有大型檔案？且該指令執行是否會出錯？
5. 回歸 root 的身份，再次觀察 quotaman 的 quota 報告，是否有出現 grace time 的資料？為什麼？
6. 再次來到 quotaman 的 tty2 終端機，再次使用『dd if=/dev/zero of=test.img bs=1M count=260』這個指令，檢查 quotaman 家目錄是否有大型檔案？且該指令執行是否會出錯？

7. 若使用 vim /etc/hosts 等指令後，離開 vim 會出現什麼錯誤訊息？為什麼？
8. quotaman 需要如何處理資料後，才能夠正常的繼續操作系統？

14.5 課後練習操作

前置動作：請使用 unit14 的硬碟進入作業環境，並請先以 root 身分執行 vbird_book_setup_ip 指令設定好你的學號與 IP 之後，再開始底下的作業練習。

請使用 root 的身份進行如下實作的任務。直接在系統上面操作，操作成功即可，上傳結果的程式會主動找到你的實作結果。並請注意，題目是有相依性的，因此請依序進行底下的題目為宜。

1. 請回答下列問題，並將答案寫在 /root/ans14.txt 檔案內：
   a. RAID0, RAID1, RAID6, RAID10 中 (1)哪一個等級效能最佳？(2)哪些等級才會有容錯？
   b. 承上，若以 8 顆磁碟為例，且都沒有 spare disk 的環境下，上述等級各有幾顆磁碟容量可用？
   c. 承上，以具有容錯的磁碟陣列而言，當有一顆磁碟損壞而需更換重建時，哪些磁碟陣列的重建效能最佳？(資料可直接複製，無須透過重新計算而言)
   d. 軟體磁碟陣列的 (1)操作指令為何？(2)磁碟陣列檔名為何？(3)設定檔檔名為何？
   e. LVM 的管理中，主要的組成有 PV, VG, LV 等，請問在 LVM 中，資料儲存、搬移的最小單位是什麼？(寫下英文縮寫與全名)
   f. 進行分割 (partition) 時，Linux LVM 與 Linux software RAID 的 system ID 各為何？
   g. 進行磁碟配額 (filesystem quota) 時，掛載參數要加上哪兩個檔案系統參數 (以 XFS 檔案系統為例) 才能夠支援 quota？

h. 承上，磁碟配額限制【磁碟使用容量】與【可用檔案數量】時，分別是限制什麼項目？

2. 彈性化管理檔案系統。

   a. 將 /home 的容量增加成為 5GB。

   b. 在目前的系統中，找到一個名為 hehe 的 LV，將此 LV 的容量設定改成 2GB，且在這個 LV 上面的檔案系統須同步處理容量。

   c. 在目前的系統中，找到一個名為 haha 的 LV，將此 LV 的容量設定改成 500M，且在這個 LV 上面的檔案系統須同步處理容量。

3. 綜合管理檔案系統。

   a. 請建立 5 個 1GB 的分割槽，且 system ID 請設定為 RAID 的樣式。

   b. 將上列磁碟分割槽用來建立 /dev/md0 為名的磁碟陣列，等級為 RAID6，無須 spare disk，chunk size 請指定為 1M，為避免 /dev/md0 被修改，請將檔名對應寫入設定檔內。

   c. 以 /dev/md0 為磁碟來源，並依據底下的說明，重新建立一個 LVM 的檔案系統。

      - VG 名稱請取為 myvg 容量請自訂，但是 PE 需要具有 8MB 的大小 (參考底下的說明來指定喔)。
      - LV 名稱請取為 mylv，容量須有 200 個 PE 才行。
      - 這個檔案系統請格式化為 ext4 檔案系統，且掛載到 /data/userhome/ 目錄中，每次開機都會自動掛載。

4. 建立一個名為 /root/myaccount.sh 的大量建立帳號的腳本，這個腳本執行後，可以完成底下的事件。(請注意，要建置這個腳本前，最好已經處理完 Quota 檔案系統的處置！否則會出問題。另外，處理前，最好先登出圖形界面，在 tty2 使用 root 直接登入，否則 /home 可能無法卸載。)

   a. 會建立一個名為 mygroup 的群組。

   b. 會依據預設環境建立 30 個帳號，帳號名稱為 myuser01 ~ myuser30 共 30 個帳號，且這些帳號會支援 mygroup 為次要群組。

   c. 每個人的密碼會使用【 openssl rand -base64 6 】隨機取得一個 8 個字元的密碼，並且這個密碼會被記錄到 /root/account.password 檔案中，每一行一個，且每一行的格式有點像【myuser01:AABBCCDD】。

   d. 每個帳號預設都會有 200MB/250MB 的 soft/hard 磁碟配額限制。

5. 承上，在 /data/userhome 底下，建立一個名為 mygroupdir 的目錄：

   a. 這個目錄可以讓 mygroup 群組的用戶完整使用，但其他群組或其他人都無法使用這個目錄。

   b. mygroup 群組內的所有用戶在這個目錄下，僅具有 500MB/700MB 的 soft/hard 磁碟配額限制。

   c. 若無法實際設定成功，請修改 /etc/selinux/config 設定 SELINUX=permissive 後，重新開機再測試一次。

   d. 注意：目前 CentOS 7 預設使用 xfs 檔案系統，但仍有相當多的 distribution 使用傳統的 ext 家族檔案系統，因此，這一題要讓各位自己學習 ext 檔案系統的處理方式。相關參考資料請前往：http://linux.vbird.org/linux_basic/0420quota/0420quota-centos5.php 查閱 (其實作法大同小異，就是指令不同)。

作業結果傳輸：請以 root 的身分執行 vbird_book_check_unit 指令上傳作業結果。正常執行完畢的結果應會出現【XXXXXX;aa:bb:cc:dd:ee:ff;unitNN】字樣。若需要查閱自己上傳資料的時間，請在作業系統上面使用：http://192.168.251.250 檢查相對應的課程檔案。

作答區

測驗練習

期末考

總共 14 堂課的基礎練習已經結束了！現在就來統一整理整理整個考試吧！前面七堂課都在打基礎，後面七堂課則是比較牽涉到管理員的工作。所以期末考大部分還是著重在管理員的角度來思考喔！

前置動作：請使用 practice2 的硬碟進入作業系統，然後依據底下的注意事項與相關解釋來進行所有的題目。

重要注意事項：

- 請以 student 登入系統後，切換身份為 root 以進行底下的所有動作喔。
- 若發生底下的問題，則此次練習為 0 分 。
  - root 設定密碼錯誤。
  - IP 設定錯誤。
  - 預設出現圖形界面 (如果開機不是純文字界面，也是 0 分)。
  - 若無法傳送成績，此次考試亦為 0 分。
- 某些題目是具有連續性的，因此請看懂題目後再進行。

開始考試的練習

1. **系統救援**。
   - 你目前這個系統上，由於某些緣故，initramfs 檔案已經失效，所以應該是無法順利開機成功。
   - 請進入系統救援的模式，並依據系統既有的核心版本，將 initramfs 重建。
   - 注意，重建時，應考慮 grub2 的原本設定檔，以找到正確的檔名，方可順利成功開機。
2. **系統初始化設定**。
   a. 這部 Linux 主機的 root 密碼已經遺失，請重新設定 root 密碼為：『062727175』。
   b. 我需要每次開機都可以預設的進入純文字界面而非現行的圖形界面。
   c. 你系統的時間好像怪怪的，時區與時間好像都錯亂了！請改回台北的標準時區與時間。
   d. 我需要設定好這部主機的網路參數成為：
      i. 使用的介面卡為 eth0 這個介面卡，且因為系統為複製而來的，因此這個網路連線請刪除後重建另一個新的 eth0。
      ii. 需要開機就自動啟動這個連線。
      iii. 網路參數的設定方式為手動設定，不要使用自動取得喔。
      iv. IP address 為：192.168.251.XXX/24 (XXX 為上課時，老師給予的號碼)。
      v. Gateway 為：192.168.251.250。
      vi. DNS server IP 為：請依據老師課後說明來設定 (若無規定，請以 168.95.1.1 及 8.8.8.8 這兩個為準)。
      vii. 主機名稱：請設定為 stdXXX.book.vbird (其中 XXX 為上課時，老師給予的號碼)。

e. 請使用網路校時 (chronyd) 的方式，使用貴校 (以崑山來說，就是 ntp.ksu.edu.tw) 作為伺服器，主動更新你的系統時間。(若貴校並無 NTP 伺服器，則以 time.stdtime.gov.tw 作為來源)

f. 請使用 vbird_book_setup_ip 設定好你的學號資料。

3. **檔案系統方面的處理，包含分割(注意 primary, extended, logical 的限制)、格式化、掛載等**。

   a. 目前的系統有個出現磁碟出問題而快要損毀 (degrade) 的軟體磁碟陣列，找出並修復好該系統。

      - 該磁碟似乎已經被拔除一個 partition。
      - 找出系統中具有的跟 RAID 內的 partition 容量相同，且沒有被使用的 partition，那就是這個 RAID 缺乏的磁碟槽 (假設已經被修理好了)。
      - 請將該磁碟槽加入原本的系統中，以救援這個磁碟陣列 (讓它變成 clean 的狀態，改變 degraded 的困擾)。

   b. 建立一個名為 /dev/md1 的磁碟陣列，這個磁碟陣列的建置方式如下：

      - 使用 5 顆 500M 的磁碟組成的 raid5。
      - 每個 chunk 設定為 512K。
      - 需要有 1 顆 spare disk (容量一樣需要 500M)。
      - 分割不足請自行設法建置、且軟體磁碟陣列檔名務必為 /dev/md1(設定完畢最好開機測試檔名正確性)，另外，不需要針對此軟體磁碟陣列進行格式化的動作。

   c. 以上題建立的 /dev/md1 為磁碟來源，並依據底下的說明，重新建立一個 LVM 的檔案系統。

      - VG 名稱請取為 myvg 容量請自訂，但是 PE 需要具有 8MB 的大小。
      - LV 名稱請取為 mylv，容量須有 200 個 PE 才行。
      - 這個檔案系統請格式化為 ext4 檔案系統，且掛載到 /data/ 目錄中，每次開機都會自動掛載。

d. 在目前的系統中，掛載在 /home 的 LVM 格式資料，請將它的容量變成 5GB 左右，且這個目錄內的資料並不會消失(無須重新格式化的意思)。

e. 你的系統中有個檔名 /root/mybackup 的檔案，這個檔案原本是備份系統的資料，但副檔名不小心寫錯了！請將這個檔案修訂成為比較正確的副檔名 (例如 /root/mybackup.txt 之類的模樣)，並且將該檔案在 /srv/testing/ 目錄中解開這個檔案的內容。

f. 找出 /etc/services 這個檔案內含有『開頭是 http 的關鍵字』那幾行，並將該資料轉存成 /data/myhttpd.txt 檔案。

4. **帳號與權限控管方面的問題，包括新建帳號、帳號相關權限設定等**。

a. 請讓 student 可以透過 sudo 變身成為 root 的功能。

b. 有個名為 alex 的帳號，他的密碼為 mygodhehe，這個帳號有點怪異，因此身為管理員的你，得要將該帳號暫時鎖定。意思是說，這個帳號的所有資源都不變，但是該帳號無法順利使用密碼登入的意思(密碼鎖定)。

c. 建立一個名為 mysys1 的系統帳號，且這個系統帳號 (1)不需要家目錄 (2)給予 /sbin/nologin 的 shell (3)也不需要密碼。

d. 建立新用戶時，新用戶的家目錄應該都會出現一個名為 newhtml 的子目錄存在。

e. 讓 /home 這個目錄支援 Quota 的檔案系統功能。

f. 增加一個名為 examgroup 的群組。

g. 請寫一隻名為 /root/scripts/addusers.sh 的腳本，這個腳本將用來處理帳號的建置。你應該使用 for…do…done 迴圈的方式來建立這隻腳本，而 for 迴圈內的程式碼，請依序使用如下的方式來建置妥當。

i. 建立帳號時的相關參數設計：

- 帳號名稱為：examuser11 ~ examuser70 共 60 個帳號。

- 建立帳號時，每個帳號都要加入一個名為 examgroup 的次要群組支援。
- 每個帳號的全名說明就是該帳號的名稱。

ii. 每個帳號的密碼均為 myPassWord。

iii. 並且每個帳號首次登入系統時，都會被強迫要求更改密碼 (chage ??) 。

iv. 每個帳號的 Quota 為 soft --> 120MB, hard --> 150MB。

v. 修改每位帳號家目錄 (例如 examuser11 家目錄在 /home/examuser11/) 的權限成為 drwx--x--x 的模樣。

vi. 腳本建置完畢後，請務必執行一次，以確定帳號可以順利被建立！

h. 請建立一個名為 /data/myexam 的目錄，這個目錄的權限設定是這樣的：

i. 關於 examgroup 群組內的用戶權限：

- 該目錄可以讓 examgroup 的用戶具有完整的權限。
- 而其他人不具備任何權限。
- 在該目錄底下新建的資料(不論檔案還是目錄)，新資料的擁有群組都會是 examgroup。

ii. 關於 examuser70 與 student 這兩個帳號的特定要求：

- 因為 examuser70 帳號被盜，因此 examuser70 針對 /data/myexam 設定為不具備任何權限。
- 因為 student 是管理員的一般帳號，該帳號也需要查詢 /data/myexam 目錄下的資訊。因此也 (1)請讓 student 可以讀、進入該目錄，但不可以寫入該目錄。而且，(2)未來在此目錄底下新建的任何資料，預設 student 都具有讀與進入目錄的權限(沒有寫入的權限喔！)。

5. **系統基本操作，包括系統備份、自動化腳本、時間自動更新等機制**。

a. 找出在/usr/bin, /usr/sbin 目錄下，具有 s 或 t 等特殊權限的檔名 (SUID/SGID/SBIT)，將這些檔名輸出到/data/findperm.txt。

b. 由於系統上面有非常多的重要資料必須要進行備份，因此我們想要使用一支 script 來進行備份的動作，且將該 script 定時執行：

   i. 請撰寫一隻名為 /root/backup_system.sh 的腳本，來進行備份的工作。

   ii. 需要備份的目錄有：/etc, /home, /var/spool/mail/, /var/spool/cron/, /var/spool/at/, /var/lib/，腳本的內容為：

      - 第一行一定要宣告 shell 喔！
      - 自動判斷 /backups 目錄是否存在，若不存在則 mkdir 建立她，若存在則不進行任何動作。
      - 設計一個名為 source 的變數，變數內容以空格隔開所需要備份的目錄。
      - 設計一個名為 target 的變數，該變數為 tar 所建立的檔名，檔名命名規則 /backups/mysystem_20xx_xx_xx.tar.gz，其中 20xx_xx_xx 為西元年、月、日的數字，該數字依據你備份當天的日期由 date 自行取得。
      - 開始利用 tar 來備份。

   iii. 請注意，撰寫完畢之後，一定要立刻執行一次該腳本！確認實際有建立 /backups 以及相關的備份資料喔！

c. 排定上述的備份指令在每個星期 6 的凌晨 2 點進行這個備份的動作，且這個 script 在執行的時候：

   - 備份指令執行的過程請使用資料流重導向將過程完整的儲存在 /backups/backup.log 這個檔案中(包括正確與錯誤資訊)。
   - 使用 NI 值 10 來執行此指令。

d. 關於 CentOS7 的軟體倉儲功能，與網路安裝/自動更新機制：

   i. 請以貴校的 FTP 或 http 為主，設定好你的 CentOS server 的 YUM 設定檔。以崑山來說，可使用 http://ftp.ksu.edu.tw/ 來查詢所需要的三個軟體倉庫。(預設的有 base, updates, extras 共有三個軟體倉儲！)

   ii. 請至少升級核心 (kernel) 到最新版本，且升級完畢後，需要重新開機為宜。

iii. 請設定每天凌晨 3 點自動背景進行全系統升級。

iv. 這部主機需要作為未來開發軟體之用，因此需要安裝一個開發用的軟體群組，請安裝它。

e. 關於開機選單調整。

i. timeout 時間設定為 15 秒。

ii. 預設所有的核心參數都會加入 noapic 及 noacpi 兩個參數。

iii. 開機選單多一個回到 MBR 的設定，選單名稱內亦須包含『MBR』字樣。

iv. 開機選單在最後多一項可以進入圖形界面模式，這個圖形界面請使用原有的核心版本 (不是剛剛升級的核心版本)，且 title 必須含有『mygraphical』的字樣才行！使用的是新核心來進行這項工作。

f. 我的 /usr/sbin/setquota 這個檔案不小心刪除了，該如何救回來？(可以使用 rpm 去追蹤是哪個軟體提供的檔案後，移除再安裝該軟體即可完成此題目。)

g. 服務的管理部份：

i. 請讓你的 Linux 變成 WWW 伺服器，且首頁的內容會是你的姓名與學號 (可以使用英文)，同時，整個 Internet 應該都要能夠連線到你的 WWW 伺服器才對。(注意上課提到的服務建置五個步驟！)

ii. 請關閉右列的各項服務：cups.*, rpcbind.*, bluetooth.*

6. **腳本建立與系統管理**。

a. 你的系統將在 7 月的 20 號 08:00 進行關機的歲修工作，請以『單次』工作排程來設計關機的動作 (poweroff)。

b. 系統開機之後，會自動寄出一封 email 給 root，說明系統開機了。指令可以是『echo "reboot new" | mail -s 'reboot message' root』，請注意，這個動作必須是系統『自動於開機完成後就動作』，而不需要使用者或管理員登入喔！(hint: rc.local)

c. 為了方便大家使用 ps 外帶的參數來查詢系統的程序，因此管理員建立一隻名為 /usr/local/bin/myprocess 的腳本讓大家方便使用，腳本內容主要為：

   i. 第一行一定要宣告 shell 為 bash 才行。

   ii. 主要僅執行『/bin/ps -Ao pid,user,cpu,tty,args』。

   iii. 這隻腳本必須要讓所有人都可以執行才行！

d. 寫一隻名為 /usr/local/bin/myans.sh 的腳本，這隻腳本的執行結果會這樣：

   i. 腳本內第一行一定要宣告 shell 為 bash。

   ii. 當執行 myans.sh true 時，螢幕會輸出『Answer is true』，且訊息為預設的 Standard output。

   iii. 當執行 myans.sh false 時，螢幕會輸出『Answer is false』，且訊息輸出到 starndard error output。

   iv. 當外帶參數不是 true 也不是 false 時，螢幕會輸出『Usage: myans.sh true|false』。

7. **完成上述所有的題目後，請重新開機，並請在開機後 5 分鐘內執行上傳腳本，否則系統不允許你上傳喔！**

作業結果傳輸：請以 root 的身分執行 vbird_book_check_unit 指令上傳作業結果。正常執行完畢的結果應會出現【XXXXXX;aa:bb:cc:dd:ee:ff;unitNN】字樣。若需要查閱自己上傳資料的時間，請在作業系統上面使用：http://192.168.251.250 檢查相對應的課程檔案。

Linux 系統的準備 (Optional)

從學期開始學到這邊之後，如果每堂課後面的習題都有完成的話，那麼你大概已經可以掌握 Linux 作業系統了。接下來，我們將介紹如何使用最少軟體的功能，來達成你所需要的伺服器環境，注意喔，是『伺服器』環境，而非桌面電腦。其實重點在安裝時的分割功能、軟體最小安裝、安裝完畢的初始設定、系統的整理與簡易調整，最終就是處理伺服器的各項用途了。我們還沒有實際操作過伺服器的各項設定，不過這章內容搞定之後，你大概也能夠架設系統預設的 Server 了！

15.1 確認 Linux Server 之操作目的

你需要 Linux 做什麼呢？以鳥哥來說，我的 Linux 大部分都用來做網路伺服器、辦公室防火牆系統、科學計算的基本作業系統、虛擬化的基本系統等等任務。不同的任務所需要的硬體資源並不相同，同時，所需要提供的服務當然也差異相當大。所以，安裝 Linux 之前，先確認你的用途為宜！

15.1.1 硬體的選購與 Linux 伺服器的用途

雖然說目前 PC 效能強大且便宜，所以 PC 作為 Linux server 的硬體資源應該是毋庸置疑的。不過，某些特別的狀況下，PC 的資源要不是不夠力，就是太過頭了！

舉例來說，現在的物連網 (Internet Of Things) 需要很多的偵測器 (sensors)，但這些偵測器可能需要一部小型 server 來彙整資料與傳輸資料，這個 server 恐怕是需要放在戶外的、比較惡劣的工作環境下！此時，買一部配備完整的 PC 看起來是效能太好，但是維護不易啊～光是電源怎麼牽到戶外來，就夠傷腦筋的了。這時，如果一台小小的樹莓派可以處理的話，那應該使用樹莓派會比較好，又省電、又便宜、又方便抽換的維護。

所以，設計你的伺服器主機硬體時，應該要考量實際的需求，這樣才會有較佳的搭配應用。底下鳥哥就自己的常見使用環境給予建議，請讀者們自行設計出適合自己的主機資源。

需要高效能『運算』的主機系統

某些計算或者是服務需要較高等級的主機系統，此時可能需要購買到多核心 Xeon 等級以上的 CPU，搭配高效能網卡 (最好內建 10G 網卡)，會比較適合。以鳥哥為例，我用來計算空氣品質模式的系統，就用了 3 部雙 CPU 的主機，最高階的那部系統為 10 核心 20 緒 的 CPU 兩顆，因此一台就會有 20 核 40 緒，搭配 128GB 的記憶體，以及實體磁碟陣列卡，跑模式也還差不多可靠。

如果要做為資料庫環境使用，那也應該要使用比較好的主機資源，因為資料庫的運算通常會消耗很大量的 CPU 資源。同時，記憶體最好也要大一些，可能的話，將某些資料庫資料寫入記憶體中，會更加速運算。因此，繁重的資料庫運算也需要較高性能的主機系統。

一般來說，底下的系統需要較高運算效能與較大記憶體容量：

- 科學計算的 cluster 環境。
- 讀、寫、查詢相當頻繁的資料庫環境。
- 提供雲端虛擬化基礎系統的 host 環境。

需要高『磁碟容錯與效能』的主機系統

某些高容量需要的服務，包括檔案伺服器 (如 Samba, FTP, HTTP 等等) 以及科學計算的結果輸出 (例如空品模式、大氣模式等等)，還有雲端虛擬機器的虛擬磁碟等，都會用到很多磁碟容量。這時，考量到高速還是高容量，都需要有磁碟容錯的機制存在，否則機器損壞不打緊，資料不見才煩惱。

實際上線的系統，最好還是使用較高規格的實體磁碟陣列卡來協助比較妥當，除了支援熱拔插的功能，磁碟陣列卡上面的高速快取，也對讀寫效能有幫助。另外，如果只是資料存放 (如 Samba, FTP, 科學計算的結果輸出)，建議使用 RAID6 等級來處理即可，以前**鳥哥都用 RAID5，由於同時死掉兩顆磁碟的機率還是存在的，因此現在都傾向於使用 RAID6 較佳**。

如果是雲端虛擬機所需要的磁碟，由於這些磁碟系統可能需要用在虛擬機的作業上，而不是單純的資料存放，因此如果能有 SSD 作為進一步快取是最好，若沒有的話，個人建議使用鋸齒狀的 RAID10 效果最好。例如有八顆磁碟時，兩兩成對做成四個 RAID1 的系統，再將 4 個 RAID1 整合成一組 RAID0，實際使用的經驗，這樣的讀寫效率會比 RAID5 好些，尤其是在隨機存取的環境上。

普通效能即可的主機系統

一般的服務，包括 WWW 服務，以及非頻繁讀寫的資料庫環境 (包含在 WWW 系統內)，或者是一般小型辦公室的檔案伺服器，大多使用 CPU 為 4 核 8 緒的 PC 等級產品即可。也就是說，絕大部分的中小企業，需要的就是一部 PC server 啦！

便宜且可抽換的主機系統

以物連網為例，一部樹莓派就可以做很多事情，根本無須使用到 x86 架構的 PC。此外，若單純作為用戶端的接收設備，樹莓派或其他 Xapple pi 都可以符合這樣的需求。最近學校單位若經費不足，在電腦教室內似乎也能夠透過這種環境，搭配共用的雲端虛擬系統來組建一整間電腦教室，不但維護較為容易，經費支出應該也會比較節省。

15.1.2 磁碟分割與檔案系統的選擇

不要懷疑，**無論你是使用什麼系統，有辦法處理磁碟分割格式為 GPT，就以 GPT 為主！不要再用 MSDOS 的 MBR 模式**。再者，需要做什麼樣的分割，要分割成哪些目錄的掛載，這就與你伺服器的使用有關了。

如果是作為眾多帳號使用的檔案伺服器 (一般中小型企業比較容易使用到的環境)，建議 /home 一定要獨自切出來，此外，若可能的話，將這個 /home 做成 LVM 也是可行的方案 (但是備份方面請自行考量！)，這樣檔案系統的縮放才有彈性。而**如果考量到未來可能會放大或縮小，那最好選用 EXT4 檔案系統，因此目前 XFS 並不支援縮小檔案系統的**。

若有特殊需求需要用在非正規的目錄底下，例如鳥哥經常介紹的 /data 目錄，那麼也請自行製作分割與檔案系統的處置。

針對比較大容量的磁碟或分割，確實建議使用 XFS 檔案系統，格式化會比較快，另外，XFS 在錯誤救援方面也頗為成熟，對大檔案來說，效能也不錯，是可以考慮使用的檔案系統。

若考慮都使用 CentOS 7 原本提供的服務與預設的目錄配置，則 /var 最好獨自分割出來，因為很多服務的資料產出都放置於 /var/lib 裡面 (包括資料庫系統)，而郵件資料也是放置於 /var/spool/mail 裡面的。

雖然磁碟分割還是依據伺服器的用途而定，不過通常必須要有的分割大致有這些：

- /
- /boot

- /var
- /home
- 其他非正規目錄 (例如 /srv 或 /opt 或 /data 等)

多重作業系統的分割與檔案系統考量

以學校的教學環境而言，若在無還原卡的環境下，要達到最大化資源應用，通常會在一個磁碟內進行多個磁碟分割，然後安裝不同的作業系統，最終以開機選單來進入各個不同的作業系統，此即為多重開機環境的設計依據。

以前 CentOS 6 以前的 Linux 系統，預設使用 EXT3/EXT4 這種 EXT 家族的檔案系統，因此在進行 chainloader 的時候是不會出事的，因為 CentOS 6 以前的系統，使用的 EXT 檔案系統家族，都會預留出可以安裝開機管理軟體的區塊 (boot sector)。不過新的 XFS 檔案系統並沒有預留！所以 XFS 檔案系統的 superblock 預留區塊並沒有包含 boot sector 的，因此無法安裝開機管理程式。

因此，針對學校的一機多用途環境而言，若需要安裝 Linux 作業系統與 Windows 作業系統共存的環境，建議 CentOS 的預設檔案系統最好修訂為 EXT4 較佳。而且較為有趣的是，CentOS 7 以後的系統，因為使用了 XFS 檔案系統，因此開機過程中已經取消自動安裝 boot loader 到 boot sector 的區塊，只會將 boot loader 安裝到 MBR 區塊而已。所以在安裝完 CentOS 7 之後，可能需要手動安裝 grub2 到 EXT4 的 boot sector 才行。

另外，讀者應該知道**安裝作業系統的『順序』是有關系的，因為最後安裝的作業系統之開機管理程式會更新 MBR，因此最終的 MBR 是最後安裝的那個作業系統所管理的**。而在教學環境中，Linux 作業系統的開機管理程式可能會被胡亂修改，因此可能造成無法順利進入其他作業系統的窘境。根據經驗，最好的方式是這樣的：

1. /dev/sda1, 整個磁碟的最前面 3G 左右的區塊，安裝一套最小的 Linux，作為選單管理的用途 (這個系統不可刪除)。

2. /dev/sda2, 再安裝 Windows 作業系統。
3. /dev/sda3, 再安裝 Linux 作業系統，且務必選擇 EXT4 檔案系統。
4. /dev/sdaX, 其他共用區塊或其他作業系統 (若為 Linux 還是務必使用 EXT4 檔案系統) 。

其中，/dev/sda1 那個小 Linux 系統的目的是要維護整個單機系統的開機選單，因此該系統一經安裝就不要再更動它。而根據上述流程的安排，最終開機選單會被第三個 (也就是最後一個, /dev/sda3) 作業系統所管理。請依據正常流程開機，然後在純文字界面 (例如 tty2) 用 root 登入系統，之後使用底下的方法將 boot loader 安裝到 boot setor 上面去。

- grub2-install /dev/sda3 (前提條件，你必須是在 /dev/sda3 這個系統裡面才行！)

若出現錯誤，可加入『--force --recheck --skip-fs-probe』等參數來處理看看。務必記得不要使用 XFS 檔案系統才好。處理完這部份之後，請拿出 CentOS 的原版光碟，進入本課程之前章節談到的救援模式，然後 chroot 到第一個 /dev/sda1 的作業系統環境，接下來進行救援：

1. 先修改 /etc/grub.d/40_custom 的設定，增加兩個 chainloader 分別到 /dev/sda2 與 /dev/sda3 兩個系統。
2. 使用 grub2-install /dev/sda 覆蓋 MBR 的 boot loader。

這樣就可以完成整個多重作業系統的環境設定了。

伺服器初始環境的考量

讀者會發現這個小章節中，無論是硬體還是初始環境的設定 (包括分割、檔案系統選擇、掛載資源的設計等等)，全部都與 Server 的用途有關。而**無論硬體資源與初始環境設定，幾乎都是一經確認就無法修改 (當然！)，**因此，讀者們在學習 Linux 之後，若有架設 Linux server 的需求，應該就您伺服器的用途來考量，將經費花在刀口上，會比較妥當。

此外，**就如同 CentOS 每個版本的支援度都長達 5~7 年之久，你 Server 硬體的使用年限，最好也能夠是 5~7 年以上**。所以，讀者在設計這些硬體資源與初始環境配置時，需要預設考量 5 年內的使用情況，預留升級空間 (包括 LVM 檔案系統、 硬體的記憶體插槽是否有剩餘、磁碟是否能夠後續加掛、額外的插槽是否足夠未來的設備使用等等)，這樣才是較為完整的規劃。

15.2 系統安裝與初始環境設定

一般建議強迫系統用 GPT 分割格式，然後使用最小安裝模式，安裝完畢之後，再以文字模式的方式建立好網路，持續使用純文字模式進行各項設定工作，初始環境設定完成後，就能夠開始處理你的伺服器架設了。

15.2.1 伺服器的假設前提設定

假設這是一部透過網路芳鄰提供的檔案伺服器，同時提供個人化網頁設置的網頁伺服器，兩者分別使用 Samba 與 httpd 服務。另外，該伺服器預計提供這些功能：

- 提供大約 20 ~ 50 人的帳號。
- 每個用戶的使用容量是有受限制的。
- 公司內部還提供一個共用的主網頁功能選單。
- 公司內部也提供一個共用的檔案目錄分享在 /srv 底下。

分析上面的資料，我們大概可以知道磁碟分割時，最好能夠分割的目錄應該有哪些？

- /
- /boot (一般開機都要有的)
- /home (針對帳號的用途)
- /var (針對 /var/www/html 主網頁用途)
- /srv (針對 Samba 的共用目錄用途)

目前可以使用的虛擬機器硬體資源中，CPU 有兩顆、記憶體僅有 2GB，磁碟也只有 40G 的容量而已，根據這樣的系統，我們大致擬定了這樣的分割：

- /boot, 實體分割槽, 1GB
- /, LVM, 5GB
- /home, LVM, 所有剩餘 VG 的值
- /var, LVM, 5GB
- /srv, LVM, 5GB

之所以使用 LVM 是考量到未來的容量擴充之故。至於檔案系統則通通使用 XFS (因為不是多重作業系統之故)。

15.2.2 安裝程序與注意事項

根據本章節的規劃需求，在整體安裝流程中，讀者比較需要注意的安裝流程項目有底下幾個點：

- 進入安裝程序之前，強迫系統使用 GPT 分割的功能。
- 磁碟分割一定要選擇自訂分割，並依據上述規劃處理。
- 軟體安裝請勿必選擇最小安裝。

強迫使用 GPT 分割方式

將原版光碟放入光碟或 USB 之後，系統重新開機，並選擇光碟開機，如此則會進入安裝模式。在此安裝模式下，選擇『Install CentOS Linux 7』的選單，按下 [tab] 按鈕後，在出現的更改核心參數畫面中，最後方加入 inst.gpt 的參數即可按下 [enter] 繼續。

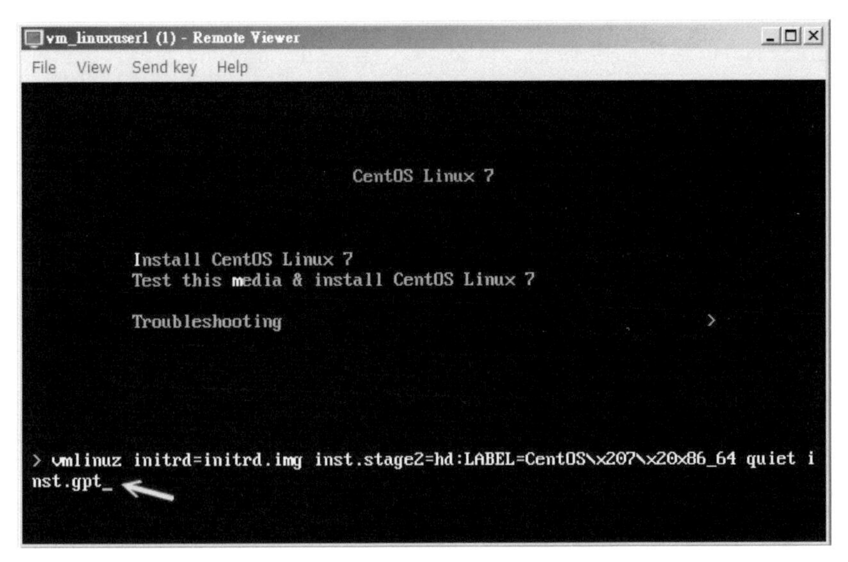

圖 15.2.1 強迫使用 GPT 分割表

其他雜項注意事項

經過語系挑選 (選擇了中文、繁體中文台灣)、日期時間挑選了亞洲台北、鍵盤配置選擇了漢語，並請先進入『鍵盤配置』的項目，點選『選項』，請勾選了『Ctrl+Shift』項目，未來切換中文輸入法時，會較為簡易。如底下的示意圖：

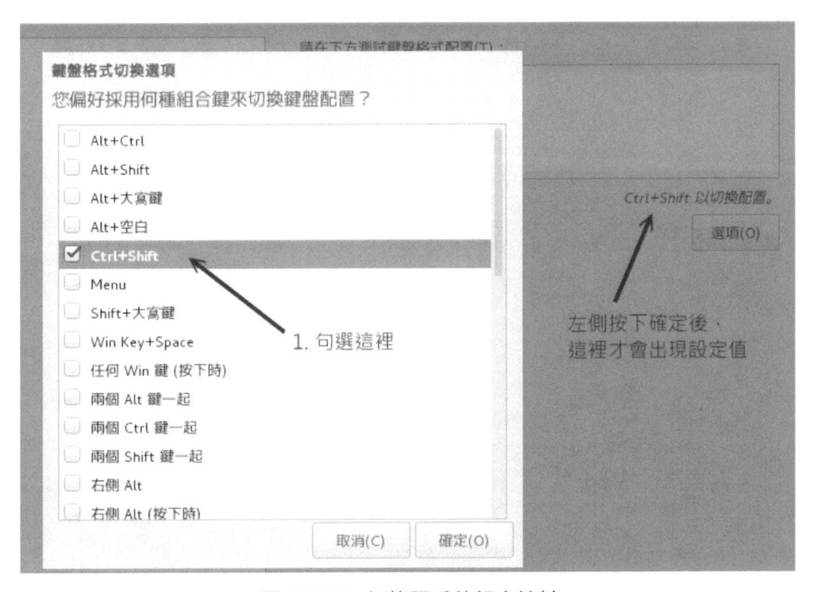

圖 15.2.2 切換語系的組合按鍵

由於我們不是核心開發者，因此個人建議可以將核心出錯時的錯誤偵測資訊功能關閉，請關閉掉 KDUMP 服務，關閉方式如下：

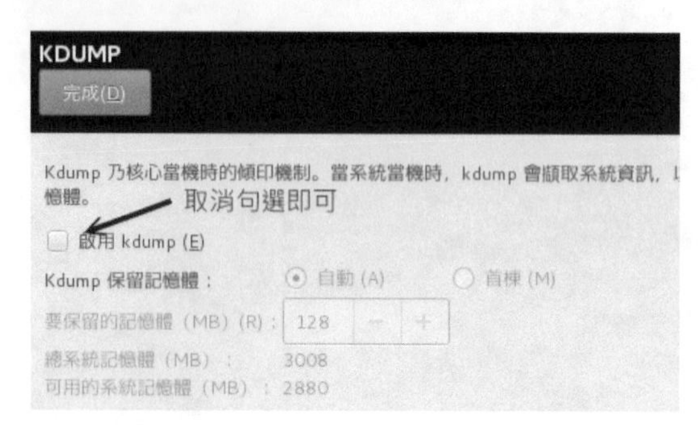

圖 15.2.3　關閉核心出錯時的除錯功能

磁碟分割注意事項

按下『安裝目的地』選項，你會發現有一個 30~40G 左右的磁碟在虛擬機器上，請勾選該磁碟，之後左下方會出現自動配置與自行配置，請選擇自行配置的項目，最終再按下左上角的完成，即可進入磁碟分割的畫面了。

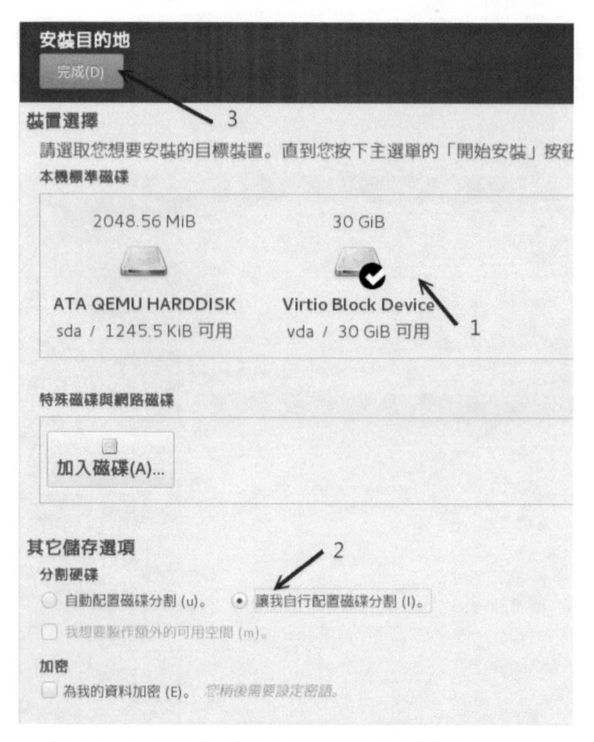

圖 15.2.4　進入使用者自行配置磁碟分割的必要動作

依序選擇『標準分割』與『LVM』來建立起 15.2.1 小節所討論的磁碟分割格式。最終磁碟分割完畢應該如下所示：

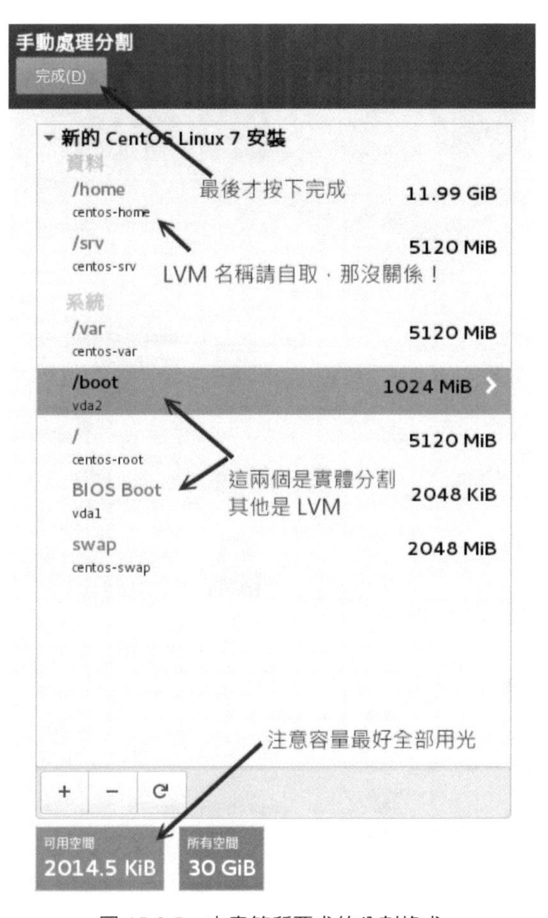

圖 15.2.5　本章節所要求的分割格式

若一切都順利處理完畢，這才開始按下安裝。最終挑選的項目會有點像這樣：

圖 15.2.6　最終的選擇項目

當然要記得安裝過程中，設定好 root 的密碼，並且為自己建立一個日常操作的一般帳號，這個帳號務必勾選『成為管理員』的項目，結果畫面有點像這樣：

圖 15.2.7　系統帳號與一般帳號的建立

因為系統為最小安裝，因此安裝過程應該非常快速。安裝完畢後，請移除光碟系統，然後重新開機吧。

15.2.3 初始化設定-網路、升級機制、防火牆系統、其他設定等

讀者會發現，本章特意不在安裝過程中設定好網路，原因是網路的設定還是需要一定的經驗，因此建議還是安裝完畢後再來設定，印象會比較深刻。

網路環境的設定：

假設這部伺服器所在的環境之網路設定要求如下：

- IP/Netmask: 172.16.60.200/16
- Gateway: 172.16.200.254
- DNS: 172.16.200.254
- Hostname: station.book.vbird

在你使用一般帳號登入此新安裝的系統，並且 sudo su - 切換成為 root 之後，依舊可以使用 nmcli 指令來完成各項設定。只是最小安裝預設並沒有安裝 bash-completion，因此無法使用 [tab] 來補齊各項參數，因此你得要自行手動輸入參數才行。

```
[root@localhost ~]# nmcli connection show
NAME  UUID                                  TYPE            DEVICE
eth0  11b3ac01-7029-47df-b6fe-cdb8668b12ca  802-3-ethernet  --
[root@localhost ~]# nmcli connection modify eth0 ipv4.method manual \
> ipv4.addresses 172.16.60.200/16 \
> ipv4.gateway 172.16.200.254 \
> ipv4.dns 172.16.200.254
[root@localhost ~]# nmcli connection modify eth0 connection.autoconnect yes
[root@localhost ~]# nmcli connection up eth0
Connection successfully activated (D-Bus active path: /org/freedesktop/NetworkManager/Ac
[root@localhost ~]# ip addr show
1: lo: <LOOPBACK,UP,LOWER_UP> mtu 65536 qdisc noqueue state UNKNOWN qlen 1
    link/loopback 00:00:00:00:00:00 brd 00:00:00:00:00:00
    inet 127.0.0.1/8 scope host lo
       valid_lft forever preferred_lft forever
    inet6 ::1/128 scope host
       valid_lft forever preferred_lft forever
2: eth0: <BROADCAST,MULTICAST,UP,LOWER_UP> mtu 1500 qdisc pfifo_fast state UP qlen 1000
    link/ether 52:54:00:21:bc:9e brd ff:ff:ff:ff:ff:ff
    inet 172.16.60.200/16 brd 172.16.255.255 scope global eth0
       valid_lft forever preferred_lft forever
    inet6 fe80::9e2e:17cf:f7ab:91bd/64 scope link
       valid_lft forever preferred_lft forever
[root@localhost ~]# hostnamectl set-hostname station.book.vbird
[root@localhost ~]# hostname
station.book.vbird
[root@localhost ~]# _
```

圖 15.2.8　網路的設定與觀察

在設定好了網路參數，並且驗證過沒有問題之後，建議使用者可以關閉 NetworkManager 這個服務。此服務大部分用在桌上型電腦，對於 IP 不會隨意變動的伺服器來說，可以說是非必要的服務。因此建議將此服務關閉。此服務關閉後，虛擬機器的網路環境還是正常無誤的，並不會被干擾。

```
[root@station ~]# systemctl stop NetworkManager
[root@station ~]# systemctl disable NetworkManager
```

升級機制

安裝好系統的第一個動作，就是升級你的系統！要升級系統最好依據第 12 堂課的建議，選擇最近的 yum server 設定，這樣軟體安裝速度才會快速。因此請自行處理：(因為最小安裝並沒有安裝 vim，因此你只能使用 vi 來修改喔！)

- 修改 /etc/yum.repos.d/CentOS-Base.repo 的設定值。
- 使用 yum clean all。
- 使用 yum -y update 全系統升級。
- 使用 vi /etc/crontab 增加每日自動升級的動作。
- 第一次升級完畢，幾乎一定要重新開機 (因為幾乎 kernel 都有更新過)。

操作習慣的環境重建

本課程大多使用 vim 以及選項會自動補齊的功能，該功能主要透過 vim-enhanced 以及 bash-completion 軟體所提供，因此讀者可以自行安裝這兩個軟體來恢復自己常用的工作環境。

```
[root@station ~]# yum install vim-enhanced bash-completion
```

此時 vim 立即可以使用了，但如果要在不登出的情況下立即讓 bash-completion 生效，那就得要 source /etc/profile.d/bash_completion.sh 來載入環境才行。不過還是建議可以登出再登入來刷新操作環境較佳。另外，探索網路的工具如 netstat 等，是由 net-tools 所提供的，所以也得要安裝才好。

```
[root@station ~]# yum install net-tools
```

關閉服務與設定防火牆

網路服務或者是非必要的服務，對於伺服器來說，當然是越少越好。本章使用最小安裝並且安裝了 net-tools 之後，使用 netstat -tlunp 檢查網路服務，可發現網路服務僅剩下 port 22, 25, 323 亦即 sshd, postfix, chronyd 這三個服務會啟動網路埠口。由於 chronyd 是即時更新系統時間，我們可以透過 ntpdate 去定期校正時間，而不必一直啟動 chronyd 這個服務，因此在時間校正的設定上面，可以修訂成為如下的模樣即可：

```
[root@station ~]# systemctl stop chronyd
[root@station ~]# systemctl disable chronyd
[root@station ~]# yum -y install ntpdate
[root@station ~]# vim /etc/crontab
5 2 * * * root ntpdate ntp.ksu.edu.tw &> /dev/null

[root@station ~]# netstat -tlunp
Active Internet connections (only servers)
Proto Recv-Q Send-Q Local Address      Foreign Address    State     PID/Program name
tcp        0      0 0.0.0.0:22         0.0.0.0:*          LISTEN    694/sshd
tcp        0      0 127.0.0.1:25       0.0.0.0:*          LISTEN    822/master
tcp6       0      0 :::22              :::*               LISTEN    694/sshd
tcp6       0      0 ::1:25             :::*               LISTEN    822/master
```

sshd 與 postfix (上表中 master 的項目) 是不可或缺的服務，其中 port 25 預設只對內部網路放行 (127.0.0.1)，所以可以不理它。但是 sshd 預設對整個 Internet 放行，最好能夠加以限制。因此，參考本課程第 11 堂課的介紹，讓 ssh 的服務不在放行服務中，但是將 sshd 放行於內部區網，亦即針對 172.16.0.0/16 這個網段放行 ssh 服務。

同時不要忘記，未來這部伺服器的服務中，http 為針對全世界放行，samba 為針對內部網路放行，ssh 也針對內網放行，所以最終你預設的防火牆內容應該會像底下這樣才是對的：

```
[root@station ~]# firewall-cmd --list-all --permanent
public
  target: default
  icmp-block-inversion: no
  interfaces:
```

```
sources:
services: http https
ports:
protocols:
masquerade: no
forward-ports:
sourceports:
icmp-blocks:
rich rules:
   rule family="ipv4" source address="172.16.0.0/16" service name="ssh" accept
   rule family="ipv4" source address="172.16.0.0/16" service name="samba" accept
```

請讀者不要忘記了，firewall-cmd 的使用上，主要分為立即性與永久的設定值 (--permanent)，讀者們必須要將所有的設定寫入設定值才行。

確認分割與檔案系統狀態

最後再來確認一下分割的狀態是否吻合當初設計的情況：

```
[root@station ~]# df -Th | grep -v tmpfs
檔案系統                   類型      容量  已用  可用  已用% 掛載點
/dev/mapper/centos-root xfs       5.0G  1.1G  4.0G   22% /
/dev/vda2               xfs      1014M  148M  867M   15% /boot
/dev/mapper/centos-home xfs        12G   33M   12G    1% /home
/dev/mapper/centos-srv  xfs       5.0G   33M  5.0G    1% /srv
/dev/mapper/centos-var  xfs       5.0G  270M  4.8G    6% /var
```

這應該是沒問題的情況。不過，由於未來用戶的檔案容量是有限制的，因此在 /home 的檔案系統掛載參數中，應該要加入 usrquota 才對。因此最終使用 mount 去查閱 /home 的資料時，應該要出現如下的情況才對。

```
[root@station ~]# mount | grep home
/dev/mapper/centos-home on /home type xfs
        (rw,relatime,seclabel,attr2,inode64,usrquota,grpquota)
[root@station ~]#
```

15.3 簡易伺服器設定與相關環境建置

如前所述，這裡假設你的伺服器為一般企業內部的檔案伺服器及個人化首頁之網頁伺服器，且為多人共用的伺服器系統。同時因應檔案系統的適當分配，因此會加上磁碟配額的限制。因此這裡就得要有一些帳號建置的相關注意事項才行。

15.3.1 伺服器軟體安裝與設定

本伺服器假設要提供 http 的網路服務，同時提供區網內網芳服務。不過由於網芳 (Samba) 的設定較為複雜，因此本章主要以 http 網頁伺服器作為簡易的說明。

Web service: httpd

Web 服務使用的是 httpd 這隻程式，請安裝，然後啟動即可順利提供服務。

```
[root@station ~]# yum -y install httpd
[root@station ~]# systemctl start httpd
[root@station ~]# systemctl enable httpd
```

由於本伺服器並沒有安裝任何的圖形界面，因此無法使用圖形界面的瀏覽器。不過 CentOS 上面有提供多種文字界面瀏覽器，例如 elinks 就是其中一個頗為知名的文字界面瀏覽器之一。

```
[root@station ~]# yum -y install elinks
[root@station ~]# links http://localhost
```

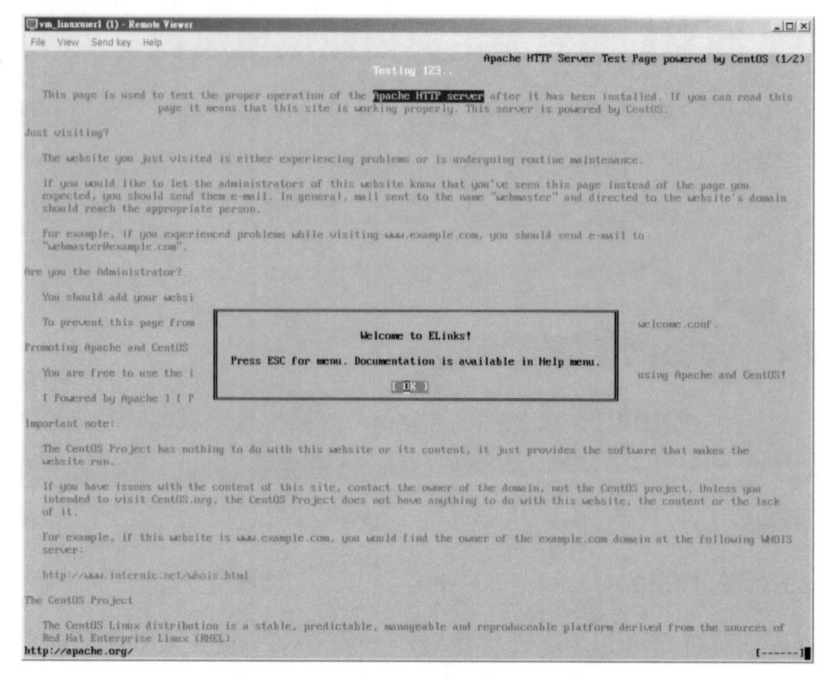

圖 15.3.1　文字界面瀏覽器 links 示意圖

你可以在 links 的畫面中，按下 [q] 來離開，方向鍵上下為在超連結項目中移動，左右鍵為前一個、後一個頁面，[esc] 可以呼叫 links 選單。

關於 httpd 你應該還需要知道的是：

- 網頁首頁的目錄位於 /var/www/html/ 底下。
- 首頁的檔名為 index.html。
- 所有的網頁應該放置於 /var/www/html/ 目錄中才行。

假設 student 這個帳號需要管理 http://localhost/student/ 時，最簡單的方法為使用如下的方式建置妥當：

1. 建立 /var/www/html/student 目錄。
2. 修改上述權限，讓 student 可以讀寫 (可以考慮 chown 即可)。
3. 嘗試幫 student 建立 index.html，內容只要寫上 "I am student" 即可。
4. 使用 links http://localhost/student 確認是否可以讀取到該頁面即可。

```
[root@station ~]# cd /var/www/html
[root@station html]# mkdir student
[root@station html]# echo "I am student" > student/index.html
[root@station html]# chown -Rv student student
changed ownership of 'student/index.html' from root to student
changed ownership of 'student' from root to student

[root@station html]# ll -d student student/*
drwxr-xr-x. 2 student root 24  6月 29 16:25 student
-rw-r--r--. 1 student root 13  6月 29 16:25 student/index.html

[root@station html]# links http://localhost/studnet
```

最終你應該會在 links 的畫面中看到 I am student 的字樣，那就代表成功了。

15.3.2 帳號建置設定

帳號的建置相當的簡單，本訓練教材第 10 堂課已有相當多的範例可以參考。現在本伺服器除了要建置帳號之外，該帳號必須要能擁有 http://localhost/username/ 的網頁子目錄才行。同時，每個帳號在家目錄最多僅能有 200MB 的容量，且超過 180MB 就需要提供警告。此時，你可以使用底下的腳本來建立好每個用戶，且提供用戶預設的帳密資料，同時強迫用戶第一次使用系統時，需要變更密碼才行。

```
[root@station ~]# vim account.sh
#!/bin/bash
for i in $(seq 1 20)
do
        username="user${i}"
        password="${username}"
        useradd ${username}
        echo ${password} | passwd --stdin ${username}
        chage -d 0 ${username}

        xfs_quota -x -c "limit -u bsoft=180M bhard=200M ${username}" /home

        mkdir /var/www/html/${username}
        echo "I am ${username}" > /var/www/html/${username}/index.html
```

```
        chown ${username}:${username} -R /var/www/html/${username}
done

[root@station ~]# sh account.sh
```

同時，在不考慮資安的情境下，將整個使用者的 quota 資訊貼出於 /var/www/html/quota.html 底下，同時列出目前每個用戶在網頁目錄的磁碟使用量，最簡易的方法可以這樣做：

```
[root@station ~]# (echo "<pre>"; date; xfs_quota -x -c "report -ubh" /home; \
> du -sm /var/www/html/user*; echo "</pre>" ) > /var/www/html/quota.html
[root@station ~]# links http://localhost/quota.html
```

順利的話，你就能夠看到系統上面每個用戶的資訊使用量。如果需要逐時分析該資訊，請將上面的腳本寫入 /etc/crontab 即可讓系統自行更新。最後，再考慮備份機制，這部簡易的伺服器就大致在可運作的情境下了。

筆記頁

鳥哥的 Linux 基礎學習訓練教材

作　　者：鳥　哥
企劃編輯：江佳慧
文字編輯：王雅雯
設計裝幀：張寶莉
發 行 人：廖文良

發 行 所：碁峰資訊股份有限公司
地　　址：台北市南港區三重路 66 號 7 樓之 6
電　　話：(02)2788-2408
傳　　真：(02)8192-4433
網　　站：www.gotop.com.tw
書　　號：AEA000400
版　　次：2017 年 11 月初版
　　　　　2024 年 09 月初版十七刷
建議售價：NT$480

國家圖書館出版品預行編目資料

鳥哥的 Linux 基礎學習訓練教材 / 鳥哥著. -- 初版. -- 臺北市：
碁峰資訊, 2017.11
面； 公分
ISBN 978-986-476-575-1(平裝)
1.作業系統
312.54　　106015364

商標聲明：本書所引用之國內外公司各商標、商品名稱、網站畫面，其權利分屬合法註冊公司所有，絕無侵權之意，特此聲明。

版權聲明：本著作物內容僅授權合法持有本書之讀者學習所用，非經本書作者或碁峰資訊股份有限公司正式授權，不得以任何形式複製、抄襲、轉載或透過網路散佈其內容。
版權所有．翻印必究

本書是根據寫作當時的資料撰寫而成，日後若因資料更新導致與書籍內容有所差異，敬請見諒。若是軟、硬體問題，請您直接與軟、硬體廠商聯絡。